滑坡防治技术理论探讨与工程实践

商真平　魏玉虎　姚兰兰
甄习春　张建良　宋云力　等编著

黄河水利出版社
·郑州·

内 容 提 要

本书共分为两部分：上篇为理论探讨，主要从滑坡的分类、形成与危害，国内滑坡的分布概况，河南省滑坡发育特征，国内外滑坡灾害防治技术研究与进展等方面对滑坡地质灾害及防治进行了充分说明；下篇为工程实践，主要以作者亲身主持并参与治理的河南省信阳市新县新集镇向阳新村滑坡应急勘查治理工程为例，从花岗岩地区滑坡概况与发育特征、滑坡勘查、治理工程设计、施工组织设计、防治工程施工、工程监理、工程竣工资料整编等几个方面详细说明了滑坡勘查方法与采用的手段，设计依据、设计计算方法，防治方案比选与确定，施工程序，抗滑桩及土钉墙等分项防治工程施工的全过程，以及工程材料的整编等，并对滑坡防治工程的治理效果、效益等进行了分析判定。

本书可供铁路、公路、矿山、水利、国土资源及城建等部门从事滑坡和高边坡勘查、设计、施工、监理、监测预报的工作者参考，也可供高等院校相关专业的师生参考。

图书在版编目(CIP)数据

滑坡防治技术理论探讨与工程实践/商真平等编著.
郑州：黄河水利出版社，2009.7
ISBN 978-7-80734-679-1

Ⅰ.滑… Ⅱ.商… Ⅲ.滑坡-防治 Ⅳ.P642.22

中国版本图书馆 CIP 数据核字(2009)第 116485 号

组稿编辑：王路平　电话：0371-66022212　E-mail：hhslwlp@126.com

出 版 社：黄河水利出版社
地址：河南省郑州市顺河路黄委会综合楼 14 层　邮政编码：450003
发行单位：黄河水利出版社
发行部电话：0371-66026940、66020550、66028024、66022620(传真)
E-mail：hhslcbs@126.com
承印单位：黄河水利委员会印刷厂
开本：787 mm×1 092 mm　1/16
印张：12.75
字数：290 千字　印数：1—1 300
版次：2009 年 7 月第 1 版　印次：2009 年 7 月第 1 次印刷

定价：29.00 元

《滑坡防治技术理论探讨与工程实践》
编委会

顾　　问　杨昌生

编著人员　商真平　魏玉虎　姚兰兰　甄习春
　　　　　张建良　宋云力　刑永强　齐登红
　　　　　赵承勇　郭玉娟　董　珂　陈全礼
　　　　　何　牧　董　伟　王　萍　莫德国
　　　　　朱洪生

前　言

崩塌、滑坡、泥石流等突发性地质灾害是危害人类安全的自然灾害，尤其是滑坡灾害，在我国分布广，危害大，严重威胁人民群众的生命和财产安全。自20世纪90年代开始，我国逐步加强了地质灾害防治工作，对地质灾害的研究程度也愈来愈高。特别是中华人民共和国国务院令第394号《地质灾害防治条例》颁布后，我国地质灾害防治工作明显加强，防灾减灾取得一定成效，在地质灾害勘查、设计、施工及应急治理等方面的研究有了突飞猛进的发展。但是，由于一些基层干部对地质灾害的有关知识和法律认识还不深，广大群众缺乏地质灾害防治知识，在斜坡、沟谷中随意切坡开挖、改变河道、弃土堵沟、修建池塘等，这些不合理的人为工程活动引发了大量的地质灾害，给人民群众的生命和财产造成了重大损失或安全隐患。目前，我国每年因地质灾害造成的人员伤亡和财产损失仍然十分严重。

河南地质构造复杂，自然地质作用、人类工程经济活动较强烈，滑坡等地质灾害较发育，具有分布范围广、规模小、数量多、损失大等特点，是我国地质灾害多发的省份之一。根据初步统计，2001～2005年全省共发生突发性地质灾害612起，其中滑坡257起，直接经济损失32 049.37万元，共造成38人伤亡(其中死亡29人)、11人失踪。为做好全省地质灾害防治工作，减轻地质灾害损失，自1999年开始，由国家、省财政出资，先后开展了山区、丘陵地区65个县(市)地质灾害调查与区划工作，用了8年时间，全部完成了我省地质灾害普查工作，基本查明了全省地质灾害的类型、规模、分布特征、危害性。同时，自2000年起，我省先后完成部、省级重大地质灾害治理项目近10个，正在开展的重大地质灾害治理项目5个，已列入治理计划、拟在2～3年内完成的省级重大地质灾害治理项目近30个。我省地质灾害防治工作进入了一个新阶段。

作为水文地质、工程地质、环境地质技术工作者，作者近年来一直从事河南省地质灾害调查、勘查和地质灾害防治工作，多年来的实际工作经历使我们对全省滑坡地质灾害的分布特征、发育规律、灾害的诱发因素以及治理工程等有了一定程度的研究，在滑坡治理工程方面积累了一定的经验。

为了与众多的从事相关滑坡地质灾害调查、勘查、设计与治理的技术研究人员共同交流滑坡地质灾害的防治技术，提高我省在滑坡地质灾害治理上的技术水平，使从事地质灾害防治工程的技术研究人员能够更好地认识和了解滑坡地质灾害，以便更好地进行灾害防治工程的勘查、设计与治理，本书从滑坡灾害的分类、特征及形成机理入手，阐述了我国和河南省滑坡灾害的基本概况与分布特征，初步总结与阐述了国内外滑坡灾害防治技术研究成果。同时，以河南省信阳市新县新集镇向阳新村滑坡防治工程为实例，对滑坡发生的地质条件、机理、稳定性评价，防治方案比选，主要工程措施和防治效果等作了系统的分析，对滑坡治理工程的勘查、设计、施工、监测及监理等进行了总结，以便为从事滑坡灾害防治的技术人员和管理者提供较为翔实的范例和参考。本书可供铁路、公路、矿山、水利、国土资源及城建部门从事滑坡和高边坡勘查、设计、施工、监测预报和管理的技术人员及高等院校师生参考。

本书的出版,得到了中国有色金属工业西安勘察设计研究院谭炳炎教授级高级工程师、王庆国高级工程师和河南省信阳工程地质勘察院院长谌伟博士以及河南省第一地质工程院豫龙岩土工程有限责任公司等单位和个人的大力支持,在此向他们表示衷心的感谢。

作　者

2009 年 1 月

目　录

下篇　工程实践

上篇　理论探讨

第一章　滑坡的分类、形成与危害

第一节　地质灾害的分类

地质灾害是指因自然因素或人为活动引发的危害人民群众的生命和财产安全的与地质作用有关的灾害。地质灾害的形成是致灾地质作用与受灾对象(人、物)相遭遇的结果。没有致灾的地质作用,地质灾害无法发生;而若致灾的地质作用遇不到有价值的受灾对象,造不成损失,也不能称为灾害。致灾作用是主导因素,受灾对象是被动客体。地质灾害的类型常按致灾地质作用的性质和其他特点进行划分,而灾害的大小则以受灾对象的损失(规模、价值)大小加以评估。

按致灾地质作用的性质和发生处所进行划分,常见地质灾害共有 12 类 49 种。它们分别是:

(1)地壳活动灾害,如地震、火山喷发、断层错动等;

(2)斜坡岩土体运动灾害,如崩塌、滑坡、泥石流等;

(3)地面变形灾害,如地面塌陷、地面沉降、地面开裂(地裂缝)等;

(4)矿山与地下工程灾害,如煤层自燃、洞井塌方、冒顶、偏帮、鼓底、岩爆、高温、突水、瓦斯爆炸等;

(5)城市地质灾害,如建筑地基与基坑变形、垃圾堆积等;

(6)河、湖、水库灾害,如塌岸、淤积、渗漏、浸没、溃决等;

(7)海岸带灾害,如海平面升降、海水入侵、海崖侵蚀、海港淤积、风暴潮等;

(8)海洋地质灾害,如水下滑坡、潮流沙坝、浅层气害等;

(9)特殊岩土灾害,如黄土湿陷、膨胀土胀缩、冻土冻融、沙土液化、淤泥触变等;

(10)土地退化灾害,如水土流失、土地沙漠化、盐碱化、潜育化、沼泽化等;

(11)水土污染与地球化学异常灾害,如地下水质污染、农田土地污染、地方病等;

(12)水源枯竭灾害,如河水漏失、泉水干涸、地下含水层疏干(地下水位超常下降)等。

常见地质灾害有山体崩塌、滑坡、泥石流、地面塌陷、地裂缝、地面沉降等。

第二节　滑坡的定义与分类

一、滑坡的定义

滑坡是指斜坡上的土体或岩体,受河流冲刷、地下水活动、地震及人工切坡等因素的影响,在重力作用下,沿着一定的软弱面或者软弱带,整体或分散地顺坡向下滑动的自然现象,俗称"走山"、"垮山"、"地滑"、"土溜"等。《滑坡防治工程勘查规范》(DZ/T 0218—2006)中指明,滑坡泛指已经发生的滑坡和可能以滑坡形式破坏的不稳定斜坡和变形体。

二、滑坡的分类

我国铁道、水利等部门主要根据滑坡物质组成、滑动面通过岩层情况、滑体厚度、滑动力学性质、形成原因、活动性、滑体规模、滑坡运动状态、岩体结构等方面对滑坡进行分类,如表1-1所示。

表1-1　滑坡分类方法

划分依据	类型	特征说明
滑坡物质组成	堆积层滑坡	各种不同性质的堆积层(包括坡积、洪积和残积)体内滑动,或沿基岩面的滑动,其中坡积层的滑动可能性大
	黄土滑坡	不同时期的黄土层中的滑坡,多群集出现,常见于高阶地前缘斜坡上,或黄土层沿下伏第三纪岩层滑动
	黏性土滑坡	黏性土本身变形滑动,或沿其他土层的接触面或沿基岩接触面滑动
	岩层滑坡	较弱岩层组合物的滑坡,或沿同类基岩面,或沿不同岩层接触面以及较完整的基岩面滑动
	特殊滑坡	融冻滑坡、灵敏土滑坡、隘落滑坡、液化滑坡
滑动面通过岩层情况	同类土滑坡	也称均质滑坡,发生在层理不明显的均质黏性土或黄土中,滑动面均匀光滑
	顺层滑坡	沿层面或裂隙面滑动,或沿坡积体与基岩交界面及其岩间不整合面等滑动,大都分布在顺倾向岩层的山坡上
	切层滑坡	滑动面与岩层面相切,常沿倾向山外的一组断裂面发生,滑坡床多呈折线状,多分布在逆倾向岩层的山坡上
滑体厚度	浅层滑坡	滑坡体厚度在6 m以内
	中层滑坡	滑坡体厚度在6～20 m
	深层滑坡	滑坡体厚度在20～50 m
	巨厚层滑坡	滑坡体厚度超过50 m
滑动力学性质	推移式滑坡	上部岩层滑动,挤压下部产生变形,滑动速度较快,多具楔形环谷外貌,滑体表面波状起伏,多见于有堆积物分布的斜坡地段
	牵引式滑坡	下部先滑,使上部失去支撑而变形滑动,一般速度较慢,多具上小下大的塔式外貌,横向张性裂隙发育,表现多呈阶梯状或陡坎状,常形成沼泽地

续表 1-1

划分依据	类型	特征说明
形成原因	工程滑坡	(1)工程新滑坡:由于开挖山体所形成的滑坡 (2)工程复活古滑坡:久已存在的滑坡,由于开挖引起重新活动
	自然滑坡	(1)老滑坡:坡体上有高大树木,残留部分环谷、断壁擦痕 (2)新滑坡:外貌清晰,断壁新鲜
活动性	活滑坡	发生后仍在继续活动的滑坡,后壁及两侧有新鲜擦痕,体内有开裂、鼓起或前缘有挤出等形变,其上偶有旧房遗址,幼小树木歪斜生长等
	死滑坡	发生后已停止发展,一般情况下不可能重新活动,坡体上植被较茂盛,常有居民
滑体规模	小型滑坡	小于 3 万 m^3
	中型滑坡	3 万 ~ 50 万 m^3
	大型滑坡	50 万 ~ 300 万 m^3
	巨型滑坡	300 万 m^3 以上
滑坡运动状态	缓慢式滑坡	滑坡移动缓慢,移动有连续的和间歇的
	崩塌性滑坡	滑坡的发生是急速的、骤然的,破坏在短时间内完成
岩体结构	块状岩体滑坡	包括岩浆岩和厚层岩滑坡,滑坡体为块状结构类型,岩体被不连续的节理裂隙切割,呈大块状,滑面为断层面、节理面和层面
	层状岩体滑坡	包括薄层状和层状岩坡,滑坡体为层状结构类型,岩体呈板状、层状,层理面极为发育,滑面为层面、断层
	碎裂岩体滑坡	滑坡体为碎裂结构体,岩体呈中小碎块,发育多组不规则节理,但原始结构基本格架未破坏,滑面为断层和层面
	松散岩体滑坡	包括黄土、黏土、碎石土、剧风化破碎岩滑坡,滑坡体为散体结构类型岩体,松散土为未胶结土,碎石土和剧风化岩断层破碎岩等破坏了原结构,滑面一般情况下为圆弧状

国土资源部 2006 年 9 月发布实施的《滑坡防治工程勘查规范》(DZ/T 0218—2006)在对滑坡进行分类时主要考虑了以下两方面的因素:

(1)根据滑坡体物质组成和结构形式等主要因素进行分类,如表 1-2 所示。

表 1-2　根据滑坡体物质组成和结构形式等主要因素分类

类型	亚类	特征描述
堆积层(土质)滑坡	滑坡堆积体滑坡	由前期滑坡形成的块碎石堆积体,沿下伏基岩或体内滑动
	崩塌堆积体滑坡	由前期崩塌等形成的块碎石堆积体,沿下伏基岩或体内滑动
	崩滑堆积体滑坡	由前期崩滑形成的块碎石堆积体,沿下伏基岩或体内滑动
	黄土滑坡	由黄土构成,大多发生在黄土中,或沿下伏基岩面滑动
	黏土滑坡	由具有特殊性质的黏土构成,如昔格达组、成都黏土等
	残坡积层滑坡	由基岩风化壳、残坡积土等构成,通常为浅表层滑动
	人工填土滑坡	由人工开挖堆填弃渣构成,次生滑坡

续表 1-2

类型	亚类	特征描述
岩质滑坡	近水平层状滑坡	由基岩构成,沿缓倾岩层或裂隙滑动,滑动面倾角小于10°
	顺层滑坡	由基岩构成,沿顺坡岩层滑动
	切层滑坡	由基岩构成,常沿倾向山外的软弱面滑动,滑动面与岩层层面相切,且滑动面倾角大于岩层倾角
	逆层滑坡	由基岩构成,沿倾向坡外的软弱面滑动,岩层倾向山内,滑动面与岩层层面相反
	楔体滑坡	在花岗岩、厚层灰岩等整体结构岩体中,沿多组软弱面切割成的楔形体滑动
变形体	危岩体	由基岩构成,受多组软弱面控制,存在潜在崩滑面,已发生局部变形破坏
	堆积层变形体	由堆积体构成,以蠕滑变形为主,滑动面不明显

(2)滑坡按其他因素分类如表 1-3 所示。

表 1-3 滑坡按其他因素分类

有关因素	名称类别	特征说明
滑体厚度	浅层滑坡	
	中层滑坡	
	深层滑坡	
	超深层滑坡	
运动形式	推移式滑坡	上部岩层滑动,挤压下部产生变形,滑动速度较快,滑体表面波状起伏,多见于有堆积物分布的斜坡地段
	牵引式滑坡	下部先滑,使上部失去支撑而变形滑动,一般速度较慢,多具上小下大的塔式外貌,横向张性裂隙发育,表面多呈阶梯状或陡坎状
发生原因	工程滑坡	由于施工或加载等人类工程活动引起的滑坡,还可细分为: (1)工程新滑坡:由于开挖坡体或建筑物加载所形成的滑坡; (2)工程复活古滑坡:原已存在的滑坡,由于工程扰动引起复活的滑坡
	自然滑坡	由于自然地质作用产生的滑坡,按其发生的相对时代可分为古滑坡、老滑坡、新滑坡
现今稳定程度	活动滑坡	发生后仍继续活动的滑坡,后壁及两侧有新鲜擦痕,滑体内有开裂、鼓起或前缘有挤出等变形迹象
	不活动滑坡	发生后已停止发展,一般情况下不可能重新活动,坡体上植被茂盛,常有老建筑
发生年代	新滑坡	现今正在发生滑动的滑坡
	老滑坡	全新世以来发生滑动,现今整体稳定的滑坡
	古滑坡	全新世以前发生滑动的滑坡,现今整体稳定的滑坡
滑体体积	小型滑坡	<10 万 m^3
	中型滑坡	10 万~100 万 m^3
	大型滑坡	100 万~1 000 万 m^3
	特大型滑坡	1 000 万~10 000 万 m^3
	巨型滑坡	>10 000 万 m^3

第三节　滑坡的形成

一、形成机理

滑坡的形成机理揭示了滑坡从孕育、发展直至死亡的全过程，认识滑坡的形成机理是开展滑坡灾害预测预报和进行防治的基础。开展滑坡的形成机理研究在揭示滑坡运动过程的同时，对滑坡的稳定性评价、滑坡预报、滑速、滑距、滑坡防治等也有重要的意义。

在国外，太沙基（Terzaghi，1950）是从土力学方面研究滑坡的形成机理的开拓者，他主要从滑带土孔隙水压力的变化来揭示滑坡的形成机理，同时也注意到了地质条件的控制作用。之后，赫佛利（Haefeli，1965）、摩根斯顿（Mogenstern，1971）、伏斯列夫（Hvorslev，1951）等定量地研究了孔隙水压力对土体强度的影响；斯开普敦（Skempton，1966）关于黏性土的残余强度理论和捷尔－斯捷潘尼扬（Ter-Sterpanian，1975）关于土体蠕变过程的研究把滑坡形成机理的研究进一步推向深入。

在国内，许多工程地质学家、土力学家以及滑坡防治专家对滑坡形成的条件和作用因素、滑坡的受力状态、滑带土的强度变化规律、滑坡的破坏模式及发育阶段等问题进行了多方面的探索和研究，例如：徐邦栋等以滑动带成因和形态为主结合滑动特征，阐述了我国铁路建设中常见的沿已有软弱构造带（面）滑动的滑坡、因下伏软岩挤出形成的错落性滑坡、沿新生弧形面滑动的滑坡、胀缩土滑坡、黄土崩塌性滑坡等的发生机理和变化过程；晏同珍根据滑坡发生的初始条件、原因及滑动方式，概括了滑坡形成的 8 种机理，即流变倾覆、应力释放平移、震动崩落及震动液化平推、潜蚀陷落、地层悬浮—下陷、高位能飞越、孔隙水压浮动、切蚀—加载等；卢肇钧从应力状态和应力路径、应变、孔隙水压力、加荷速率、受力时间、土体不均匀性和不等向性等方面阐述了土体的破坏机理；张倬元、王兰生等从滑坡体的地质结构和受力过程出发提出了 5 种滑坡破坏模式；胡广韬提出滑坡滑动的“临床弹性冲动效应”机理；徐峻岭提出滑坡滑动的“闸门效应”；王兰生提出“平卧支撑拱”的作用机制；王思敬、王效宁提出“结构释能”机理；刘光代提出“牵引推动式”机制；高根树提出了两类大型（“斜坡牵引失稳产生次生高能滑体与先失稳滑体发生碰撞，经过能量传递调整获得高速”和“滑体下覆岩土体内形成低摩擦次生滑动面使滑体的高速滑动维持较长一段时间”）高速滑坡滑动机理；廖小平、徐峻岭、郑静提出了“冲击碰撞作用机理和连续可变的块体运动理论”；王家鼎研究了强震作用下低角度黄土斜坡滑移的复合机理、地震诱发高速黄土滑坡的机理、饱和黄土蠕动液化机理、灌溉诱发高速黄土滑坡的运动机理；唐静等提出了后部岩（土）体的楔劈作用以及弹射冲击波作用是突发性高速滑坡形成及发展的重要机理。

虽然有众多的学者在从事滑坡机理研究，但由于多种原因，目前国内对滑坡机理全面、系统的研究还不够完善。同时，针对特定地区、特定滑坡进行的机理研究成果很难在另一地区、另一滑坡体上应用，即使是类似滑坡体，其应用也存在很多困难。

二、滑坡变形与内外营力的关系

滑坡之所以能发展并形成最终破坏,总是和一定的内外营力对斜坡的改造作用相联系的,这些作用对滑坡稳定性造成的影响有的是可逆的,有的是不可逆的。它们主要通过以下几方面来改变滑坡的稳定性:

(1)改变斜坡的外形,实际上是改变了坡体的临空状况及应力场。属于这方面的作用包括流水、海、湖(包括人工湖泊)的蚀淤,泥石流的侵蚀刨蚀和堆填以及人工开挖、堆放等。

(2)改变坡体岩体的结构特征和力学性质,即降低斜坡的抗变形、抗破坏能力。属于这方面的作用包括风化作用、冻融作用和地下水的作用等不可逆因素以及水的浸湿软化作用等可逆因素。

(3)改变坡体、岩体的应力状况。属于这方面的作用包括地下水动水压力和空(孔)隙水压力的作用、区域构造应力场的变化、地震力、人工爆破震动力以及开挖坡体、工程荷载等。这些动力如果已使斜坡造成变形或破坏,其影响为不可逆的,否则为可逆的。

在影响某一滑坡稳定性的诸多因素中,往往可以确定起关键性作用的主导因素,这些因素是在斜坡演变历史中不断降低斜坡稳定性的动力因素。某些可逆因素,如降水、洪水、地震及气温的变化等,可以使已接近失稳状态的斜坡突然破坏,称为触发或诱发因素。

各种动力因素对滑坡的作用又往往集中在坡体的某些部位、某些面或某些带中,构成动力作用集中或活跃面(带)。坡体中的这些活跃面(带)与斜坡中的软弱结构面(带)和应力集中带一样,对坡体的演变起着极为重要的作用,一些原来并非最薄弱的部位,由于它是某种动力作用的长期活跃带,随着作用的进展,它甚至可成为斜坡演变的控制带,则该动力因素为导致坡体稳定性不断下降的主导因素。

(一)滑坡主导因素

1. 岩土地质类型

结构松散,抗剪强度和抗风化能力低,在水作用下易发生变化的松散覆盖层、黄土、黏土、页岩、泥岩、煤系地层、凝灰岩、片岩、板岩、千枚岩等是产生滑坡的内在物质基础。岩土力学强度较弱与较坚硬岩层互层结构的碎屑岩组亦利于滑坡的形成。

2. 地质构造及岩土结构

岩层中的各种节理、裂隙、层理面、岩性界面、断裂发育的斜坡,平行和垂直的陡倾构造面及顺坡缓倾的结构面是产生滑坡的内在地质环境条件。

3. 地形地貌

相对高差较大,山体坡角陡,即坡角大于10°、小于45°、下陡中缓上陡、上部成环状的坡形是产生山体滑坡的内在地貌环境条件。特别是在斜坡向与岩层结构面倾向一致时易于滑坡的形成。

4. 地下水作用

地下水使岩土软化、降低岩土的抗剪和黏结强度,产生动水和孔隙水压力,潜蚀岩土,增大岩土容重,对透水岩石产生浮托力等是产生滑坡的水文地质条件。

(二)滑坡诱发因素

1. 大气降水与滑坡关系的研究

大量的统计资料表明,大多数的滑坡是发生在降雨期间或降雨之后,一个地区的滑坡发育程度有随降雨量增多而增强的规律。

钟立勋在“中国重大地质灾害实例分析”一文中所列举的27例我国重大地质灾害中有15例是由于暴雨引起的。《中国典型滑坡》一书中列举的90多个滑坡实例,有95%以上的滑坡都与降雨或地下水渗流有密切关系,其中相当一部分滑坡发生在雨季。

国内外一些学者从不同的角度或方面对降雨与滑坡灾害进行研究,取得了不少成果。

在国外,山田刚二等通过对山阴干线小田—田仪间403 km、404 km附近的滑坡研究,并结合日有效雨量、滑坡位移速率、地下水压力随时间变化曲线开展滑坡灾害预警预报工作之间的统计关系,发现这些地区的一次降雨量超过250~300 mm时,降雨与滑坡之间存在很好的对应关系。根据此关系,对每个地区绘制了危险图,图中划分了滑坡产生的4个危险等级,一定的降雨量以及以前的降雨历时过程,可以对应图中不同的危险等级区,以绘制降雨量与滑坡危险性等级图为依据进行滑坡灾害发生时间的预测预报。Rahardjo通过对1995年2月因持续降雨在新加坡南洋理工大学校园发生的20多个浅层滑坡进行研究,并采用数值模拟技术模拟了由于不同的降雨模式而导致孔隙水压力的变化,得出前期雨量对边坡失稳起着重要作用的结论。

在国内,曲焰通过长期观测,发现滑坡蠕变滑动与降雨量具有明显的关系,并经过回归分析建立了蠕变位移(y)与月降雨量(x)的指数函数关系。李明华以四川北部1981年暴雨滑坡为例,分析了该地区滑坡发生的地质地貌和降雨条件,得出了不同地质地貌条件下触发滑坡的降雨量不同,同时通过统计该区域不同地貌区触发滑坡的累计雨量和日降雨量的结果,得出了不同地貌区触发不同数量滑坡时的降雨参数,认为降雨诱发的滑坡是降雨的三个基本变量(降雨量、降雨强度、降雨时间)综合作用的结果,并利用阈值分析了典型滑坡降雨诱发的概率。殷坤龙、张桂荣、谢剑明等在浙江省开展的地质灾害预警预报中,对浙江省降雨型滑坡进行了研究,将浙江省分为台风区和非台风区两个区域,分别确定了适合区域滑坡灾害预测预报的有效降雨量临界值和当日雨强临界值,并结合浙江省地质灾害发生的地质条件,建立了区域地质—气象信息耦合的地质灾害预测预报模型。

国内外在滑坡与临界雨强关系的研究方面也取得了不少的成果。

Brand,Au等在详细分析了1963~1983年的滑坡数目与1~30 d的累积降雨关系之后,认为香港地区的日均滑坡数量、滑坡伤亡人数与前期降雨量之间基本无关系可循,结论是香港地区的绝大多数滑坡是短时高强度的降雨引发的。70 mm/h的降雨强度被看做是可能发生滑坡的临界雨强,若降雨强度超过100 mm/d,滑坡失稳数量显著增加。Malone等指出预警系统控制的临界降雨强度不适于大型深层滑坡(深度大于5 m),这类滑坡明显与前期降雨量有关。Pun等重新评定了以Brand的结果为依据建立的滑坡预警系统的有效性,得出的结论为:① 75 mm/h降雨强度不宜作为有居民的山坡地区的临界雨强;②滑坡发生概率与15 d前降雨量有关,相关程度随滑坡规模而变。Murry和Olsen建议70 mm/h的降雨强度可以作为巴布亚新几内亚滑坡发生的有效标准,在24 h降雨量超过125 mm时滑坡大量发生;在日本累积降雨量超过150~200 mm,或每小时降雨量超过 20～30 mm 时,大量滑坡将会受降雨影响而发生滑动;美国 SarzBertlto 和 Alameda 认为在过程降雨量累积超过 180～250 mm 时为滑坡发生的临界值;加拿大滑坡发生的临界累积雨量值超过 250 mm;巴西滑坡发生的临界累积雨量值为 250～300 mm。

在国内,三峡库区滑坡研究认为,当降雨强度大于 6 mm/h,日降雨量大于 30 mm,一次降水过程累积降雨量大于 100 mm 时,即可能使浅层堆积体出现初滑迹象。柳源通过对中国几个重要暴雨滑坡集中取得的临界暴雨强度进行研究,得出四川盆地洪成分布区临界暴雨强度可确定为 200 mm/d,陕南则大致为 70 mm/d,鄂西为 100 mm/d,且前期降雨对滑坡滑动是否有明显影响取决于滑体的岩土性质、滑坡形成机制等多种因素,不可一概而论。文宝萍等通过对陕南地区典型滑坡的数值模拟得出临界暴雨强度为 75 mm/d。但需指出的是,这一地区的暴雨滑坡与前期雨量有较为明显的关系,这一点与四川盆地的暴雨滑坡是不一样的。

综观上述研究成果,均从降雨历时、降雨量、降雨强度及降雨形式等方面进行分析,得出的成果具有特定的应用范围,一般适用于本区域或相类似的地区。另外,对于不同物质组成的滑坡体,降雨过程对其影响也不同,这是因为不同的地质地貌条件渗透性和排泄能力不同,因此不能一概而论。

2. 沟谷、河流、湖泊、海洋水的作用

岸坡的形态、岩土类型、组成结构及地质构造条件、风化程度等,是影响库岸再造的内因。不同物质组成与结构的岩土边坡具有不同的抗剪强度和抗冲刷能力,它们决定着最终库岸再造的范围、作用强度和再造类型。而库水的涨落、水文地质条件的改变以及地震等因素则是库岸再造的外因,尤其是库水涨落、水文地质条件的改变不仅会导致岩土抗剪强度降低,而且会引起岩土自重及动、静水压力的变化,从而影响岸坡的稳定。地震的影响也是显而易见的,它是诱发大规模岸坡失稳的重要因素之一。

就水库蓄后影响库岸再造的外界因素而言,无疑是河水位变化所导致的一系列作用,它主要表现在以下几个方面:

(1)水的长期浸泡作用。如前所述,特别对于细粒土来说,饱水强度远远低于天然含水时的强度。当岩(土)体强度逐渐降低,并达到一定程度时,岸坡将产生坍塌,甚至整体滑移型破坏。

(2)水波浪的冲刷作用。受其影响岸坡一般产生侵蚀—剥蚀型再造。岩质岸坡一般表现为全风化带、强风化带岸体受冲刷后,产生剥落;土质岸坡则表现为波浪顺坡面回落,牵动表层土层并将其带入库中或造成坍滑。

(3)水涨落对水文地质参数的改变效应。库水的涨落导致岩(土)体中水文地质条件改变,也即使岸坡中的地下水静、动水压力发生突变,这对覆盖层深厚且透水性较差的土质库段影响较大,易发生整体滑移失稳。

(4)地表水、地下水的联合作用。暴雨期间,来自库岸流域内的地表水、地下水使土体饱水、富水、自重加大,一方面表现为水土流失,另一方面则起到肢解岸坡岩土的作用,对各种类型库岸再造的发生均有一定的影响。

3. 人为工程活动破坏坡体平衡作用

(1)开挖坡脚与增加荷载。由于建筑、填方、倾倒、筑堤等引起边坡超载。另外,边坡削方挖土、堆积物搬迁与增加荷载使坡脚压力增大,坡脚下部失去支撑,在斜坡上增加荷载使斜坡支撑不了过大的重量而失去平衡,沿软弱面下滑。

(2)地下采掘活动引起地表坡体失稳。地下大规模的开矿采空区及坑道密布,会造成山坡坡脚增大和引起顶板岩层的变形,进而引发滑坡。

(3)人为开挖形成斜坡或增大原有坡体的坡脚。在采石、修路、大型建筑场地及基础开挖等工程活动中,往往有破坏坡脚岩土人为增大斜坡角度的现象,或将原本不存在斜坡的山体或平台人工开挖后形成了较陡峻的边坡,从而为滑坡创造了条件。

(4)人为提高地下水及地表水位,造成斜坡失稳。当水库区蓄水后,水位提高,加之库岸边坡的再造,促使滑坡的发生。

(5)爆破、重型运输等引发的动力震动促进山坡失稳滑坡。

4. 地震的作用

地震的作用表现为以下两方面:一是使斜坡承受的惯性力发生改变;二是造成地表形变和裂隙增加,降低岩土的力学强度,引起地下水的变化。于是,在触发滑坡的滑动和促进滑坡体的形成等方面创造了条件。

5. 乱砍滥伐人为活动

在山坡上乱砍滥伐使坡体失去保护,以便水体的渗入而诱发滑坡。

三、滑带土

滑坡与其他斜坡变形最主要的区别之一就是它有一个或多个相对明确的滑动面(带),滑动体沿该面(带)运动。滑坡的发生与否常常取决于滑动面(带)土体的应力状态和强度的变化,从某种意义上讲,滑坡的形成机理就是滑带土的变形破坏机理。国外对滑带土研究较早的是伏斯列夫(Hvorslev,1960),他对黏土进行剪切试验时,除观测到不均匀变形外,还发现与主剪切面斜交的破裂面;今井秀喜等(1963)研究裂缝产生机理时,用黏土模型做剪切试验,把先出现的羽状裂缝称为雁行排列的张裂缝,把羽状裂缝强烈切割的部分称为破碎带;斯开普敦等(Skempton,1966)对滑带(面)厚约 20 cm 的剪切区进行微观构造研究,也观察到一些间断排成阶梯形的倾斜破裂面与主剪切面斜交(交角为 10°~30°),指出其显示脆性破坏,并称其为里德尔(Reidel)剪断,该剪断形成于滑动之前;恰连科(Tchalemk,1970)用高岭石做剪切试验,认为大多数土和岩石的剪切破坏形式与里德尔结果相似;福本正安指出,当剪应力达到破坏强度的 53%~78% 时,即会产生蠕变破坏。

在国内,铁道部科学研究院西北研究所于 20 世纪 70 年代结合铁路沿线滑坡较系统地介绍了滑带土的强度特征、影响因素和试验方法;曲焰在《武都滑坡滑带特征及滑面强度研究》中认为,滑带应包括滑面、滑面上下剪裂面和其间受滑动挤压影响的滑带土三方面内容,他在滑动面上下 1 m 厚的范围内观察到各类形态的破裂面,并指出羽状破裂面的形态大小与土的力学性质有关;李明华通过对黏土滑坡滑动面形成机理进行模型试验研究,提出了破坏带的发展模式图及裂缝初显阶段、破坏带的形成稳定发展阶段、破坏带的加速发展阶段、连续滑动面的形成阶段等 4 个阶段,并指出破坏带的发展过程对滑坡的整个发育产生重要的影响;王恭先指出滑坡滑带土的抗剪强度参数是滑坡稳定性定量评价和抗滑工程设计时计算滑坡推力所必需的重要参数,有些情况下内摩擦角值虽仅相差1°~2°,但推力就可能成倍增加,同时还讨论了不同部位滑带土在不同滑动阶段的变化;吴其伟等对黄河中上游地区红色泥岩(半成岩性质)研究认为,该岩石以钙盐和钠盐为主要介质,风干状态下硬度为2~3,但其耐水性差,遇水盐类被溶解,不到2 h即全部崩裂;徐邦栋、王恭先在讨论黄土崩塌性滑坡时指出,以粉土为主、遭浸湿的黄土滑带土,含水量少时内摩擦角可达15°~20°,一旦饱水则降至5°左右,具有强度骤然降低的特性;甘肃省国土整治农业区划研究所在"甘肃省中部灌区黄土台(塬)滑坡与土地塌陷成因及综合治理研究"中,将台塬黄土滑坡滑动带分为泥岩—黄土滑动带、泥岩次生滑动带、黄土滑动带3类。

多年来,尽管不少学者对滑带的作用、滑带的变形和性状、岩性特征、滑带组成等进行了一定的研究,但到目前为止,系统的滑带研究、滑带的形成机理、滑带的微观特征等方面的研究还不够深入。作者认为,要想从根本上认识滑坡灾害,就必须对滑坡的重要组成部分——滑动带进行从表象特征、物质组成和成分变化、天然状态及滑动状态的物理力学性质、变形因素及过程、微观结构构造等方面进行深入的研究,以探索其形成机理和变形机理,最终准确地认识滑坡的形态特征、规模及诱发因素,从而达到有效防治滑坡灾害发生的目的。

第四节　滑坡的危害

世界上滑坡(包括崩塌)最多、损失最重的国家和地区有中国、日本、美国、印度和欧洲阿尔卑斯山地区等。日本的滑坡点达5 584处,总面积为1 433 km^2,可能发生崩塌的陡坡地带7 400处,每年滑坡损失达40亿美元;美国仅20世纪70年代的10年间滑坡造成的经济损失就达100亿美元以上;瑞士20世纪发生的滑坡灾害,至少造成了5 000多人死亡。滑坡灾害每年给人类社会带来百亿美元以上的经济损失。

我国自古以来就是多滑坡灾害的国家。滑坡造成的危害后果既有直接的,也有间接的,有时还与地震、洪水相伴成灾或引发泥石流灾害。它不仅会掩埋村镇、堵塞江河、损坏道路、毁坏耕地,而且制造了许许多多的活埋人畜的惨剧。中国科学院成都山地灾害与环境研究所提供的最新资料表明,中国已发现新老滑坡近30万处,其中灾害性滑坡1.5万处,每年因滑坡灾害造成的经济损失达10多亿元。从66个大型滑坡灾害出现的周期性规律来看,愈接近现代,周期就愈短。如公元前780年至公元1500年的2 280年中仅出现大型滑坡灾害12次,周期为100~150年,平均190年出现一次;而进入20世纪50年代以后,平均3年就会发生一次,其中在20世纪80年代仅9年时间就出现7次。

滑坡的危害主要表现在以下几个方面。

一、对水电工程的危害

我国许多滑坡、崩塌发生在水电工程附近。它们毁坏水渠管道,破坏大坝、水电站、变电站以及其他设施。崩塌、滑坡体落入水库中常造成水库淤积,有时甚至激起库水翻越大坝冲向下游造成伤亡和损失,有些滑坡、崩塌还可以造成水库报废。总之,滑坡、崩塌常常破坏山区的水利水电工程，使其不能正常运营，造成经济损失。例如，1980 年 6 月，甘肃省民乐县瓦房城水库发生 100 多万 m^3 的大滑坡，将钢筋混凝土结构的进水塔推倒，岸坡护墙被毁，水库因此不能正常运营；又如 1978 年 9 月，甘肃省武都县化马寨子沟发生滑坡，损坏 80 kW 电站一座。

二、对铁路的危害

铁路是遭受滑坡危害最频繁、最严重的一项工程，尤其是宝成线、陇海线的宝天段及成昆段，几乎年年遭受滑坡、崩塌的袭击。据不完全统计，我国铁路沿线分布的大中型滑坡点有 1 000 多处，崩塌点数更多，致使铁路部门每年花费大量资金用以整治滑坡、崩塌地质灾害隐患点。如成昆铁路铁西滑坡的治理费用就高达 2 300 万元。滑坡、崩塌对铁路的危害主要表现为：摧毁铁路线、中断行车、危害站场、砸坏站房，毁坏铁路桥梁及其他设施，错断隧道、摧毁明硐，造成车翻人亡的行车事故。例如，1981 年 8 月，宝成线略阳至王家沱间发生崩塌性滑坡，破坏线路 100 m，轨道被推入江中，中断行车 544 h；1979 年 4 月成昆线 K812 处崩塌造成列车颠覆事故。

三、对公路的危害

山区公路也是遭受滑坡、崩塌危害最频繁且较严重的工程之一。其主要危害是：冲断或掩埋公路、砸坏路基及公路桥、中断交通；造成行车事故、引起人身伤亡。例如，1988 年云南奕良县板桥发生滑坡，掩埋公路 400 余 m，中断交通 3 个月，因公路中断而绕道行车运货，增加经费 15 万元。

四、对河运及海洋工程的危害

对河运的危害主要表现是：堵江断流、中断航运交通；形成江中险滩，威胁过往船只；激起涌浪，推翻船只，引起航运人员人身伤亡。对海洋工程的危害，最常见的是海底地基发生滑坡，引起海上钻井平台的下沉、滑移和倾倒事故，造成严重经济损失。例如，1982 年 9 月在墨西哥海湾，飓风触发海底滑坡，使两座当时世界上工作水深最大的采油平台翻倒，仅在设备费上造成的经济损失就达 1 亿多美元；又如，我国“渤海湾二号”钻井平台，1973～1979 年间曾因海底滑坡发生一次倾斜下沉，造成了严重经济损失。

五、对乡镇、农村及工矿企业的危害

中国地质环境监测院有关资料显示，滑坡、崩塌对乡村最主要的危害是摧毁农田、房舍，伤害人畜，毁坏森林、道路以及农业机械设施和水利水电设施等，有时甚至给乡村造成毁灭性灾害。1984 年 12 月 20 日，陕西省高陵县蒋刘乡发生滑坡，死亡 22 人，毁坏耕地 245 亩❶，房屋 159 间，整个村庄被毁；云南金沙江下游段大砂坝，历史上曾经是有名的米粮川，公元 1754 年发生一次大滑坡，淤埋了古县城，从此变成荒沙滩，由于物源量的增大、增多，每到汛期，该处年年发生滑坡地质灾害。

---

❶ 1 亩 = 1/15 hm^2。

位于城镇附近的滑坡、崩塌常常砸埋房屋，致使人畜伤亡，田地毁坏，摧毁工厂、学校、机关单位等，并毁坏各种设施，造成停电、停水、停工，有时甚至毁灭整个城镇。1987 年 9 月 17 日凌晨，四川巫溪县城龙头山发生岩体崩滑，摧毁一栋 6 层的宿舍、两家旅舍、居民房 29 户，掩埋公路干线 70 余 m，造成 122 人死亡，直接经济损失达 270 万元左右。

发生在工矿区的滑坡、崩塌，可摧毁矿山设施、伤亡职工、毁坏厂房、使矿山停工停产，常常造成重大损失。例如，云南威信县墨黑煤矿区，近 40 年来分别于 1948 年、1984 年、1987 年 8 月、1987 年 12 月、1988 年 1 月发生较大崩塌、滑坡。据不完全统计，共毁坏民房 157 户，毁坏耕地 824 亩，损失粮食 11 万 kg；摧毁类矿通信井 2 处、回风巷 800 m、运输巷 450 m；损坏 10 万 V 高压输电线 800 m，造成煤矿停产经济损失 113 万元。

第五节　滑坡监测与防治

一、滑坡监测

滑坡动态监测的内容包括滑坡变形监测、建筑物变形监测、地下水动态监测和滑坡推力实测。目前，国内外滑坡动态监测的技术方法已经发展到了一个较高的水平，已由过去的人工监测逐渐过渡到仪器监测，并正向高精度的自动化遥测系统发展。监测仪器也在不断更新，随着计算机技术和测量技术的发展，激光测距仪和高精度电子经纬仪等先进设备，正在逐步成为滑坡动态监测的新手段。

目前，滑坡动态监测中使用的技术方法大致可归纳为宏观简易地质监测法、大地精密测量法、设站观测法、仪器仪表监测法和综合自动遥测法五种。

（一）滑坡变形监测

1. 宏观简易地质监测法

宏观简易地质监测法主要对滑坡的地表裂缝，建筑物裂缝，地面鼓胀、沉降、坍塌和地下水（井水、泉水）、动物异常等宏观变形迹象及与其有关的各种异常现象进行定期监测、记录，随时掌握滑坡的变形动态及发展趋势，尤其要对地表裂缝、建（构）筑物变形进行监测，即在滑坡变形体及建（构）筑物裂缝处设置骑缝式简易监测标志，定期使用长度量具直接测量裂缝长度、宽度、深度变化及裂缝形态、开裂延伸方向等，以便达到科学预报的目的。该方法的特点是获取的前兆信息直观可靠、可信度高，监测方法简单经济、实用性强，适用于各种滑坡不同变形阶段的监测，更适用于群测群防监测。该法的缺点是监测内容单一，监测精度较低，劳动强度大。

2. 大地精密测量法

大地精密测量法是从测绘技术方法移植而来的，一般用三角交会法、距离交会法监测滑坡变形的二维（X、Y）水平位移；用几何水准法、精密三角高程测量法监测滑坡的垂直（Z）位移；用小角法、测距法、视准线法监测滑坡的水平方向位移。该法的主要特点如下：

（1）监控面积大，不仅能够对重点部位进行定点监测，而且能够有效地确定滑坡范围及变形状态。

（2）其量程不受限制。

(3)该法以滑坡区以外稳定的测点为基准点进行滑坡区域的监测,能够直观测定滑坡体的绝对位移量,掌握滑坡整体变形状态。

(4)在滑坡发生巨滑时,监测仪器设施不会因滑坡加速运动而损坏,监测人员不必到滑坡体上,因此能保证滑坡监测的连续性。

(5)该法技术成熟,精度较高。

由于大地精密测量法具有上述特点,故适用于不同变形阶段的滑坡位移长期监测,它在滑坡监测中占主导地位。

该方法的缺点是监测受到地形通视条件的限制和气象条件的影响,野外工作量大,周期长,不能连续监测。

3. 仪器仪表监测法

仪器仪表监测法主要监测滑体地表及深部的位移量、倾斜率、裂缝变化、地声、地应力、应变、地温及降水等相关因素与环境因素。其特点是监测内容丰富、精度高、资料可靠,省时省力。如1995年1月30日预报成功的甘肃省永靖县黄茨滑坡就采用了这种方法。仪器仪表监测的具体方法很多,按实施方式可分为直接监测法和间接监测法两大类型。

4. 综合自动遥测法

综合自动遥测法采用自动化程度高的远距离遥控监测系统或空间技术卫星遥测,自动采集、存储、打印和显示滑坡变形监测数据,并绘制出各种变化曲线、图表。其具有监测内容丰富,自动化程度高,可全天候观测,并远距离传输,省时省力的特点。缺点是受外界因素干扰,传感器、仪器易出故障,长期稳定性差。适用于滑坡变形处于速变及临滑状态时的中、短期监测及防治施工期安全监测。由于传感器、仪器的质量不过关,国内用得不多,公开报道的应用实例是该法曾用于重庆市万县豆芽棚滑坡治理效果检验监测。

以上是目前国内采用的各种滑坡监测方法,从滑坡监测内容可以看出,滑坡监测是多种监测方法相结合的综合监测,它既要监测地面、地下变形,又要监测诱发因素和相关因素,因此没有一种监测方法能够单独胜任滑坡动态监测。在滑坡监测中,滑坡变形监测是必不可少的项目,相关因素监测一般实施地表水、地下水、泉水及地温监测,诱发因素主要实施降水监测。

(二)建筑物变形监测

对滑坡体上所有建筑物(房屋、桥涵、隧道、挡土墙、护坡、侧沟、截水沟、天沟、盲井和检查井)的开裂、沉陷、位移和倾斜等变形进行监测,常可帮助分析滑坡的性质、规模和动态变化,便于掌握滑坡的成因、稳定程度和发展趋势。滑坡体上的建筑物变形监测常与滑坡地质勘探和滑坡变形监测同时进行。

1. 裂缝观测

一般可采用水泥砂浆贴片贴于开裂的典型或代表性部位及裂缝头部的两侧,也可采用石膏标志或薄铁(塑料片)标志代替水泥砂浆贴片。要求一条裂缝最少设置两个标志,一个设在裂缝最大处,另一个设在裂缝的末端,可直接测量标志的相对位移量。若裂缝继续发展,涂抹石膏的标志将产生断裂,可安装薄铁片标志,两铁片则必然会产生相对位移,断裂的宽度或相对位移量即为裂缝发展的变形量。观测周期视裂缝的发展速度而定,一般可每月观测1～2次,变形发展较快时,可每月观测3～4次,应观测至变形完全停止时为止。

2. 沉降观测

将固定标志安设在建筑物的基础和墙上,如建筑物的四角、沉降缝两侧等处。沉降观测通常采用水准测量方法进行。基准点的位置应根据总平面图上建筑物的分布及工程地质条件而定。基准点的数量在每一测区内不少于2个,区域面积较大或对多幢建筑物进行观测时,应适当增加基准点数,并使所有的基准点构成水准网。观测的时间间隔,视沉降量大小和沉降速度而定,一般1～3个月观测1次,直至沉降稳定为止。沉降稳定标准为沉降速度不超过0.02～0.04 mm/d。

3. 倾斜观测

在建筑物的上、中、下部分别设置固定标志,用经纬仪观测各点的变化,或用地质罗盘仪量测其倾角的变化。观测周期一般为1月1次,一直延续至变形完全停止。建筑物变形监测资料应同位移观测资料一起进行综合分析,估计其对滑坡和建筑物稳定的影响。

(三)地下水动态监测

地下水动态规律的长期监测,可提供地下水运动与滑坡稳定性的关系,并可检验排水工程的效果。这项工作可与滑坡变形监测同时进行。可在滑坡区内的钻孔、泉、试坑、隧洞、平孔、水沟等处进行观测。监测项目包括水位、涌水量、水温、气温及化学成分五项。为了更正确地研究地下水的动态规律,应了解当地的有关气象、降雨、气温等状况,必要时应在滑坡区内设气象观测站。

观测周期可从滑坡勘测开始到滑坡稳定为止。一般旱季每月观测1次,雨季每月不应少于2次。降雨后应加密观测,每隔3～5 d观测1次。同时,应注意观测受到排水工程进展影响的井、泉等。水位观测采用测水钟或自记水位计量测,每次水位测量时应连续进行3次,取读数接近的两次水位的平均值作为正式记录,测量精度为1 cm。涌水量的观测只在涌水钻孔、泉、平孔和隧洞中进行,常采用设堰观测法。涌水量不大时,也可以用容积法。在进行泉水观测时,应注意出水位置的改变、堵塞、复活、混浊和挟带物等情况。对滑坡可能供水的自然沟也应进行观测。分段设置固定观测点,用三角堰测流量。每个沟应在同一时间内自下而上一次量测。在钻孔中使用缓变温度计测量水温,需在水下放置半小时后再取出读数。在泉水中用普通温度计插入出水口处测量,经5 min后读数,并同时测量气温。水化学成分化验,一年内按季节取4～6次样,例如在春、夏、秋、冬季末和水位最高及最低时取样,进行水化学分析。将地下水位、涌水量、水温和水化学成分等观测资料整理绘制成曲线图,并与降雨量、滑坡变形监测资料等一起进行综合分析对比,从中寻找规律。

(四)滑坡推力实测

滑坡推力实测的目的在于验证滑坡推力计算的正确性,实际测量滑坡推力的大小和分布情况,并观测防治工程的效果。滑坡推力的大小通常采用埋设压力盒的方法来测量。压力盒一般应埋设于滑坡主轴断面之上。为保证观测精度,在同一断面上压力盒之间的距离应小于0.5 m,以免其中某一个失效时,因间距过大而影响分析。应按设计图式及计算所得的内、外力的大小来选择压力盒的量程,埋设深度可依据计算滑坡主轴断面推力线的位置来考虑。

二、滑坡防治

滑坡防治应以防为主，防治并重。滑坡预防、滑坡治理都应在滑坡预测预报的基础上进行。因此，预测滑坡学、勘查滑坡学是滑坡防治的主要理论基础。预测滑坡学的理论可以指导国土开发决策方案比选，优先在安全区进行工程建设，绕避滑坡危险区而达到滑坡预防的目的；同时还可以在预测的基础上，缩小目标范围，对有重大工程意义的滑坡进行勘查、监测，有利于针对性地采取治理措施。

(一)滑坡预防技术

滑坡预防技术是直接引用滑坡预测的结果。滑坡时空的预测决定了滑坡预防的有效时间及有效区段。

1. 时间预防技术

滑坡时间预防通常可分为中长周期预防和短期临滑预防。中长周期预防比较成熟，多采用统计预防方法。例如，宝成铁路崩滑灾害时间预测的结果就是采用统计预测的方法，根据这种预测结果，人们就可以把崩滑灾害发生的高发期作为崩滑预防的设防阶段，去安排防护措施和预防工程。短期临滑预防则是针对某处在活动期的具体滑坡利用其位移监测资料进行时间预报。其预报技术方法多种多样，可归纳为确定性分析法、非确定性分析法及类比分析法三类。常见的具体模型方法有斋藤迪孝模型、马尔科夫模型、灰色预报模型、Verhulst 模型、非线性相关分析预报模型、基于泊松旋回和威布尔分布原理建立的预报模型，还有黄金分割 0.618 预报原理(张倬元，1988)、梯度正弦法预报等。湖北长江新滩滑坡发生期 V 氏模型，其预报滑坡灾害的发生时间与实际时间十分接近，它有助于对滑坡灾害的临滑预报。该滑坡发生前，湖北省岩崩滑坡研究所骆培云等依据滑坡位移、变形特征，用类比原理在灾害发生前 24 h 果断作出临滑预报，使政府部门及时采取预防措施，利用有限的时间，撤离了所有人员及重要财物，大大减轻了滑坡灾害的损失。此次临滑预报也成为国内外滑坡灾害临滑预报的成功实例。

2. 空间预防技术

滑坡空间预防是在其系统研究的基础上，利用一定理论，寻求自然界存在的滑坡地段或易产生滑坡的地段(地域)；在易发生滑坡的地段限制开发，对移民迁建工程而言，应划为不适宜的地段，对于交通干线而言，应绕避通过，如可能滑动的滑坡体上已建有城镇或集中居民点，而且该滑坡又不能或不宜进行工程加固，则应该搬迁避让。近 20 年来，我国滑坡空间预测技术有较大的发展，对应主要滑坡空间预防方法有类比分析法、系统模型法、信息量模型法等。滑坡预防就是应用这些滑坡空间预测技术，探讨滑坡预防的重点地段(地域)，进而依据地段的不同性质及特征去设置滑坡预防工程。

此外，制定并严格执行土石方工程、建设工程的行业规范，以防止挖方(特别是深挖方)或填方(特别是高填方)边坡发生滑坡。

(二)滑坡治理工程

采取工程措施整治已发生的滑坡或防止潜在滑坡活动，都需要通过减小其滑动力和(或)增大其抗滑力来实现。国际地科联(IUGS)滑坡工作组(WGL)整治委员会将滑坡治理措施分为以下四大类。

1. 改变斜坡几何形态

大型深埋滑坡往往滑面后缘倾角陡，而接近前缘则倾角缓甚至反倾坡内。滑动力主要来源于滑坡近后缘段即头部，而近前缘段即滑坡的足部则为抗滑段或抗力体。削减产生滑动力的物质、增加抗力体的物质即可大大提高滑坡的稳定性，这就是通常所说的砍头压脚。如果由于斜坡坡度过于陡峻而易于失稳，此时可采用减缓斜坡总坡度的方法提高其稳定性。改变斜坡几何形态技术上简单易行且加固效果好，特别适用于滑面深埋，抗力体、主滑段划分明显滑坡，整治效果则主要取决于削减和堆填的位置是否恰当。

2. 排水

雨水或地下水可以浸润湿化滑坡体，降低岩(土)体强度，润化滑面，促使和加剧滑坡滑动，故有“十滑九水”之说。对滑坡进行排水处理是非常重要的，过去这是一种治理滑坡的主要手段。所以，排水工程是整治滑坡灾害中一项极其重要的内容。排水不仅对土质滑坡是十分必要的，对于岩质滑坡，譬如破碎岩石滑坡，也应考虑排水措施，对于塑性牵引式滑坡，尤为重要。当然，任何排水措施的施工及其方案的确定，必须搞清楚地下水补给、径流和排泄条件，否则不能收到预期效果。排水工程分为地表排水和地下排水。应尽量做到排泄地表水和疏导地下水，以减少滑动块体的重量，增加组成斜坡物质的强度。同时，还应该考虑排水系统的完整性和总体性。

1)地表排水工程

土壤被水浸湿后，容重增大，而强度降低。如果雨水汇聚成为径流，可以引起地面的冲刷；渗入地下，又成为地下水的补给来源。由于气温的变化，土中水分发生干湿循环和冻融，可以加速土壤风化。所以，在滑坡区，排除地表水是处理路基灾害不可缺少的辅助措施，而且是最先应当采取的措施，对整治滑坡更是如此。排除地表水的目的在于拦截、旁引滑坡范围外的地表水，使其不致进入滑坡区；将降落或出露在滑坡范围内的雨水及泉水尽快排除至滑坡体外，使其不致渗入滑坡体。其具体做法是：

(1)在滑体外，地表水排水工程设置一条和多条环形截水沟，拦截旁引地表径流，使地表水不流入滑坡范围之内。

(2)在滑体内，则充分利用自然沟谷，布置成树枝状排水系统，在滑体内的湿地和泉水出露处，修建渗沟及明沟等引水工程。

此外，整平夯实自然坡坡面，减少坑洼及裂缝；同时植树铺草皮以防止地表水下渗及淤塞排水沟。

2)地下排水工程

地下水常是诱发滑坡的重要因素，而地下水的存在往往也是形成滑坡的主要条件，所以疏干滑坡体以及截断和引出滑坡面附近的地下水，常常是整治滑坡的根本措施，显得十分必要。由于滑动带常常积聚了大部分地下水，因此排除滑带水又是滑坡地下排水的主要目的。因为排除地下水可使滑坡体土体干燥，从而提高其强度指标，降低土壤的容重，并可消除地下水动水压力，以提高滑坡体的稳定性。排除地下水是一项复杂、艰巨，而且投资较大的工程。设计中必须收集足够的水文地质资料，同时要注意施工质量，确保施工安全。

治理地下水的原则是“可疏而不可堵”。应该根据水文地质条件,特别是滑带水的分布类型、补给来源及方式,采取拦截、疏干、排引等措施。要求达到“追踪寻源,截断水流,降低水位,晾干土体”。

常用的地下排水工程措施有:

(1)拦截地下水的建筑物:截水明沟、槽沟、泄水隧洞以及截水渗沟等。

(2)疏干地下水设备:边坡渗沟、支撑渗沟、疏干泄水隧洞、渗水暗沟、渗井、渗管、渗水支垛、垂直钻孔排水等。

降低地下水的设施多布置在路基两侧附近,其中常用的有槽沟、纵向渗沟、横向渗沟、泄水隧洞、带渗井及渗管的隧洞等。

3. 支挡结构

在改变斜坡几何形态和排水不能保证斜坡稳定的地方,常采用支挡结构物(如挡墙、抗滑桩、沉井、拦石栅)或在斜坡内部采取加固措施(如锚固、土锚钉)等防止或控制斜坡上岩(土)体的运动。这类措施的恰当设计,可用于稳定大多数体积不大的滑坡或没有足够空间堆填压脚而不能用改变斜坡几何形态治理的滑坡。

滑坡治理中应用最多的支挡结构物为重力式抗滑挡墙。滑坡的推力大、作用点较高,因此重力式抗滑挡墙具有胸坡缓、外形矮而胖的特点。但因滑坡复杂,抗滑挡墙断面形式很多,其概括起来有如下特点:

(1)挡墙胸坡较缓,常用的胸坡为1:0.3~1:0.5,也有用到1:0.75~1:1的。

(2)挡墙后常设卸荷平台以节省圬工,平台宽度视实际情况而定,一般为1~2 m,平台以上填以透水土石,可起到疏干挡墙附近土体和减少挡墙圬工的作用,但需将其底部置于滑动面之下,并设排水通道,注意不能由于卸荷平台过宽、开挖滑体过多而造成滑坡恶化。

(3)抗滑挡墙墙高必须验算确定。

由于抗滑挡墙的作用,滑坡出口受阻,可使滑面改变方向而从墙下面滑出。

抗滑桩是借助桩与周围岩土共同作用,把滑坡推力传递到稳定地层的一种抗滑结构。自20世纪60年代开始使用以来,抗滑桩得到广泛应用。由于这种支挡结构比抗滑挡墙具有开挖面小、圬工体积小、施工速度快等优点,因而得到广泛的应用与推广。对于滑体较厚、滑床埋藏较深且下有坚实地层、复杂、推动力大的滑坡,当采用抗滑挡墙,圬工量大,施工开挖困难,并且容易引起滑坡体下滑时,则宜采用抗滑桩来稳定滑坡体的变形。

利用钢丝网绳作为主要部分并以覆盖(主动防护)和拦截(被动防护)来防治崩塌落石、风化剥落、爆破飞石等斜坡坡面地质灾害的柔性安全防护系统,简称SNS(Safety Netting System)。主动防护通过固定在锚杆或支撑绳上并施以预张拉的钢丝绳网和(或)格栅网,对整个边坡形成连续支撑。其预张拉作用使系统紧贴坡面,并形成了防止局部岩体位移或发生细小位移后将其束缚于原位附近的预应力,从而实现其主动防护(加固)功能。其柔性特征使系统将局部集中荷载向四周均匀传递,以充分发挥整个系统的防护能力,并且不破坏和改变坡面原有地貌形态和植物生长条件。

被动防护系统不阻止灾害发生但可拦截或阻滞顺坡滚落的块石(直径≤0.6 m),从而使保护对象(如交通干线)免遭破坏,在高山、高陡坡崩塌落石严重的地区得到广泛应用。

4. 斜坡内部加固

在岩体中进行斜坡内部加固多采用岩石锚固工程。将张拉的岩石锚杆或锚索的内锚端固定于潜在破坏面以下的稳定岩石之中，施加的张应力增加锚拉方向的正应力，从而增大了破坏面上的抗滑力。锚杆或锚索与格构(预应力混凝土构件)联合使用，可以发挥更好的防治效果，锚固力通过格构传递给坡面，从而保持边坡的稳定，而且格构之间的坡面可以填土和植草以美化环境。

在土体中进行斜坡内部加固，依赖于通过剪应力传递来加强单元的抗张能力。目前，已开发了多种使用金属棒或高分子聚合物等加强单元土体内部加固的技术，如原地系统抵达入土锚杆用递进埋置法建加筋土支挡体系也应视为土体内部加固技术。

第二章　中国滑坡分布概况

第一节　地质灾害概述

国土资源部从1999年开始,在地质灾害严重的县(市),陆续部署开展了县(市)地质灾害调查与区划工作。调查的重点是滑坡、崩塌、泥石流、不稳定斜坡、地面塌陷和地裂缝等6种类型的地质灾害。

第一期完成调查的290个县(市),遍布全国(除天津、上海外)的所有省、市,并且均为地质灾害相对严重的地区,这些地区地质灾害种类繁多,数量巨大,危害严重。

据统计,已经完成调查的290个县(市)共计调查各类地质灾害点56 112处。其中,滑坡28 738处,占灾害总数的51%;崩塌9 421处,占17%;泥石流4 788处,占8%;地面塌陷2 698处,占5%;地裂缝1 576处,占3%;不稳定斜坡8 891处,占16%。可以看出,斜坡灾害(崩塌、滑坡、泥石流、不稳定斜坡)占总灾害数量的92%,而地面塌陷和地裂缝仅占8%。

另外,本次调查共发现地质灾害隐患点47 832处。其中,滑坡24 898处,占总数的52%;崩塌8 595处,占总数的18%;泥石流3 406处,占总数的7%;地面塌陷2 300处,占总数的5%;地裂缝1 034处,占总数的2%;不稳定斜坡7 599处,占总数的16%(见表2-1)。

表2-1　地质灾害类型统计结果

灾害类型	地质灾害点(处)	所占比例(%)	地质灾害隐患点(处)	所占比例(%)
滑坡	28 738	51	24 898	52
崩塌	9 421	17	8 595	18
泥石流	4 788	8	3 406	7
不稳定斜坡	8 891	16	7 599	16
地裂缝	1 576	3	1 034	2
地面塌陷	2 698	5	2 300	5
合计	56 112	100	47 832	100

290个县(市)地质灾害调查结果显示,滑坡在地质灾害点中所占比例最大达51%,是我国最主要的地质灾害类型。

第二节　滑坡规模

依据《县(市)地质灾害调查与区划基本要求》实施细则,滑坡按滑体的体积大小,分为巨型滑坡（>1 000 万 m^3）、大型滑坡（100 万～1 000 万 m^3）、中型滑坡（10 万～100 万 m^3）和小型滑坡（<10 万 m^3）。从调查数据分析，我国滑坡总体上以中小型为主（见表 2-2）。小型滑坡在全国各地所占的比例极高，但相比较而言，东南丘陵山区和东部山地小型滑坡所占的比例更高，而西北、西南和黄土高原区则中型滑坡的比例相对较高，青藏高原区大型和巨型滑坡所占的比例相对较高。

表 2-2　滑坡规模分类标准及统计结果

灾种	指标	巨型	大型	中型	小型
滑坡	体积（万 m^3）	>1 000	100～1 000	10～100	<10
	数量（处）	311	1 602	4 747	17 210
	所占比例（%）	1	7	20	72

第三节　滑坡类型

依据《县（市）地质灾害调查与区划基本要求》实施细则，滑坡按物质成分可分为土质滑坡、岩质滑坡和碎块石土滑坡。在已调查的滑坡点中，以土质滑坡为主（见表 2-3），除东部山区外，其他研究区土质滑坡所占比例极大，依次为：西北地区占 84.9%，黄土高原区占 72%，东南地区占 67.8%，西南地区占 67.1%，青藏高原区占 53%。东部山区岩质滑坡占本区滑坡总数的 50.2%，而在青藏高原区，碎块石土滑坡占本区滑坡总数的 31.5%。土质滑坡在各种规模的滑坡中，都占到 60% 以上，而岩质滑坡主要发生在巨型和大型滑坡中，并且随着滑坡规模的减小，岩质滑坡所占的比例越来越小。

表 2-3　滑坡分类统计结果

分类依据	类型	数量（处）	所占比例（%）
物质成分	土质	16 143	69
	岩质	2 789	12
	碎块石土	4 534	19

第四节　滑坡分布与地形坡度

地形坡度直接影响到滑坡发生的可能性大小。对滑坡发生的原始地形坡度进行统计，对今后的滑坡防治有一定的指导作用。按照习惯，将地形坡度分为 5 个等级（0°～10°、10°～25°、25°～40°、40°～60°、60°～90°）进行统计。从总体上看，滑坡多发育在坡度区间 25°～40°，其后依次为 40°～60°、10°～25°、60°～90°和 0°～10°。巨型滑坡和大型滑坡相对更加集中在 10°～40°的坡度区间。随着滑坡规模的减小，发生的坡度区间逐渐上移，小型滑坡在 40°～60°区间也发育。滑坡与地形坡度等级关系统计结果见表 2-4。

表 2-4　滑坡与地形坡度等级关系统计结果

地形坡度等级(°)	数量(处)	所占比例(%)
0～10	1 198	4.3
10～25	5 199	18.8
25～40	10 212	36.9
40～60	5 215	18.9
60～90	5 824	21.1

第五节　滑坡诱发因素

滑坡的诱发因素分为自然因素和人为因素。自然因素主要有大气降雨和地震等；人为因素主要是人类工程活动，包括坡脚开挖和植被破坏等。据统计，已调查的滑坡主要诱发因素是暴雨。暴雨诱发的滑坡占滑坡总数的90%（见表2-5）；地震诱发的滑坡仅占滑坡总数的1%，一般为巨型滑坡、大型滑坡；人类工程活动诱发的滑坡占滑坡总数的9%，以小型滑坡为主。从区域分布上看，西北地区工程活动诱发的滑坡比例相对较高。

表 2-5　滑坡诱发因素分类统计结果

分类依据	类型	数量(处)	所占比例(%)
诱发因素	暴雨	21 002	90
	工程活动	2 149	9
	地震	257	1

第六节　重大滑坡灾害实例

在我国，重大滑坡灾害实例如下所述：

1922年，云南禄劝县发生滑坡，掩埋了两个村庄和200多亩良田。

1933年，四川迭溪地震，造成滑坡，死难者达800多人。

1935年11月24日，金沙江畔鲁车渡渡口山崖崩落江中，上游水位猛涨，致使江北（四川会理县）、江南（云南元谋县）淹死280余人。

1943年2月7日，青海共和县发生滑坡，滑坡总体积达2.7亿m^3，是20世纪以来黄土高原最大的一个滑坡体。瞬间毁灭了两个村庄，掩埋了213人，毁坏耕地1 000多亩。

1961年3月6日，湖南安化县柘溪水库边坡发生滑坡，造成人员死亡40多人，损失及治理费用达数百万元。

1963年4月30日，陕甘交界处柿树林车站西侧发生滑坡，陇海铁路断道3个月，铁路下方的7户人家、3头黄牛以及路经此处的行人均被滑坡体活活掩埋，经西安铁路局广大职工和兰州军区驻地部队奋斗 3 个月,才恢复通车。

1964 年 7 月 20 日,甘肃兰州市西固洪水沟发生滑坡,埋没 20 幢平房,死亡 157 人,冲淹了陈官营火车站及 3.4 km 铁路,造成兰新铁路中断 36 h、毁坏农田 600 余亩的恶果。

1965 年 11 月 22 日,云南禄劝县接连发生 3 次山崩滑坡,4 个村庄被覆没,死亡 651 人,成为新中国成立以来伤亡人员最多的滑坡灾害。

1972 年 6 月 18 日午间,弹丸之地的香港九龙新界观塘秀茂坪发生滑坡,死亡 71 人,同一天黄昏,香港岛半山区宝珊道又发生滑坡,推倒一幢 12 层楼房,毁坏 38 幢楼房,死亡 67 人。一天之内,香港有 138 人死于滑坡。

1973 年,甘肃庄浪县滑坡造成水库溃坝,冲淹农田 3 000 多亩,毁房 3 000 余间,死亡 500 多人。

1974 年 9 月 14 日,四川南江县发生高速大型滑坡,造成 159 人死亡,毁坏耕地 1 000 多亩。

1980 年 6 月 3 日,湖北远安县盐池河谷滑坡,摧毁了整个矿山,除 3 人恰在边缘被压缩空气甩出而幸存外,共有 318 人遭掩埋死亡,经济损失 500 多万元。同年 7 月 31 日,成昆线铁西车站发生大滑坡,毁坏铁路 160 m,列车运行中断 44 d,经济损失达 1 000 多万元,治理费用高达 2 448 万元。

1981 年 7 月 11 日,中国尼泊尔边界滑坡,造成 200 多人死伤;同年 8 月,陕西汉中地区遭特大暴雨袭击,造成多起滑坡灾害,死难者 183 人,倒塌房屋 1.6 万多间,宝成、阳安铁路及 4 条公路干线路基被毁,经济损失达 10 亿元。

1982 年 7 月 18 日,四川云阳县城东发生鸡扒子大型滑坡,毁坏了县冷冻库和农舍 1 730间,使 1 353 人无家可归,毁坏耕地 775 亩。滑体前部进入长江,严重阻碍航运,直接经济损失 600 多万元,整治滑坡和疏通航道耗资上亿元。

1983 年 3 月 7 日,甘肃东乡县发生洒勒山大滑坡,埋没 4 个村庄和 1 个小水库,体积近 5 000 万 m^3 的滑体覆盖了 3 km^2 的土地,埋在滑坡体下的 277 人全部丧生,毁坏耕地 3 000 多亩,掩埋牲畜 400 多头,直接经济损失超过 300 万元。

1984 年,仅甘肃礼县就发生滑坡 2 569 处,全县交通中断,水利设施受到严重破坏。同期,陇南地区造成灾害的滑坡 570 处,死亡 31 人,伤 182 人,直接经济损失达 5 000 余万元。

1985 年 6 月 12 日凌晨 3 时 45 分,长江西陵峡北岸的湖北秭归县新滩镇发生大滑坡,3 000 多 m^3 滑体顷刻间摧毁了整个新滩镇和一个村庄,其中 200 多万 m^3 滑体涌入长江,堵江 1/3。尽管滑区内的 457 户 1 371 人因预警及时,事先已转移到安全地带而未造成人员伤亡,但家园、田园却毁于一旦。本次滑坡共计摧毁房屋 1 569 间、农田 780 亩,毁坏柑桔 3.45 万株、柑桔苗 50 万株,冲翻长江船只 77 艘,死亡船民 12 人、受伤多人,直接经济损失达 900 多万元。新滩又成为长江航道上的险滩。

1987 年 9 月 1 日,四川巫溪县发生山体崩滑,砸死 98 人,受伤多人,摧毁了一幢宿舍楼和两座小旅馆,财产损失达 200 多万元。

1988 年 1 月 10 日,四川巫溪县西宁区中阳村发生一起大型滑坡,滑体堵塞了西溪河,形成堰塞湖,造成一个城镇和小水电站被淹,死亡 26 人,直接经济损失 700 万元。

1989 年 7 月 10 日，四川华蓥山暴雨引发滑坡，冲毁了溪口镇马鞍坪村和山脚的汽车队、机修厂、红岩煤矿等 6 家企业，这场惨案造成 293 人死亡，直接经济损失达 600 多万元。

1990 年，甘肃仅天水、兰州、武都等地发生的滑坡及泥石流灾害，死亡达 30 余人，经济损失达上亿元。特别是天水锻压机床厂滑坡，摧毁 6 个车间和 24 座建筑物，死亡 7 人，受伤 4 人，经济损失达 2 067 万元，给该厂造成了毁灭性打击。

1991 年 6 月，中国接连发生两起大滑坡灾害。其中，6 月 29 日凌晨 4 时 58 分，湖北秭归县郭家坝镇鸡鸣寺发生大型滑坡，埋没农田 105 亩、房屋 78 间及 1.2 万多株果树，虽因前期有预报而无人员伤亡，但经济损失仍达 150 多万元；9 月 23 日 18 时刚过，云南昭通市盘河乡头寨沟又发生大型滑坡，长 4 km、宽 300 多 m、厚 20 多 m 的滑体瞬间覆盖在有 106 户人家的村庄上面，当即掩埋 216 人，受伤多人，直接经济损失达 100 多万元。

2001 年 5 月 1 日 20 时 30 分左右，重庆武隆县城巷口镇发生岩质滑坡地质灾害，滑体下一幢 9 层居民楼被摧毁掩埋。经过上千军民连续几昼夜的抢险救援，灾害现场的清理工作才全部结束。这次滑坡地质灾害共造成 79 人死亡。

第三章 河南滑坡发育特征

第一节 地质环境概况

一、地形地貌特征

河南省位于我国中部,黄河的中下游地区。河南省东临安徽、山东,西接陕西,北与山西、河北接壤,南与湖北交界,地理坐标:东经110°21′~116°39′,北纬31°23′~36°22′,南北纵跨530 km,东西横亘580 km,总面积16.7万km^2,约占全国总面积的1.74%。

河南省地貌的显著特点是北、西、南三面为山地、丘陵和台地,东部为坦荡辽阔的黄淮海平原。其地势是西高东低,从西向东呈阶梯状下降,由西部的中山、低山、丘陵和台地逐渐下降为平原,在全国地貌中的位置,正处于第二级地貌台阶向第三级地貌台阶的过渡地带。西部的太行山、崤山、熊耳山、嵩箕山、外方山、伏牛山等山地属于第二级地貌台阶,东部平原和西南部的南阳盆地属于第三级地貌台阶,而南部边境地带的桐柏—大别山构成第三级地貌台阶中的横向突起。

北部的太行山构成山西高原与华北平原的天然分界。境内长达185 km,山地海拔多在500~1 000 m,最高海拔1 725 m。呈现山高谷深、山势陡峻雄伟的断块山地的地貌特征。山地中分布的一系列构造盆地,如林州盆地、临淇盆地等,构成山地中的负地貌形态。

豫西山地地貌:包括小秦岭、崤山、熊耳山、外方山、嵩箕山、伏牛山等,属于秦岭山脉的东延部分。豫西山地由西呈扇形分别向东北、东、东南展布,为黄河、长江、淮河三大水系的分水岭,伏牛山主脊为我国亚热带和暖温带在境内的分界线。豫西山地的主要山峰海拔多在1 500 m以上,较高的山峰海拔超过2 000 m,灵宝境内的老鸦岔脑海拔2 413.8 m,为河南省最高峰。

黄土地貌:分布在豫西山地与太行山之间的黄河流域,按形态可分为黄土陵(梁、峁)和黄土塬(台塬)。黄土陵(梁、峁)主要分布在郑州以西—偃师,黄土梁长轴方向多东西向或北西—南东向,黄土峁两侧对称,坡度平缓,面积较小;黄土塬(台塬)主要分布在孟津以西至灵宝一带以及洛河两岸,塬面较平坦,但微有倾斜,冲沟发育呈树枝状。

豫南山地地貌:指横亘于豫鄂两省边界的桐柏山和大别山,两山呈东西向展布,是长江、淮河两大水系的分水岭,是我国南北之分界。海拔多在300~800 m,只有主峰超过1 000 m,如太白顶海拔1 140 m。

南阳盆地地貌:是全省最大的山间盆地,属南襄盆地的一部分,北、东、西三面环山,其地势由盆地边缘向中心和缓倾斜,具有明显的环状和阶梯状地貌特征,盆地海拔在200 m以下,盆地东西宽120 km,南北长150 km,呈椭圆形,面积约11 900 km^2。

东部平原地貌:属于我国最大的平原——华北平原的西南部分,由黄河、淮河、海河三大水系共同堆积而成,它是由一系列河流冲积扇组合而成的,而且以黄河大冲积扇为其主体。

二、地层

河南省横跨华北板块南部和扬子板块北部,地层发育齐全,从太古界到新生界均有出露。以栾川—固始韧性剪切带为界分为华北和秦岭两个地层区,秦岭地层区又以镇平—龟山韧性剪切带为界分为北秦岭和南秦岭两个分区。

三、地质构造

河南省大地构造上跨华北板块和扬子板块,镇平—龟山韧性剪切带为主缝合线。以三门峡—鲁山、西官庄—镇平和龟山—梅山三条北西向区域性断裂带为界将河南省划分为三个基本构造单元,自北向南依次为华北板块、华北板块南缘构造带和扬子板块北缘构造带。

对河南省构造带演化史影响较大的13条北西向断裂带为:三门峡—鲁山断裂,马超营—拐河—确山断裂带,栾川—明港断裂带和景湾韧性断裂带,瓦穴子—小罗沟断裂带和道士湾、小王庄、小董庄韧性剪切带,邵家庄—小寨断裂带,朱阳关—大河断裂带,寨根韧性断裂带,西官庄—镇平—松扒韧性断裂带及龟山—梅山韧性断裂带,丁河—内乡韧性断裂带和桐柏—商城韧性剪切带,定远韧性剪切带,木家垭—固庙—八里畈韧性剪切带,新屋场—田关韧性剪切带、淅川—黄风垭韧性剪切带。

四、工程地质特征

根据建造类型、成岩作用、岩性特征及物理力学性质,河南省岩体类型可划分为岩浆岩建造、变质岩建造、碎屑岩建造和碳酸盐岩建造,土体类型可划分为一般土体和特殊土体。

(一)岩体类型

1.岩浆岩建造

岩浆岩建造为坚硬块状侵入岩,较集中地分布于伏牛山、熊耳山和桐柏、大别山地。

2.变质岩建造

变质岩建造为坚硬块状混合岩、混合质片麻岩,主要分布于伏牛山南麓的西峡及桐柏、大别山地。

3.碎屑岩建造

碎屑岩建造为坚硬厚层状砾岩、石英砂岩,分布于岱嵋寨、南泥湖—栾川、云梦山孤石滩、桐柏山等地。

4.碳酸盐岩建造

碳酸盐岩建造为坚硬厚层状中等岩溶化石灰岩,分布于太行山、嵩箕山、外方山及淅川等地。

(二)土体类型

1.一般土体

(1)砾质土:主要分布于朝川—宝丰、板桥水库北部。

(2)砂性土:主要分布于内黄、白道口、长垣、封丘、中牟、开封、兰考、民权、睢县、通许、尉氏、新郑等地。

(3)黏性土:广泛分布于黄淮海平原、山间盆地及河谷地带。

2.特殊土体

(1)黄土类土:主要分布于豫西地区,西起省界,东到郑州,北以太行山南麓为界,南部以卢氏、嵩县、临汝、郏县为界的东西向条带内。

(2)胀缩土:主要分布于淮北平原、南阳盆地,豫北及豫西仅有零星出露。

(3)淤泥质软土:广泛分布于平原地区及南阳盆地。

(4)盐碱土:主要分布在豫东黄河冲积平原上。

第二节　地质灾害类型及分布特征

河南省除开封、漯河、周口三市外,其他各省辖市均有地质灾害存在。尤其是北部、西部和南部山区,以及中部低山丘陵和黄土台塬区,崩塌、滑坡、泥石流等突发性地质灾害不断发生,给人民群众的生命和财产造成了重大损失。

一、地质灾害类型

河南省的地质灾害种类较多,主要有崩塌、滑坡、泥石流、地面塌陷、地裂缝和地面沉降等。

二、各地质灾害的分布特征

各地质灾害的分布特征分别如下所述。

(一)崩塌

河南省崩塌地质灾害按成因分主要有剥蚀卸荷型、河流侧蚀型和人工采掘型。剥蚀卸荷型崩塌主要分布在豫西伏牛山、豫北太行山等深山区,河流侧蚀型崩塌主要分布在黄河两岸,人工采掘型崩塌主要分布在矿区、铁路、公路、建筑、水利等人类工程活动场所。

(二)滑坡

按物质组成来分,河南省滑坡可分为土质滑坡和岩质滑坡。土质滑坡主要分布在豫西黄土地区,岩质滑坡主要分布在豫西、豫南等深山区。

(三)泥石流

泥石流主要分布于豫西、豫北和豫南中低山及丘陵区,发生的原因除自然地质因素、气象因素外,人类工程活动的不断增强及对地质环境条件的破坏,也是诱发泥石流发生的主要原因。

(四)地面塌陷

河南省地面塌陷主要是人为采矿活动和地下开挖工程造成的。人为采矿活动形成的地面塌陷主要分布在平顶山、焦作、鹤壁、济源、义马、永城等矿区;地下开挖工程造成的地面塌陷主要分布在郑州等城市地下人防工程开挖区。

(五)地裂缝

河南省的地裂缝分布不均,涉及面较广。地裂缝涉及信阳、驻马店、南阳、平顶山、三门峡、洛阳、郑州、开封、周口、许昌、商丘、新乡、濮阳、安阳等14个省辖市。地裂缝分布密度较大、发生较为频繁的有信阳市的淮滨、固始、潢川、光山，驻马店市的遂平、西平、上蔡，周口市的淮阳、项城，南阳市的市区、唐河、社旗、镇平，平顶山市的叶县、舞钢，商丘市的永城、柘城，洛阳市的洛宁，濮阳市的清丰、南乐及濮阳市区。河南省的地裂缝按成因主要可分为构造地裂缝和采矿塌陷地裂缝。

（六）地面沉降

河南省地面沉降的发生主要与开采地下水有关，超强的过量开采地下水形成地下水降落漏斗后，往往发生地面沉降地质灾害。地面沉降地质灾害主要分布在开封市、许昌市、郑州市、洛阳市、濮阳市、新乡市及清丰、南乐一带。

第三节　地质灾害发育程度分区

河南省地质灾害具有地域性较强的特征。因地形地貌条件、地层岩性、矿区开采强度及降水条件的不同，各类型地质灾害的发育程度也不同。依据各地质灾害类型的发育程度，可将河南省划分为8个区，分别为：豫北山地滑坡、泥石流中等发育区，豫西山地滑坡、泥石流强烈发育区，豫西黄土区滑坡、崩塌及地裂缝强烈发育区，豫北平原地裂缝、地面沉降中等发育区，豫东平原、南阳盆地地裂缝中等发育区，桐柏—大别山地质灾害弱发育区，平顶山、焦作等矿区地面塌陷发育强烈区，黄河沿岸崩塌（塌岸）发育区。

第四节　地质灾害灾情

河南省地质灾害种类多，分布面积广，加上河南省是矿业大省，人类的工程活动强烈，特别是盲目和不合理地开采矿产资源对地质环境的破坏，河南省受地质灾害的危害很严重。据不完全统计，自1990年以来，河南省发生大小地质灾害数百起，较大规模的地质灾害近百起，死亡300余人，重伤近百人，失踪1人，破坏房屋1 500余间，毁坏耕地1 100万m^2，直接经济损失超过2.5亿元，间接损失难以估量。

以卢氏县南部山区2007年7月29日至30日发生的滑坡、泥石流灾害为例，两天时间内，卢氏县境内共发生崩塌、滑坡、泥石流300多处，除4处泥石流为中型灾害外，其他为小型崩塌、滑坡、泥石流灾害。崩塌、滑坡、泥石流共造成35人伤亡，其中，31人死亡，1人失踪，3人受伤。泥石流还冲毁公路10余km，桥涵20多座，耕地300多亩，房屋数10间，以及部分电力、通信等设施，经济损失超过100万元。

第五节　地质灾害潜在危害

截至2007年年底，河南省已完成了62个县（市）的地质灾害调查与区划工作，并且全部通过省国土资源厅组织的评审验收。根据调查结果，目前，河南省存在各类地质灾害隐患点5 220处。按地质灾害类型来分，滑坡1 600处，崩塌1 608处（黄河塌岸归入崩塌计），泥石流沟402处，地面塌陷733处，地裂缝65处，不稳定斜坡812处；按地质灾害的潜在危害程度来分，特大型地质灾害点181处，大型地质灾害点732处，中型地质灾害点

1 831 处,小型地质灾害点 2 476 处。

河南省地质灾害受人口分布、经济发展、地质环境条件等因素的影响,具有灾害点规模小、危害性大、损失严重的特点。河南省现今存在的 5 220 处地质灾害点,威胁的对象有人员、房屋、道路、耕地、河流、水库等,其中,威胁人员超过 642 523 人,潜在的经济损失超过 88.6 亿元。

第六节　特大型地质灾害隐患点

河南省特大型地质灾害隐患点共计 181 处,包括的灾害种类有地面塌陷、泥石流、崩塌、滑坡、地裂缝及不稳定斜坡等。其中,特大型地面塌陷隐患点 104 处、泥石流隐患点 28 处、崩塌隐患点 17 处、滑坡隐患点 11 处、不稳定斜坡 17 处、地裂缝 4 处。

特大型地质灾害隐患点的分布特征是:地面塌陷主要分布在煤矿开采区,如鹤壁、济源、焦作、平顶山、郑州及永城等地;泥石流主要分布在豫南信阳、南阳,豫西三门峡、洛阳等山地丘陵区,此外郑州地区西部山区也有分布;崩塌、滑坡及不稳定斜坡主要分布在豫西、豫北及豫南山区。

第七节　河南省各市地质灾害概况

一、郑州市

(一)地形地貌特征

郑州市位于河南省的中部,北靠黄河,西依嵩山,东临开封,南接许昌。京广、陇海两大铁路及京珠、连霍两大高速公路在此交会,县乡公路四通八达,构成了现代化的立体交通网络,交通条件便利,是我国重要的交通枢纽之一。

郑州市位于秦岭东段余脉、我国第二级地貌台阶与第三级地貌台阶的交接过渡地带。总的地势为西南高、东北低,呈阶梯状下降,由西部、西南部构造侵蚀中低山逐渐下降过渡为构造剥蚀丘陵、黄土丘陵、倾斜(岗)平原和冲积平原,形成较为完整的地貌序列。

(二)地层

郑州市地层出露比较齐全,除志留、泥盆和侏罗系缺失外,自太古界、元古界、古生界、中生界至新生界,其余均有出露。

太古界、元古界主要呈东西向分布于嵩山、箕山中部。

古生界主要分布于嵩山两侧及箕山北坡一带。

中生界分布于嵩山、箕山之间地区。

新生界分别由新近系及第四系组成。前者一般分布于中部丘陵地区及西北部黄土丘陵的沟谷底部,后者广泛分布于东部冲积平原、西北部黄土丘陵及中西部山间谷地和丘间凹地地带。

此外,区内还分布有岩浆岩。嵩阳期中性侵入岩分布于嵩山西部、登封石牌河一带;王屋山期酸性侵入岩主要分布于嵩山西部、登封水磨湾—石坪一带。

（三）地质构造

郑州市位于中朝准地台的秦岭东西向复杂构造带东端。自太古代以来，先后经过嵩阳、中岳、少林三次著名造山运动等不同期次、不同方向构造作用的叠加与改造，使本区构造形态、构造格架异常复杂。主要构造有：

（1）南北向构造：主要发生在前震旦纪地层中，并为东西向构造所包容，是嵩阳、中岳等造山运动的产物。

（2）东西向构造：是本区的主要构造，为一系列东西向展布的断裂和褶皱构造。

（3）北西向和北东向构造：是两组走向分别为 NW310°～320°和 NE15°～30°的线状断裂，具代表性的有五指岭断裂、嵩山断裂、吕店断裂、王屯断裂、少林寺—水磨湾断裂、伊河断裂等。

（四）地质灾害类型及分布特征

1. 地质灾害类型

郑州市地质灾害类型主要有崩塌、滑坡、泥石流、地面塌陷、地裂缝及地面沉降等。

2. 各地质灾害分布特征

各地质灾害的分布特征如下。

1）崩塌

郑州市的崩塌分为土质崩塌和岩质崩塌两类。土质崩塌主要分布于西北部巩义、荥阳黄土丘陵地区，在中西部黄土覆盖丘陵及河谷地带亦有少量分布；岩质崩塌主要分布于西部嵩山、西南部箕山和环山基岩丘陵地区，尤以嵩山背斜两翼和箕山背斜北翼最甚。

2）滑坡

郑州市的滑坡分为土质滑坡和岩质滑坡两类。土质滑坡主要分布于北部黄土丘陵地区以及基岩山丘黄土覆盖和风化坡积物地带，是构成本区滑坡的主要类型；岩质滑坡均分布在西部嵩山、西南部箕山及其环山基岩丘陵地形陡峻、风化强烈的斜坡地带。

3）泥石流

泥石流主要分布于西部、西南部基岩山区及出山口地带，北部黄土丘陵地区亦有少量泥石流分布。泥石流均为自然暴雨型，并与人类不当的工程经济活动有着一定联系。

4）地面塌陷

郑州市的地面塌陷分为采空塌陷和黄土塌陷两种。采空塌陷主要是由地下采煤和地下人工开挖工程活动引起的，采煤塌陷主要分布在嵩山背斜两翼及箕山背斜北翼的登封、新密、新郑、巩义等地，地下人工开挖工程塌陷主要分布在郑州市区；黄土塌陷是由黄土湿陷作用引起的，主要发生在北部黄土丘陵地区。

5）地裂缝

郑州市发育有地面塌陷伴生地裂缝、黄土湿陷地裂缝及构造地裂缝三种。地面塌陷伴生地裂缝的分布与煤矿采空塌陷区一致，黄土湿陷地裂缝主要分布在西部及西北部黄土丘陵区，构造地裂缝主要分布在郑州市北部老鸦陈活动断裂带两侧。

6）地面沉降

地面沉降主要分布在郑州城区，是由于超强开采地下水形成降落漏斗而使上覆地层压密所致的。

(五)地质灾害发育程度分区

郑州市地质灾害发育程度差异较大,具有明显的地域性发育规律和分布特征。根据地形地貌、地层岩性、构造等地质环境条件及降水、人类工程经济活动条件,可将郑州市地质灾害划分为7个区,分别为:西北部黄土丘陵土质崩塌、滑坡高易发区,西部环山丘陵地面塌陷高易发区,西部中低山岩质崩塌与滑坡、泥石流中易发区,黄土覆盖丘陵、丘前斜地崩塌、滑坡中易发区,岗地、倾斜平原崩塌、滑坡低易发区,中部郑州市地下水降落漏斗地面沉降区,东部冲积平原地质灾害不易发区。

(六)地质灾害灾情

郑州市地质灾害以突发性的崩塌、滑坡地质灾害为主,加之地面塌陷等地质灾害,郑州市地质灾害造成的损失较为严重。据不完全统计,自1992年以来,全市共发生地质灾害百余起,以崩塌、滑坡、地面塌陷为主,死亡37人,受伤数十人,毁坏房屋数百间,破坏了大量的耕地、电力及水利设施等,直接经济损失超过5 000万元。

(七)地质灾害潜在危害

郑州市已完成了郑州市区、荥阳、新密、新郑、巩义、登封等6个县(市、区)的地质灾害调查与区划工作,并且全部通过省国土资源厅组织的评审验收。根据调查结果,目前,郑州市存在各类地质灾害隐患点784处。按地质灾害类型来分,滑坡105处,崩塌385处,泥石流沟20处,地面塌陷170处,地裂缝2处,不稳定斜坡102处;按地质灾害的潜在危害程度来分,特大型地质灾害点36处,大型地质灾害点167处,中型地质灾害点346处,小型地质灾害点235处。

郑州市现存的784处地质灾害隐患点,威胁的对象有人员、房屋、道路、耕地、河流、水库等,其中,威胁人员超过11.7万人,潜在的经济损失超过170 868万元。

(八)特大型地质灾害隐患点

郑州市特大型地质灾害隐患点共计36处,包括的灾种有地面塌陷、崩塌、滑坡、泥石流及不稳定斜坡。其中,特大型地面塌陷隐患点25处、泥石流隐患点3处、崩塌隐患点4处、滑坡隐患点2处、不稳定斜坡2处。特大型地质灾害隐患点的分布特征为:地面塌陷主要分布在登封、新密、巩义等煤矿开采区,泥石流主要分布在登封、巩义等山区,崩塌、滑坡及不稳定斜坡主要分布在登封、荥阳、新密等中低山丘陵区。

郑州市地质灾害隐患点统计见表3-1。

表3-1 郑州市地质灾害隐患点统计

地质灾害隐患点类型	规模(处)				数量(处)
	特大型	大型	中型	小型	
崩塌	4	66	214	101	385
滑坡	2	16	43	44	105
泥石流	3	2	13	2	20
地面塌陷	25	63	28	54	170
地裂缝			1	1	2
不稳定斜坡	2	20	47	33	102
合计	36	167	346	235	784

二、洛阳市

(一)地形地貌特征

洛阳市位于河南省西部,地处东经 111°08′~112°59′,北纬 33°35′~35°05′,东临郑州,西接三门峡,北跨黄河与焦作接壤,南与平顶山、南阳相连。东西长约 179 km,南北宽约 168 km,总面积 15 229.83 km^2。

洛阳市地处崤山和熊耳山东部,外方山的北部,沿洛河呈阶梯状下降,总体地势西高东低。地貌形态特征由四部分构成:分布于南部熊耳山北麓及西北崤山地区侵蚀构造中山地貌、地处中山区与黄土台塬之间地区洛宁断陷盆地及嵩县盆地边缘的侵蚀构造低山丘陵地貌、分布于洛宁和嵩县盆地的侵蚀堆积黄土台塬地貌和分布于洛河、大涧河及伊河沿线一带的堆积倾斜平原地貌。

(二)地层

本区地处华北地台(华北古陆板块)与秦岭褶皱系(古秦岭洋板块)的结合部位,横跨两个一级大地构造单元。以黑沟—栾川断裂为界划分为北部地台区和南部地槽区。北部地台区属华北地层区豫西分区,地层出露齐全,太古界、下元古界、中新生界、第四系等均有分布;南部地槽区属秦岭地槽区北秦岭分区,其间多被区域性超壳深断裂切割,地层连续性差,出露的最老地层为中元古界的宽坪群,此外,分布有古生界和一些断陷盆地中零星发育的中新生界,其他时代地层缺失。

(三)地质构造

洛阳地区位于华北地台南缘,并横跨华北地台和秦岭地槽两个一级大地构造单元。以栾川断裂为界,其北属华北地台,南属秦岭地槽。区内地质构造十分复杂,不同时代的地层不整合面、沉积间断和建造差异形成了构造特征差异明显的构造层。洛阳市地质构造具有典型的"双层构造"特征,断裂极为发育,其中最重要的区域性深大断裂自北向南为三(门峡)—鲁(山)断裂、马超营断裂、栾川断裂和瓦穴子断裂,规模巨大,构造线方向主要以近东西向为主,北东向、北西向次之,北北东向少量,并且断裂具有多期活动特征。

(四)地质灾害类型及分布

1. 地质灾害类型

洛阳市地质灾害发育类型主要有崩塌、滑坡、泥石流、地面塌陷等。

2. 地质灾害的分布特征

各地质灾害的分布特征如下所述。

1)崩塌

洛阳市的崩塌分为岩质崩塌和土质崩塌两类。岩质崩塌主要分布在洛阳市西北部、西部以及南部基岩山区,以栾川、嵩县、新安、伊川、洛宁、汝阳等较为集中;土质崩塌主要分布在洛阳市西部及西南部的洛宁、嵩县、偃师、汝阳、伊川、新安等地的黄土台塬区,以黄土崩塌为主,规模多为中小型。

2)滑坡

洛阳市境内山川、丘陵、黄土台塬交错,地形复杂多样。滑坡在各个县(市)均有发生,为区内主要地质灾害之一,主要分布于南部、西部基岩山区,栾川、嵩县、洛宁等地较集中。

3)泥石流

洛阳市西部和西南部的中低山区,沟谷一般为深切型沟谷,沟床纵坡比降大,两侧边坡陡峭,风化程度较高,物源主要为自然边坡堆积物和采矿废渣等,在强降水条件下极易发生泥石流地质灾害,并且规模往往较大,特大型、大型泥石流均有分布。因此,该区也是洛阳地区泥石流地质灾害的主要分布区。

4)地面塌陷

洛阳的地面塌陷分为采矿地面塌陷和黄土地面塌陷。采矿地面塌陷主要是由人类工程活动引发的,多分布在西部、西南部的栾川、宜阳、伊川和东部偃师等地下采矿区;黄土地面塌陷以黄土陷穴为主,多呈不规则圆形或线条状展布,主要分布在洛河、伊河和大涧河两岸的黄土分布区,以洛宁县洛河两岸地带尤为严重。

(五)地质灾害发育程度分区

根据地形地貌、地层岩性、构造等地质环境条件及降水、人类工程经济活动条件,将洛阳市地质灾害划分为12个高易发区、12个中易发区、8个低易发区和2个不易发区,分别为:新安县岱嵋—荆紫崩塌、滑坡地质灾害高易发区,小浪底库区沿岸崩塌、滑坡、地面塌陷地质灾害高易发区,孟津中部—偃师顾县崩塌地质灾害高易发区,洛宁县罗岭、虎沟、七里坪崩塌、滑坡、泥石流地质灾害高易发区,宜阳中东部—伊川西北崩塌、滑坡地质灾害高易发区,偃师杨楼—古楼沟滑坡、崩塌地质灾害高易发区,偃师杨家门—唐窑滑坡、崩塌地质灾害高易发区,伊川白沙半坡崩塌、地面塌陷地质灾害高易发区,洛阳中南部低山区崩塌、滑坡、泥石流地质灾害高易发区,洛阳市南部中山区崩塌、滑坡、泥石流地质灾害高易发区,嵩县沙河沿岸崩塌、滑坡、泥石流地质灾害高易发区,伊川西南—汝阳县崩塌、滑坡地质灾害高易发区;新安县青要山一带崩塌、滑坡地质灾害中易发区,孟津北部崩塌、滑坡地质灾害中易发区,新安南部—洛阳市西河坡一带崩塌、地面塌陷地质灾害中易发区,洛阳市区北部黄土丘陵区崩塌地质灾害中易发区,洛宁北部中山区崩塌、滑坡地质灾害中易发区,洛宁中北部黄土丘陵区崩塌、滑坡地质灾害中易发区,偃师南部—伊川东北崩塌地质灾害中易发区,洛宁南中山区—栾川北部—嵩县西北部崩塌、滑坡地质灾害中易发区,伊川东南崩塌、滑坡地质灾害中易发区,栾川县东南—中部崩塌地质灾害中易发区,嵩县车村盆地崩塌、滑坡地质灾害中易发区,汝阳汝河沿岸崩塌地质灾害中易发区;新安县北部丘陵区地质灾害低易发区,新安郁山—孟津中北部—偃师中部地质灾害低易发区,吉利区北部丘陵区地质灾害低易发区,孟津东北部地质灾害低易发区,宜阳中部—伊川中部地质灾害低易发区,栾川北地质灾害低易发区,汝阳县北部地质灾害低易发区,栾川县西部、南部地质灾害低易发区;吉利区南部地质灾害不易发区,洛河冲积平原区地质灾害不易发区。

(六)地质灾害灾情

洛阳市以滑坡、崩塌、泥石流、地面塌陷等地质灾害为主。据不完全统计,迄今为止,洛阳市发生并造成损失的地质灾害有706起,死亡139人,受伤8人,直接经济损失达21 828.74万元。

（七）地质灾害潜在危害

洛阳市已完成了洛阳市区、新安县、孟津县、栾川县、伊川县、洛宁县、汝阳县、偃师市、宜阳县和嵩县等10个地质灾害多发区的县（市、区）地质灾害调查与区划工作，并且全部通过省国土资源厅组织的评审验收。根据调查结果，目前，洛阳市存在各类地质灾害隐患点1 007处。按地质灾害类型来分，崩塌367处，滑坡382处，泥石流沟62处，地面塌陷91处，不稳定斜坡105处；按地质灾害的潜在危害程度来分，特大型地质灾害点20处，大型地质灾害点146处，中型地质灾害点446处，小型地质灾害点395处。

洛阳市现存的1 007处地质灾害隐患点，威胁的对象有人员、房屋、学校、村庄、机关、道路、耕地、厂矿、水库、河流等，其中，威胁人员约93 790人，潜在的经济损失约74 496万元。

（八）特大型地质灾害隐患点

洛阳市特大型地质灾害隐患点共计20处，其中，泥石流11处，崩塌4处，滑坡1处，地面塌陷3处，不稳定斜坡1处。泥石流、崩塌、滑坡主要分布在洛阳西南部和西部中山区的栾川县和洛宁县，西北部的新安县有1处特大型滑坡；地面塌陷主要分布在洛阳西北部的新安县。

洛阳市地质灾害隐患点统计见表3-2。

表3-2　洛阳市地质灾害隐患点统计

地质灾害隐患点类型	规模（处）				数量（处）
	特大型	大型	中型	小型	
崩塌	4	27	193	143	367
滑坡	1	41	159	181	382
泥石流	11	32	6	13	62
地面塌陷	3	36	37	15	91
地裂缝					
不稳定斜坡	1	10	51	43	105
合计	20	146	446	395	1 007

三、安阳市

（一）地形地貌特征

安阳市位于河南省北部，下辖林州市、安阳县、汤阴县、滑县和内黄县，人口525万人。京广线纵穿中部，京珠高速、G107越境而过，交通位置优越。

安阳市地处太行山东麓，地势西高东低。西部为太行山隆起区，属侵蚀剥蚀中山地貌；中部为广阔的低山丘陵地带，属剥蚀堆积地貌；东部过渡到低缓的垄岗区，地势平坦；垄岗以东为平原地区，为堆积平原地貌，被松散沉积物覆盖，与华北平原连成一体。

（二）地层

安阳市境内缺失奥陶系上统、志留系、泥盆系和侏罗系，其他各时代地层均有出露。

太古界主要呈条带状分布于林县断裂以西。

新元古界震旦系分布于前震旦系地层的一侧或周边。

古生界寒武系分布在林州市漳河沿岸、仁村镇北部、安阳县西部等地。

古生界奥陶系为一套碳酸盐岩建造。

古生界石炭系与奥陶系中统峰峰组成平行不整合接触。

古生界二叠系大部分被第四系所覆盖。

第四系主要分布在山间盆地、山前倾斜地带和深谷中及东部平原地区，与以上各时代地层成不整合接触。

（三）地质构造

安阳市位于太行山复背斜东南缘，南临秦岭东西向复杂的构造带，西南与晋东南山字形构造东翼反射弧相接，东部为新华夏系第二沉降带，由于地壳运动频繁和地应力的多期作用，形成了较复杂的构造格局。

北北东向和北北西向断裂组成一系列断裂集中发育带，各带按大致固定的间隔成多字形斜列展布，不仅在山麓地带出现，在东部平原区仍潜伏存在，并把本区分割成一些规模不等的断块，断陷的地段形成了山间盆地。此外，这两组断裂构造还控制了燕山期中性岩浆岩的侵入、喜山期碱性岩的喷出和近代地震的活动，表现出具有继承性多期活动的特征。

（四）地质灾害的类型及分布特征

1. 地质灾害的类型

安阳市地质灾害的类型主要有滑坡、崩塌、泥石流、地面塌陷、地裂缝、地面沉降等。

2. 地质灾害分布特征

各地质灾害分布特征如下所述。

1）滑坡

安阳市的滑坡分为土质滑坡和岩质滑坡两类，主要分布在林州市境内中低山区。土质滑坡是安阳市境内滑坡的主要类型，主要发育在中低山的斜坡上及居民建房切坡过陡处；岩质滑坡主要分布于基岩山区。

2）崩塌

安阳市的崩塌以基岩崩塌为主，一般为小型，主要分布在主干断裂带附近的脆性地层中，在矿山及边坡陡峭的公路沿线也常常发生。

3）泥石流

泥石流主要分布于西部林州市基岩山区及出山口地带。

4）地面塌陷

地面塌陷主要是由人类工程活动引发的。主要分布在西部矿产丰富、采矿活动相对频繁且遗留了大面积采空区的地区。此外，安阳市西部林州市、西北部及北部安阳县因铁矿开采，也存在较多的小规模的地面塌陷地质灾害，也是地面塌陷地质灾害的多发区之一，此地段近年来连续发生铁矿开采地面塌陷灾害，造成了严重的人员伤亡和财产损失。

5）地裂缝

地裂缝多为采矿地面塌陷伴生地裂缝，主要分布于安阳市西部、北部矿山开采地面塌陷区周围。此外，2007 年，在安阳县东部平原区，首次出现一些潜蚀地裂缝，主要是地下水顺着古河道的潜蚀作用运移了大量的微颗粒物质，形成了地下空穴导致上覆地层塌陷压密而造成的，其走向近南北向。

6)地面沉降

地面沉降主要分布在安阳市东偏北部分。安阳市北部为华北平原的南部，由于华北平原超量开采地下水，形成了大范围的华北平原区地下水降落漏斗。降落漏斗区地下水的疏干导致含水地层压密，进而形成了地面沉降地质灾害。华北平原区地面沉降地质灾害已波及安阳市境内，在安阳县东北部与河北省交接地带形成了东西长约 40 km、南北宽约 15 km 的地面沉降变形区，最大沉降量达到 100 mm。

(五)地质灾害发育程度分区

根据地形地貌、地层岩性、构造等地质环境条件及降水、人类工程经济活动条件，将安阳市地质灾害划分为 5 个高易发区、3 个中易发区、3 个低易发区、1 个不易发区，分别为：林州市西部中山区滑坡、崩塌、泥石流高易发区，林州市中部采空区地面塌陷高易发区，林州市东姚—合顺厂铁矿区地面塌陷高易发区，安阳县李珍—清池崩塌、地面塌陷、泥石流高易发区，漳武水库—小南海水库塌陷、地裂缝高易发区；林州市北部低山区滑坡、崩塌、泥石流中易发区，林州市南部低山区滑坡、崩塌、泥石流中易发区，安阳县西部崩塌、地面塌陷中易发区；林州市中部丘陵区滑坡、崩塌低易发区，安阳市龙安区龙泉—杜贺驼—马投涧滑坡、崩塌、地面塌陷低易发区，滑县王庄镇新集村、城关镇刘店村地裂缝低易发区；林州盆地、临淇盆地、安阳市东部平原地质灾害不易发区。

(六)地质灾害灾情

安阳市是河南省地质灾害易发区之一，以滑坡、崩塌、泥石流、地面塌陷、地裂缝等地质灾害为主。西部基岩山区崩塌、滑坡、泥石流地质灾害发育，采矿区地面塌陷、地裂缝地质灾害发育，地质灾害给安阳市人民的生活、财产造成了严重的损失。仅 1996 年，林州市仁村镇遭受特大泥石流灾害，红旗渠被毁 154 处，崩塌 840 处，崩塌渠道总长达 16 357 m，直接经济损失超过 1 100 万元；1993 ~ 2003 年的 11 年间，安阳市共发生地质灾害 16 次，造成数十人伤亡，财产损失约 1.5 亿元。

(七)地质灾害潜在危害

安阳市已完成了安阳市区、安阳县、林州市等 3 个地质灾害多发区的县(市、区)的地质灾害调查与区划工作，并且全部通过省国土资源厅组织的评审验收。根据调查结果，目前安阳市存在各类地质灾害隐患点 152 处。按地质灾害类型来分，崩塌 7 处，滑坡 30 处，泥石流沟 22 处，地面塌陷 62 处，地裂缝 2 处，不稳定斜坡 29 处；按地质灾害的潜在危害程度来分，大型地质灾害点 31 处，中型地质灾害点 50 处，小型地质灾害点 71 处。

安阳市现存的 152 处地质灾害隐患点，威胁的对象有人员、房屋、道路、耕地等，其中，威胁人员 10 257 人，潜在的经济损失约 18 288 万元。

(八)特大型地质灾害隐患点

安阳市无特大型地质灾害隐患点，大型地质灾害隐患点共 31 处，主要为地面塌陷、滑坡和不稳定斜坡，分布在林州市中低山丘陵区。

安阳市地质灾害隐患点统计见表 3-3。

表 3-3　安阳市地质灾害隐患点统计

地质灾害隐患点类型	规模(处)				数量(处)
	特大型	大型	中型	小型	
崩塌		1	4	2	7
滑坡		4	13	13	30
泥石流		3	5	14	22
地面塌陷		13	16	33	62
地裂缝		1	1		2
不稳定斜坡		9	11	9	29
合计		31	50	71	152

四、焦作市

(一)地形地貌特征

焦作市地处河南省西北部,太行山南麓,黄河北岸。北与山西省接壤,南临郑州、洛阳,西接济源,东接新乡,地理坐标:东经 112°43′31″ ~ 113°38′35″和北纬 34°49′03″ ~ 35°29′45″,面积 4 068 km^2。

焦作市地处太行山脉与豫北平原的过渡地带。地貌由山地、山前平原两大一级地貌单元构成。地势由西北向东南倾斜,从北部山区到南部平原呈阶梯式变化,层次分明。山地主要分布于修武北部,是太行山脉的一部分,地貌类型包括构造侵蚀中山、构造溶蚀低山和构造剥蚀丘陵;山前平原分布在焦作市中部和南部广大地区,主体为山前冲洪积平原,地貌类型包括山前倾斜平原、沁黄河冲积平原、扇前洼地、岗地和滩地等。

(二)地层

焦作市北部山区、丘陵出露地层属华北地层区,出露的地层有太古界变质岩、震旦系石英砂岩、寒武系和奥陶系碳酸盐岩、石炭系和二叠系煤系地层、三叠系页岩、新近系砂岩、泥岩等;南部平原区地表岩性主要为第四系松散类冲洪积物,由黄土状亚砂土、粉质黏土及砂土等组成。

(三)地质构造

焦作市一级大地构造单元属于中朝准地台,二级构造单元属山西台隆与华北凹陷的结合部位,三级构造单元属济源—开封凹陷的西北部和太行山拱段束结合部位。地质构造上处于新华夏系太行山隆起的南端与晋东南山字形构造东翼反射弧的前缘和东秦岭纬向构造带之北缘相交联合弧地带,广泛发育着燕山运动以来的多种构造形迹,多以正断层为主,断层倾角较大,多在 60°以上。根据构造形迹及其生成关系和空间展布特征大致可分为东西向构造体系、山字形构造体系、新华夏构造体系及北西向构造体系。

(四)地质灾害的类型及分布特征

1. 地质灾害的类型

焦作市地质灾害的类型主要有崩塌、滑坡、泥石流、地面塌陷、地裂缝等。

2. 地质灾害的分布特征

各地质灾害的分布特征分别如下所述。

1）崩塌

焦作市的崩塌按动力成因分为自然动力型崩塌和人工动力型崩塌两类。自然动力型崩塌主要分布于焦作北部的太行山区和南部黄河、沁河沿岸；人工动力型崩塌主要分布于北部丘陵区和南部平原区，主要是由采矿活动引起的。

2）滑坡

焦作市的滑坡按动力成因分为自然动力型滑坡和人工动力型滑坡两类。自然动力型滑坡多为岩质滑坡，主要分布在北部中山区，以暴雨诱发型居多；人工动力型滑坡主要分布在铁路、公路沿线和开采矿区及其周围。

3）泥石流

焦作市的泥石流主要发生于修武县、焦作市区、博爱县和沁阳市等县（市、区）北部的太行山区，大部分由暴雨激发，山区矿产资源开采导致的植被破坏、河沟两侧及河道内采矿废渣的随意堆放等人类工程活动又加剧了泥石流地质灾害的形成、发生及危害性。

4）地面塌陷

焦作市是河南省的重要煤炭工业基地之一。因此，地面塌陷地质灾害主要分布在焦作市中站区、解放区、山阳区、马村区和修武县、沁阳市北部的丘陵区和山前倾斜平原区等矿山开采区，博爱县寨豁乡、柏山乡以及中站区红砂岭一带也存在一些小规模的采空地面塌陷。焦作市地面塌陷主要是人为采矿活动和开挖地下工程造成的。

5）地裂缝

焦作市的地裂缝主要为采矿地面塌陷伴生地裂缝，分布与矿山采空塌陷区一致，多分布在地面塌陷区外围的边缘地带。

（五）地质灾害发育程度分区

根据地形地貌、地质构造、灾害的类型、分布规律及规模、人类工程经济活动条件等，可将焦作市地质灾害划分为6个区，分别为：北中部地质灾害强烈发育区，西南部黄土丘陵滑坡、崩塌、泥石流地质灾害中等发育区，中南部冲积平原土体崩塌、河流塌岸地质灾害低发育区。

（六）地质灾害灾情

焦作市地质灾害种类较多，分布较广，受人类工程经济活动的影响，地质灾害发生的频率大，造成的财产损失和人员伤亡也较大，是河南省地质灾害易发区之一。据不完全统计，自1990年以来，焦作市发生较大规模的地质灾害多起，死亡6人，破坏房屋400余间，毁坏耕地8万亩、公路约10 km、水库一座及公路桥梁两座，直接经济损失6 000万元，间接损失近2亿元。

（七）地质灾害潜在危害

焦作市已完成了焦作市区、修武县、博爱县和沁阳市等4个县（市、区）的地质灾害调查与区划工作，并且全部通过省国土资源厅组织的评审验收。根据调查结果，目前焦作市存在各类地质灾害隐患点152处。按地质灾害类型来分，崩塌40处，滑坡4处，泥石流沟10处，地面塌陷52处，地裂缝9处，不稳定斜坡37处；按地质灾害的潜在危害程度来分，特大型地质灾害点 9 处，大型地质灾害点 19 处，中型地质灾害点 45 处，小型地质灾害点 79 处。

焦作市现存的 152 处地质灾害隐患点，威胁的对象有人员、房屋、道路、耕地、水库等，其中，威胁人员 37 874 人，潜在的经济损失约 62 825 万元。

（八）特大型地质灾害隐患点

焦作市特大型地质灾害隐患点共计 9 处，其中地面塌陷地质灾害点 8 处，泥石流灾害点 1 处。地面塌陷地质灾害隐患点分布在煤矿开采区，泥石流分布在修武县北部山区。

焦作市地质灾害隐患点统计见表 3-4。

表 3-4　焦作市地质灾害隐患点统计

地质灾害隐患点类型	规模（处）				数量（处）
	特大型	大型	中型	小型	
崩塌			8	32	40
滑坡				4	4
泥石流	1	2	6	1	10
地面塌陷	8	13	16	15	52
地裂缝		3	4	2	9
不稳定斜坡		1	11	25	37
合计	9	19	45	79	152

五、鹤壁市

（一）地形地貌特征

鹤壁市位于太行山东麓与华北平原的交接过渡地带。总的地势为西高东低，由低山、丘陵岗地、平原地貌类型组成，其中低山区位于太行山东麓，为侵蚀、剥蚀低山区；丘陵岗地主要分布于京广铁路以西、低山区以东的区域之间；平原区分布在京广铁路以东，为华北平原的一部分，为淇河、卫河、黄河冲洪积而成的冲洪积平原，地势开阔，地形平坦。

（二）地层

鹤壁市地层出露比较齐全，除志留、泥盆和侏罗系缺失外，太古界、元古界、古生界、新生界等均有出露。

区内岩浆岩主要为喜山期的橄榄玄武岩和金伯利岩，其中橄榄玄武岩在许家沟一带分布面积较大，其他地区仅零星出露。

（三）地质构造

鹤壁市处于华北凹陷的西部和太行山隆起的东部边缘，经历了长期、多次的构造运动，构造行迹以断裂为主，褶皱不发育，为盘石头—纣王殿背斜东翼的略具中波状起伏的单斜构造。主要断裂构造大体可分为三组方向，各组断裂构造特征为：北北东向断裂，在区内分布广泛，是区内的主体构造，主要断层有汤东大断层、青羊口大断层、蒋家顶—施家沟断层、张陆沟—潭峪断层、田沟—小岩沟断层等；东西向断裂主要分布在大河涧以南，由北到南主要有河口断层、卓坡断层、西形盆—水峪断层、全寨断层等；南北向断裂主要分布在本区的西北部，主要有土门北断层、肖横岭断层、上峪断层等。

（四）地质灾害的类型及分布特征

1. 地质灾害的类型

鹤壁市地质灾害的类型主要有崩塌、滑坡、泥石流、地面塌陷、地裂缝等五种。受各地地质环境和人类工程活动影响，地质灾害分布地域性明显：山城区、鹤山区、淇滨区，由于大规模开采煤炭资源，地面塌陷、地裂缝地质灾害发育；由于基岩山区人工采石、公路建设等，泥石流、崩塌、滑坡较为发育。

2. 地质灾害分布特征

各地质灾害分布特征如下。

1）崩塌

鹤壁市的崩塌分为土质崩塌和岩质崩塌两类。土质崩塌主要分布于西部山前黄土丘陵地区，以自然降雨型引发的崩塌为主，其次为人工挖掘动力型及河流沟谷侧蚀型崩塌；岩质崩塌主要分布于西部基岩山区和丘陵地区。

2）滑坡

鹤壁市的滑坡以土质滑坡为主。滑坡物质组成多为黏土和风化残坡积碎石土，主要分布在西部丘陵地带以及基岩山区黄土覆盖和风化坡积物地带。

3）泥石流

鹤壁市的泥石流主要分布于西部基岩山区及出山口地带的淇县桥盟乡，淇滨区大河涧乡、上峪乡、庙口乡等地，规模大小不等。泥石流由自然暴雨激发，并与人类不合理的工程经济活动有着密切联系。

4）地面塌陷

鹤壁市的地区塌陷分为采煤引起的地面塌陷和采沙引起的地面塌陷两种类型。采煤地面塌陷主要分布于鹤壁老区的山城区和鹤山区；采沙地面塌陷主要分布在淇县北阳乡、铁西区等20世纪90年代采沙活动剧烈的地带。

5）地裂缝

鹤壁市的地裂缝分为采矿地面塌陷伴生地裂缝及膨胀土地裂缝。地面塌陷伴生地裂缝的分布与煤矿采空塌陷区一致；膨胀土地裂缝主要分布在浚县屯子镇等膨胀土发育区。

（五）地质灾害发育程度分区

根据地形地貌、地层岩性、构造等地质环境条件及降水、人类工程经济活动条件，可将鹤壁市地质灾害划分为6个区，分别为：鹤壁矿区地面塌陷地质灾害高易发区，淇县西部山区及淇河两岸崩塌、滑坡、泥石流地质灾害高易发区，北阳地面塌陷高易发区；淇滨、山城、鹤山西部基岩山区及山前丘陵崩塌、滑坡、泥石流地质灾害中易发区，东部浚县采石场崩塌中易发区；东部冲积平原地质灾害不易发区。

（六）地质灾害灾情

鹤壁市是河南省地质灾害易发区之一。西部基岩山区崩塌、滑坡、泥石流发育，采煤区地面塌陷、地裂缝发育。据2006年统计，采煤地面塌陷地质灾害已形成5个大的采煤沉陷区，涉及行政村 60 余个，累计毁坏耕地约 16 612 亩，铁路 11.45 km，公路 28.01 km，自来水、排水管道及供电、供热、通信线路等约 47.5 km，受灾居民达 29 973 户（城镇居民 21 483 户），受灾人口 104 053 人（城镇人口 71 391 人），受损住宅建筑面积 335.09 万 m^2，其中受损严重的建筑面积达 158.59 万 m^2，直接经济损失超过 1 亿元。突发性的崩塌、滑坡、泥石流地质灾害也时常发生，崩塌、滑坡、泥石流灾害已造成人员伤亡 21 人，毁坏公路累计 2.696 km，毁坏渠道 1.31 km。

（七）地质灾害潜在危害

鹤壁市已完成了鹤壁市区、淇县、浚县等 3 个县（区）的地质灾害调查与区划工作，并且全部通过省国土资源厅组织的评审验收。根据调查结果，目前鹤壁市存在各类地质灾害隐患点 164 处。按地质灾害类型来分，崩塌 38 处，滑坡 15 处，泥石流沟 6 处，地面塌陷 78 处，地裂缝 2 处（包括膨胀土 1 处），不稳定斜坡 25 处；按地质灾害的潜在危害程度来分，特大型地质灾害点 33 处，大型地质灾害点 33 处，中型地质灾害点 24 处，小型地质灾害点 74 处。

鹤壁市现存的 164 处地质灾害隐患点，威胁的对象有人员、房屋、道路、耕地等，其中威胁人员超过 8.4 万人，潜在的经济损失约 124 811 万元。

（八）特大型地质灾害隐患点

鹤壁市特大型地质灾害隐患点共计 33 处，主要为地面塌陷地质灾害。特大型地质灾害隐患点主要分布在煤矿开采区。

鹤壁市地质灾害隐患点统计见表 3-5。

表 3-5　鹤壁市地质灾害隐患点统计

地质灾害隐患点类型	规模（处）				数量（处）
	特大型	大型	中型	小型	
崩塌		1	10	27	38
滑坡		2	4	9	15
泥石流		2	1	3	6
地面塌陷	33	23	2	20	78
地裂缝		1	1		2
不稳定斜坡		4	6	15	25
合计	33	33	24	74	164

六、濮阳市

（一）地形地貌特征

濮阳市矿区地貌是我国第三阶梯的中后部，属于黄河冲积平原的一部分。地势较为平坦，自西南向东北略有倾斜。由于历史上黄河沉积、淤塞、决口、改道等作用，造就了濮阳平地、岗洼、沙丘、沟河相间的地貌特征。

(二)地层

濮阳市位于东濮凹陷之上,接受了巨厚的新生界沉积物。地层主要由第四系下更新统、中更新统、上更新统及全新统构成。

(三)地质构造

濮阳市矿区大地构造属华北地台,处于华北断块南部,位于东濮凹陷之上。东濮凹陷夹在鲁西隆起区、太行山隆起带、秦岭隆起带大构造体系之间。东有兰聊断裂,南接兰考凸起,北界马陵断层,西连内黄隆起。区内构造体系主要受北西西和北东向构造控制,区域构造形迹以隐伏断裂为主。

(四)地质灾害发育特征

濮阳市地质灾害类型主要为地裂缝和地面不均匀沉降。地裂缝主要分布在内黄县东南—濮阳市西—清丰—南乐县一线,呈条带状分布。地面不均匀沉降主要分布在石油开采区和内黄县与河北交界的北部地区,石油开采区地面不均匀沉降是由于区内地下水及石油的开采,导致上覆地层在自重作用下压密而形成的;内黄县北部地区属华北平原地下水降落漏斗的南部边缘地带,受华北平原地面不均匀沉降的影响,内黄县与河北交界的北部地区也出现了不同程度的地面不均匀沉降地质灾害,据《河南省地裂缝与地面沉陷调查报告》(河南省地矿厅第三水文地质工程地质队编制)调查结果,内黄北部发生的最大地面不均匀沉降量达80 mm。

(五)地质灾害发育程度分区

根据地质灾害发育特征及地质环境条件等,将濮阳市划分为3个区,分别为:内黄县东南—濮阳市西—清丰—南乐县条带状地裂缝中易发区,濮阳中东部油田开采区地面不均匀沉降地质灾害低易发区和濮阳东部、南部、中部地质灾害不易发区。

(六)地质灾害灾情

濮阳市地质灾害以缓变型的地质灾害为主,地质灾害发育程度较弱,因此地质灾害造成的损失一般。清丰、南乐县发生的地裂缝地质灾害,仅对耕地、村中道路等造成一定程度的毁坏;地面不均匀沉降地质灾害虽有发生,但不明显,危害甚小;而且受工作经费的限制,至今还未开展地面沉降的监测工作,目前沉降量的大小还无法确定。

七、济源市

(一)地形地貌特征

济源市位于河南省西北部,北与山西省晋城市毗邻,南与古都洛阳市隔黄河相望,西与山西省运城市接壤,东与焦作市相连。地理坐标:北纬34°53′09″~35°01′50″,东经112°01′41″~112°45′46″,全市总面积1 931 km^2。

济源市位于我国地形第一阶梯与第二阶梯的交界处,北部和西部为太行山和中条山,南部和东南部为黄土丘陵。全市山地、丘陵、平原等地貌类型齐全,总的地势是西北高、东南低。其中,山区占全市总面积的67.8%,丘陵区占全市总面积的20.4%,平原区占全市总面积的11.8%。

(二)地层

济源市的地层属华北地层区。境内岩层有太古界林山群,古元古界银鱼沟群、铁山河群、双房群,上元古界震旦系,古生界寒武系、奥陶系、石炭系、二叠系,中生界三叠系、侏罗系、白垩系及新生界沉积层。

(三)地质构造

区内构造较发育,并且东部和西部显示出明显的差异。西部多紧闭甚至倒转的褶皱,多期活动的正断层及少量的逆断层,构成了北西向断裂褶皱带,东部则以高角度正断层及平缓开阔褶皱为主要特征。

(四)地质灾害的类型及分布特征

1.地质灾害的类型

济源市地质灾害的类型主要有崩塌、滑坡、泥石流、地面塌陷及地裂缝等。

2.地质灾害的分布特征

各地质灾害的分布特征如下所述。

1)崩塌

崩塌是济源市丘陵区和山区常见的一种地质灾害,规模大部分为小型。按物质构成可分为岩质崩塌和土质崩塌两类,主要分布在北部山区和西南部丘陵区,即王屋镇、下冶镇、邵原镇、大峪镇、轵城镇等一带。

2)滑坡

济源市的滑坡分为土质滑坡和岩质滑坡两类。主要分布于邵原镇、王屋镇、大峪镇、下冶镇、坡头镇、承留镇、思礼镇、轵城镇一带。

3)泥石流

济源市的泥石流主要分布在邵原镇和王屋镇。泥石流由自然暴雨激发,并与人类不当的工程经济活动有着密切联系。

4)地面塌陷

济源市的塌陷有采空塌陷和黄土塌陷两种。采空塌陷主要由采矿,尤其是采煤活动,引起顶板冒落而致。分布在克井镇、下冶镇、王屋镇等采煤活动集中地区,尤以克井镇的采空塌陷居多,灾情也最为严重;黄土塌陷是黄土湿陷作用引起的,主要分布在王屋镇铁山河村东的河谷阶地。

5)地裂缝

济源市的地裂缝主要分布在下冶镇、大峪镇和克井镇。在下冶镇、大峪镇,地裂缝主要是地下采空塌陷和小浪底水库蓄水两种因素共同作用引起的。

(五)地质灾害发育程度分区

根据地质灾害发育特征及各地区地质环境条件差异性等,将济源市划分为18个区,其中,13个地质灾害高易发区,1个地质灾害中易发区,1个地质灾害低易发区和1个地质灾害非易发区。各区分别为:下湫浦滑坡高易发区,邵原镇东部滑坡、崩塌高易发区,西坪—林山滑坡、崩塌高易发区,九里沟景区滑坡高易发区,克井镇地面塌陷高易发区,王屋镇东部滑坡、崩塌高易发区,南窑—金沟滑坡、崩塌高易发区,下冶镇滑坡、崩塌高易发区,砚瓦河滑坡、崩塌高易发区,卫佛安—泥沟河滑坡、崩塌高易发区,小浪底沿岸库岸坍塌及地面塌陷、地裂缝高易发区,大峪镇滑坡、崩塌高易发区,店留滑坡高易发区;低山丘陵区崩滑中易发区;北部中山区地质灾害低易发区;东部平原区地质灾害非易发区。

(六)地质灾害灾情

济源市地质灾害以突发性的崩塌、滑坡地质灾害及地面塌陷等地质灾害为主,是地质灾害较发育的地区之一,因此地质灾害造成的人员伤亡和财产损失较大。据不完全统计,20世纪80年代以来,济源市已发生突发性地质灾害116起,已发现地面塌陷地质灾害40处,造成2人死亡、数人受伤,破坏房屋近600间,毁坏耕地3 000亩。

(七)地质灾害潜在危害

济源市地质灾害调查与区划工作已完成,并且通过了省国土资源厅组织的评审验收。根据调查结果,目前济源市存在各类地质灾害隐患点353处。按地质灾害类型来分,崩塌62处,滑坡174处,泥石流沟6处,地面塌陷40处,地裂缝11处,不稳定斜坡60处;按地质灾害的潜在危害程度来分,特大型地质灾害点5处,大型地质灾害点21处,中型地质灾害点86处,小型地质灾害点241处。

济源市现存的353处地质灾害点,威胁的对象有人员、房屋、道路、耕地等,其中威胁人员1.37万人,潜在的经济损失超过16 521.3万元。

(八)特大型地质灾害隐患点

济源市特大型地质灾害隐患点共计5处,包括的灾种有地面塌陷、崩塌。其中,特大型地面塌陷隐患点4处、崩塌隐患点1处。特大型地质灾害隐患点的分布特征为:地面塌陷主要分布在煤矿开采区,崩塌主要分布在北部山区和西南部丘陵区。

济源市地质灾害隐患点统计见表3-6。

表3-6　济源市地质灾害隐患点统计

地质灾害隐患点类型	规模(处)				数量(处)
	特大型	大型	中型	小型	
崩塌	1		11	50	62
滑坡		8	33	133	174
泥石流				6	6
地面塌陷	4	9	23	4	40
地裂缝		2	3	6	11
不稳定斜坡		2	16	42	60
合计	5	21	86	241	353

八、新乡市

(一)地形地貌特征

新乡市位于河南省北部,西北部与山西省接壤,西与焦作市为邻,北接安阳市、鹤壁市,东与山东省隔河相望,南部则是郑州市和开封市。地理坐标为:东经113°22′30″~115°00′21″,北纬34°52′41″~35°50′23″,总面积8 049.45 km^2。

新乡市位于太行山东麓与华北平原的交接过渡地带。总的地势为西高东低,由低山、丘陵岗地、平原地貌类型组成，其中低山区位于新乡西北部，属太行山东麓，为侵蚀、剥蚀低山区；丘陵岗地分布在低山区以东，呈条带状近南北向展布在低山区东部；丘陵岗地以东是广阔的平原。

(二)地层

新乡市西北部山区地层出露比较齐全，除志留、泥盆和侏罗系缺失外，太古界、元古界、古生界、新生界等均有出露。区内岩浆岩主要为燕山期中酸性侵入体，侵入围岩层位较多，岩体侵入寒武系、奥陶系地层中。

新乡市东部平原区主要为第四系冲洪积松散堆积物，由砾石混合成层或砂质土、黏性土组成。

(三)地质构造

新乡市属于华北板块，横跨新华夏系北北东向构造第二沉降带中段的华北凹陷与第三隆起中段的太行隆起两个一级构造体系单元。区内构造活动强烈，以北北东向断裂构造为主，主要分布于新乡市的东部和西部，东部的聊城—兰考断裂带内有东濮凹陷，西部的太行山前断裂内有汤阴地堑，两者之间为华北凹陷沉降区内地震活动微弱的内黄隆起；其次为北西向断裂，主要有新乡—商丘断裂和峪河—新乡断裂；此外还有东西向的盘古寺—新乡断裂。

(四)地质灾害的类型及分布特征

1. 地质灾害的类型

新乡市地质灾害的类型主要有崩塌、滑坡、泥石流、地面塌陷及地裂缝等。

2. 地质灾害的分布特征

各地质灾害的分布特征如下所述。

1)崩塌

新乡市的崩塌多为岩质崩塌，主要分布于辉县市、卫辉市西北部的太行山区。

2)滑坡

新乡市的滑坡分为岩质滑坡和土质滑坡两类。岩质滑坡主要分布在西北部基岩裸露山地丘陵区；土质滑坡主要分布在山前低缓的丘陵地带，滑坡体多为坡洪积松散堆积物。

3)泥石流

新乡市的泥石流主要分布于西北部太行山区及出山口地带。泥石流由自然暴雨所致，并与人类不当的工程经济活动有着一定联系。

4)地面塌陷

新乡市的地面塌陷分采空塌陷和黄土塌陷两种。采空塌陷是由地下采煤活动所引起的，主要分布在辉县市，规模往往较大；黄土塌陷主要分布在封丘县石庄村一带，是在地下水潜蚀作用下而发生的，规模较小。

5)地裂缝

新乡市的地裂缝主要为地面塌陷伴生地裂缝，其分布与煤矿采空塌陷区一致。

(五)地质灾害发育程度分区

新乡市地貌类型多变，其西北部山区地质环境条件较复杂，风化剥蚀和侵蚀作用明显，人类工程活动对地质环境影响较大，并且暴雨等灾害性天气偶有发生，使得地质灾害的类型、发育程度具有明显的地域性。依据地质环境条件、灾害发育现状、地质灾害分布及发育规律，将新乡市划分为四级14个区，即5个高易发区、5个中易发区、3个低易发区和1个不易发区，分别为：太行山中山崩塌、滑坡、泥石流高易发区，北部低山区拴马—塔岗一带崩塌、滑坡和泥石流高易发区，凤凰山崩塌、泥石流高易发区，山前—东陈召地面塌陷、地裂缝高易发区，吴村地面塌陷、地裂缝高易发区；南寨—鸡冠山低山崩塌、滑坡、泥石流中易发区，西连岩—田窑丘陵区崩塌、泥石流中易发区，黄水河山前洪积倾斜平原泥石流中易发区，固村地面塌陷、地裂缝中易发区，赵固—程村地面塌陷、地裂缝中易发区；太行山前洪积平原泥石流低易发区，新乡市区地面沉降低易发区，黄河漫滩岸边坍塌低易发区；黄河冲积平原不易发区。

（六）地质灾害灾情

新乡市北部的山区、丘陵区地质环境复杂，存在一些发生地质灾害的高危因子，如高陡边坡和陡崖地貌，强烈的风化侵蚀和剥蚀作用，并且在人类工程活动的影响下，本区地质灾害具有多发和易发的特点。发生的地质灾害主要有崩塌、滑坡、泥石流、地面塌陷和地裂缝等。从新中国成立初期到2004年年底，新乡市共发生地质灾害102起，造成27人死亡、8人受伤，直接经济损失达3 172.6万元。

（七）地质灾害潜在危害

新乡市已完成了新乡市凤泉区、辉县市、卫辉市3个市（区）的地质灾害调查与区划工作，并且全部通过省国土资源厅组织的评审验收。根据调查结果，新乡市现有各类地质灾害隐患点170处，按地质灾害类型来分，崩塌64处，滑坡56处，泥石流沟9处，地面塌陷9处，地裂缝8处，不稳定斜坡24处；按地质灾害的潜在危害程度来分，特大型地质灾害点5处，大型地质灾害点12处，中型地质灾害点36处，小型地质灾害点117处。

新乡市现存的170处地质灾害点，威胁的对象有人员、房屋、道路、耕地等，其中威胁人员超过2 000人，潜在的经济损失超过3 000万元。

（八）特大型地质灾害隐患点

新乡市特大型地质灾害隐患点共计5处，分别为泥石流2处、滑坡3处，均分布在新乡市北部的太行山区。

新乡市地质灾害隐患点统计见表3-7。

表3-7　新乡市地质灾害隐患点统计

地质灾害隐患点类型	规模（处）				数量（处）
	特大型	大型	中型	小型	
崩塌			6	58	64
滑坡	3	5	26	22	56
泥石流	2	3		4	9
地面塌陷		3	3	3	9
地裂缝		1	1	6	8
不稳定斜坡				24	24
合计	5	12	36	117	170

九、三门峡市

(一)地形地貌特征

三门峡市位于河南省西部,豫、晋、陕三省交界处,地理坐标为:东经110°21′42″~112°01′24″,北纬33°31′24″~35°05′48″,东西长153 km,南北宽132 km,总面积10 496 km^2。

三门峡市地处豫西丘陵山地西部,地形地貌复杂,兼有山地、丘陵、黄土台塬、河流阶地等地貌类型,总体地势西南高、东北低。辖区内中部、南部、西部、东南部、东北部主要为中山、低山地貌;丘陵地貌主要分布于辖区内陕县东南部、灵宝市弘农涧河东南、渑池县城和义马市涧河两侧;河谷阶地和黄土台塬主要分布于市区北部沿黄南岸一带。三门峡市有"五山四陵一分川"之称。

(二)地层

三门峡市跨越华北和秦岭两大地层区,地层发育齐全,除古生界志留系、泥盆系外,其他各时代地层,如太古界、古元古界、中元古界、新元古界、古生界、中生界、新生界、第四系等均有分布。区内北部、北东部为华北地层区豫西分区的熊耳山小区和渑确(渑池—确山)小区,南部(栾川断裂以南)为秦岭地层区北秦岭分区的西峡—南台小区。

(三)地质构造

本区自北向南跨越中朝准地台和秦岭褶皱系两个一级大地构造单元,北部及中部属中朝准地台花熊台缘凹陷,南部属秦岭褶皱系北秦岭褶皱带,南北地质构造形态差异较大。北、中部花熊台缘凹陷区,构造线为北西向或近东西向。区内主要褶皱有:牛山背斜、渑池向斜、小秦岭复背斜、汤河复背斜、崤山短轴背斜、杜关背斜等;断裂构造比较发育,以近东西向、北西向和北东向为主,大的断裂有张家山—宫前大断裂、栾川断裂、黑沟大断裂、瓦穴子断裂、朱阳关断裂、朱阳—温塘断裂、三门峡—义马断裂等。

(四)地质灾害的类型及分布特征

1. 地质灾害的类型

三门峡市地质灾害的类型主要有崩塌、滑坡、泥石流、地面塌陷、地裂缝等五种。

2. 地质灾害的分布特征

各地质灾害的分布特征如下所述。

1)崩塌

崩塌是本区的主要地质灾害之一,按物质构成可分为岩质崩塌和土质崩塌两类。岩质崩塌主要分布于卢氏、灵宝、渑池、陕县等地形陡峭,沟谷纵横,地质构造复杂,岩体风化,人类工程活动复杂而强烈的基岩山区;土质崩塌主要分布于灵宝、陕县、渑池等地,集中发育于黄土塬边缘和黄土山地丘陵区。此外,黄河在灵宝、陕县等局部地段塌岸较为严重。

2)滑坡

三门峡市的滑坡分为土质滑坡和岩质滑坡两类。岩质滑坡集中分布于卢氏、灵宝、陕县等地,以自然沟谷边缘、交通沿线两侧及居民房前屋后切坡处等场所较为集中;土质滑坡主要分布于灵宝、卢氏、陕县、渑池、湖滨区等低山丘陵区,即黄土及风化坡积物覆盖较厚地区。

3）泥石流

三门峡市的泥石流主要分布于小秦岭矿区和卢氏盆地一带，以矿山次生泥石流为主，其次为自然降雨风化型泥石流。

4）地面塌陷

地面塌陷集中分布于三门峡东渑池县、陕县、义马市等煤、铝等采矿区，属缓变型地质灾害，主要是地下采煤、铝等引起顶板冒落所致。

5）地裂缝

三门峡市的地裂缝分为潜蚀作用形成的地裂缝和采空地面塌陷伴生的地裂缝。潜蚀作用形成的地裂缝主要分布于河流阶地后缘和黄土塬内等地形陡变或低洼处，以陕县、灵宝等地较为集中，属降雨为主要诱发因素的自然型地质灾害；采空地面塌陷伴生的地裂缝主要分布在采空地面塌陷区范围，常沿塌陷区边缘展布。

（五）地质灾害发育程度分区

根据地质灾害发育特征，结合各地区地质环境条件差异和人类工程活动强度等影响因素，将三门峡市划分为5个地质灾害高易发区，3个地质灾害中易发区，1个地质灾害低易发区，分别为：观音堂—常村镇地面塌陷、地裂缝、崩塌地质灾害高易发区，五亩—寺河滑坡、崩塌灾害高易发区，灵宝小秦岭矿区泥石流、崩塌、滑坡地质灾害高易发区，卢氏盆地泥石流、滑坡高易发区，黄河塌岸高易发区；陕县—渑池北部地质灾害中易发区，灵宝—陕县—渑池地质灾害中易发区，卢氏县瓦窑沟—徐家湾—官道口地质灾害中易发区；北部黄土台塬区地质灾害低易发区 。

（六）地质灾害灾情

三门峡市地质灾害以突发性的崩塌、滑坡、泥石流地质灾害为主，加之地面塌陷等地质灾害，三门峡市地质灾害造成的损失较为严重。根据有关资料，截至2006年，三门峡全市已发生（可追溯）地质灾害点共418起，伤亡160多人，直接经济损失24 197.73万元，同时造成部分矿山被毁停产，毁坏房屋数百间，破坏了大量的耕地、电力及水利设施等。

（七）地质灾害潜在危害

三门峡市是河南省地质灾害较严重的地区之一，目前已完成了灵宝市、卢氏县、陕县、渑池县、义马市、三门峡市区等6个县（市、区）的地质灾害调查与区划工作，并且全部通过省国土资源厅组织的评审验收。根据调查结果，三门峡市现存各类地质灾害隐患点570处。按地质灾害类型来分，崩塌217处，滑坡159处，泥石流沟42处，地面塌陷72处，地裂缝3处，不稳定斜坡77处（含黄河塌岸7处）；按地质灾害的潜在危害程度来分，特大型地质灾害点14处，大型地质灾害点83处，中型地质灾害点161处，小型地质灾害点312处。

三门峡市现存的570处地质灾害点，威胁的对象有人员、房屋、道路、铁路、耕地、河流、厂矿等，其中威胁人员约64 989人，潜在的经济损失约63 348万元。

（八）特大型地质灾害隐患点

三门峡市特大型地质灾害隐患点共计14处，包括的灾种有地面塌陷、泥石流、崩塌、滑坡。其中，特大型地面塌陷隐患点4处、泥石流隐患点6处、崩塌（黄河塌岸）隐患点3

处、滑坡隐患点1处。特大型地质灾害隐患点的分布特征为:地面塌陷主要分布在三门峡东部渑池县煤矿开采区,主要是由地下采空引发的;泥石流、崩塌、滑坡主要分布在三门峡西部灵宝市境内的中低山区。

三门峡市地质灾害隐患点统计见表3-8。

表3-8　三门峡市地质灾害隐患点统计

地质灾害隐患点类型	规模(处)				数量(处)
	特大型	大型	中型	小型	
崩塌		11	53	153	217
滑坡	1	18	51	89	159
泥石流	6	19	14	3	42
地面塌陷	4	25	18	25	72
地裂缝				3	3
不稳定斜坡		8	24	38	70
黄河塌岸	3	2	1	1	7
合计	14	83	161	312	570

十、平顶山市

(一)地形地貌特征

平顶山市位于河南省中南部,地理坐标:东经112°14′~113°41′;北纬33°08′~34°20′,总面积7 882 km^2。

平顶山市地处豫西山地和淮河平原的过渡地带,西部以山地为主,东部主要为平原,具有西高东低的特征,主要地貌类型为山地、丘陵和平原,从总体上来说是三列北西—南东展布的山地夹两组河谷平原。

(二)地层

平顶山市位于华北地层区之豫西—豫东南分区,地层发育较齐全,自太古界、元古界、古生界、中生界至新生界,除古生界志留系、泥盆系外,其余均有出露。另外,区内地质历史上经过多次构造运动,岩浆活动强烈,其中酸性侵入岩分布较为广泛。

(三)地质构造

以三门峡—鲁山断裂为界,平顶山地区自北向南跨越华北板块和华北板块南缘构造带两个大地构造单元。受大地构造控制,区内主要构造线方向为北西西或近东西向。主要褶皱构造有石庙向斜、韩王庙背斜等;断裂构造以近东西向、北西向和北东向为主,规模较大的断裂构造有三门峡—鲁山断裂、车村—下汤断裂、妙水寺—水沟断裂、戴湾—观上断裂、马超营—车厂沟断裂等。

(四)地质灾害的类型及分布特征

1.地质灾害类型

平顶山市地质灾害类型主要有崩塌、滑坡、泥石流、地面塌陷及地裂缝等。

2. 地质灾害的分布特征

各地质灾害的分布特征如下所述。

1)崩塌

平顶山市的崩塌按物质构成可分为岩质崩塌和土质崩塌两类。岩质崩塌主要分布于鲁山县基岩山区旅游道路沿线,表现为小规模的危岩体;土质崩塌多位于黄土丘陵区。

2)滑坡

平顶山市的滑坡分为土质滑坡和岩质滑坡两类,主要分布于辖区内北部和西部山区,规模均为中小型,土质滑坡成分多为碎石土,一般发生于松散坡积层与基岩接触带。

3)泥石流

泥石流灾害以平顶山市西部山区较为发育,尤以鲁山县西部山区和北部丘陵较为集中,这主要是由于山区岩体经历多次构造运动,节理、裂隙发育,岩石破碎,为泥石流提供了丰富的物源,并且西部山区地面切割强烈,地形陡峭,汇水面积较大,加之暴雨为泥石流发育提供了动力条件。

4)地面塌陷

地面塌陷为本区的主要地质灾害。作为河南省的主要煤炭工业基地之一,平顶山市煤炭资源分布广泛,采煤历史悠久,采煤造成的地面塌陷成为区内分布最广、造成损失最大的一种地质灾害。目前除平顶山矿区范围内形成的地面塌陷区呈连片集中分布外,在石龙区及汝州市蟒川、小屯、寄料、大峪、临汝等乡镇,鲁山县梁洼镇,宝丰县张八桥,郏县黄道、茨芭、安梁等乡镇,均有分布。

5)地裂缝

平顶山市的地裂缝多为地面塌陷伴生地裂缝,主要分布于平顶山矿区、韩梁矿区、朝川矿区以及郏县、汝州、宝丰煤矿采空塌陷区的外围地带,在低山丘陵等地形起伏较大的部位,地裂缝尤为明显。

(五)地质灾害发育程度分区

根据地质灾害发育特征,结合各地区地质环境条件差异和人类工程活动强度等影响因素,将平顶山市划分为10个地质灾害高易发区,3个地质灾害中易发区,2个地质灾害低易发区和2个地质灾害不易发区,分别为:箕山山地滑坡、崩塌高易发区,外方山滑坡、崩塌、泥石流高易发区,朝川矿区采矿塌陷高易发区,昭平台水库北部泥石流高易发区,下汤镇西北滑坡、崩塌、泥石流高易发区,昭平台库区南滑坡、泥石流高易发区,尧山镇崩塌、滑坡、泥石流高易发区,黄道地面塌陷高易发区,韩梁矿区采矿塌陷、地裂缝高易发区,平顶山矿区采矿塌陷、地裂缝高易发区;箕山及外方山山前崩塌、滑坡、泥石流中易发区,鲁山县中西部崩塌、滑坡、泥石流地质灾害中易发区,舞钢泥石流、滑坡、崩塌灾害中易发区;汝州、郏县、宝丰山前丘陵与平原交接地带地质灾害低易发区,鲁山—叶县—舞钢地质灾害低易发区;汝河冲洪积平原地质灾害不易发区,叶县北部地质灾害不易发区。

(六)地质灾害灾情

平顶山市地质灾害以突发性的崩塌、滑坡地质灾害为主,加之地面塌陷等地质灾害,平顶山市地质灾害造成的损失较为严重。据不完全统计,自1992年以来,全市共发生地质灾害百余起,以崩塌、滑坡、地面塌陷为主,死亡37人,受伤数十人,毁坏房屋数百间,破坏了大量的耕地、电力及水利设施等，直接经济损失超过5 000万元。

(七)地质灾害潜在危害

平顶山市已完成了平顶山市区、鲁山、汝州、舞钢、郏县、叶县、宝丰等7个县(市、区)的地质灾害调查与区划工作，并且全部通过省国土资源厅组织的评审验收。根据调查结果，目前平顶山市存在各类地质灾害隐患点480处。按地质灾害类型来分，崩塌76处，滑坡137处，泥石流沟114处，地面塌陷74处，地裂缝21处，不稳定斜坡58处；按地质灾害的潜在危害程度来分，特大型地质灾害点26处，大型地质灾害点58处，中型地质灾害点178处，小型地质灾害点218处。

平顶山市现存的480处地质灾害点，威胁的对象有人员、房屋、道路、耕地、河流、水库、居民区等，其中威胁人员达110 864人，潜在的经济损失约220 473万元。

(八)特大型地质灾害隐患点

平顶山市特大型地质灾害隐患点共计26处，包括的灾种有地面塌陷、滑坡及地裂缝。其中，特大型地面塌陷隐患点22处、地裂缝3处、滑坡隐患点1处。特大型地质灾害隐患点的分布特征为：地面塌陷及地裂缝主要分布在平顶山市区、宝丰县等煤矿开采区，滑坡主要分布在平顶山市区北部的低山区。

平顶山市地质灾害隐患点统计见表3-9。

表3-9 平顶山市地质灾害隐患点统计

地质灾害隐患点类型	规模(处)				数量(处)
	特大型	大型	中型	小型	
崩塌		2	22	52	76
滑坡	1	9	22	105	137
泥石流		8	76	30	114
地面塌陷	22	30	16	6	74
地裂缝	3	2	15	1	21
不稳定斜坡		7	27	24	58
合计	26	58	178	218	480

十一、南阳市

(一)地形地貌特征

南阳市位于河南省西南部，东临信阳市、驻马店市，北接平顶山市、洛阳市、三门峡市，西与陕西省交界，南与湖北省接壤。地理坐标：东经110°58′~113°49′，北纬32°17′~33°48′，全市总面积26 600 km^2。

南阳市东、北、西三面环山，中南部为开阔的盆地，山区、丘陵、平原各占1/3。山体呈北西—南东方向延伸，走向与构造线基本一致。平原与山间盆地、盆中平原，地势平坦，微向南倾。山间盆地分布于西峡、淅川、南召和桐柏，范围大小不等，地势平坦。

(二)地层

南阳市地处秦岭造山地带和华北陆块南缘，地层出露齐全，从太古界至新生界均有分布。综合地理地层区划,以栾川—维摩寺—明港断裂为界,北部为华北地层区的豫西分区,南部为秦岭地层区。秦岭地层区又以西官庄—镇平—龟山断裂带及南阳盆地为界,划分为北秦岭地层分区、南秦岭地层分区和桐柏山—大别山地层分区。

(三)地质构造

南阳市地处华北地台南缘与秦岭构造山带接壤部位,绝大部分地区属于秦岭造山带,仅北部边缘南召、方城、桐柏三县北部属华北地台南缘。在经历了长期复杂发展演化及多期不同层次变质变性改造后,地质构造极其复杂。主要断裂有栾川—维摩寺—明港断裂带、瓦穴子—鸭河口—邢集断裂带、朱阳关—夏馆—大河断裂带、西官庄—镇平—龟山断裂带、木家垭—内乡—桐柏断裂带。

(四)地质灾害的类型及分布特征

1.地质灾害的类型

南阳市地质灾害的主要类型有崩塌、滑坡、泥石流和地面塌陷等。

2.地质灾害的分布特征

各地质灾害的分布特征如下所述。

1)崩塌

南阳市的崩塌按成因分主要有剥蚀卸荷型崩塌、河流侧蚀型崩塌和人工采掘型崩塌,前两者是自然因素形成的,后者是人为因素形成的。剥蚀卸荷型崩塌主要分布在宛西伏牛山中山区、伏牛山东南部低山丘陵区,崩塌规模大小不一;河流侧蚀型崩塌主要分布在白河和唐河两岸;人工采掘型崩塌分布范围较广,主要分布在山区公路沿线及露天采矿、采石场等矿业活动剧烈地段附近。

2)滑坡

南阳市的滑坡分为岩质滑坡和土质滑坡两类。岩质滑坡与土质滑坡在南阳市均较为发育。岩质滑坡主要分布在伏牛山中山区、伏牛山东南部低山丘陵区,多为暴雨成因类型;土质滑坡主要分布在低山区,亦以暴雨型滑坡为主。

3)泥石流

泥石流灾害主要分布在南阳市西北部伏牛山中山区,尤以西峡、内乡、淅川的泥石流地质灾害较为发育;此外,在南阳市东南部的桐柏山地山区也有分布,并且规模较大。南阳市外围山区特有的地形地貌特征,为泥石流的发生提供了有利的地形条件及物源,加之人类工程活动的影响,在强降水条件下极易发生泥石流地质灾害。泥石流地质灾害是南阳市的主要地质灾害灾种之一。

4)地面塌陷

南阳市地面塌陷诱发的因素主要是采矿活动。地面塌陷主要分布在南阳市桐柏老湾金矿、大河铜矿、银洞坡金矿、西峡嵩坪金矿、隐山蓝晶石矿、方城杨楼铅锌矿等大中型矿山开采区。

(五)地质灾害发育程度分区

南阳市地质灾害的类型和分布与地形、地貌、地质环境条件有着密切的关系。伏牛山中山区、伏牛山东南部低山、丘陵区,桐柏—大别山区主要以崩塌、滑坡、泥石流为主;南阳倾斜平原区以地裂缝灾害为主,均表现出明显的地域分布特征,地区之间地质灾害分布及发育程度差异较大。根据地质灾害发育特征、地质环境条件差异和人类工程活动强度等影响因素，将南阳市划分为3个区，分别为：宛西山地滑坡、泥石流高易发区，宛东山地崩塌、滑坡、泥石流高易发区，南阳盆地中北部崩塌、地面塌陷、地裂缝、泥石流地质灾害中易发区和盆地南部低易发区。

（六）地质灾害灾情

南阳市地质灾害虽然较为发育，灾种较多，但仍以突发性的崩塌、滑坡及泥石流地质灾害造成的损失较为严重。尤其是进入20世纪90年代以来，随着人类工程经济活动的加剧，对地质环境的破坏作用愈来愈大，致使地质灾害发生的规模和频次也不断扩大，地质灾害造成的经济损失亦日趋严重。据不完全统计，1989年以来就发生较大地质灾害14起，重伤55人，死亡23人，失踪5人，毁坏房屋5 937间，直接经济损失5 778.5万元，缓变形的地面塌陷、地裂缝地质灾害破坏地质环境产生的损失则难以估量。

（七）地质灾害潜在危害

南阳市已完成了内乡、桐柏、淅川、镇平、南召、方城、西峡等7个县的地质灾害调查与区划工作，并且全部通过省国土资源厅组织的评审验收。根据调查结果，目前南阳市存在各类地质灾害隐患点776处。按地质灾害类型来分，崩塌251处，滑坡245处，泥石流沟60处，地面塌陷30处，不稳定斜坡190处；按地质灾害的潜在危害程度来分，特大型地质灾害点3处，大型地质灾害点86处，中型地质灾害点291处，小型地质灾害点396处。

南阳市现存的776处地质灾害点，威胁的对象有学校、人员、房屋、道路、耕地、河流、厂矿等，其中威胁人员超过7.3万人，潜在的经济损失超过108 095万元。

（八）特大型地质灾害隐患点

南阳市特大型地质灾害隐患点有3处，均为泥石流地质灾害。其中，镇平有2处，桐柏有1处，都分布在中低山区。

南阳市地质灾害隐患点统计见表3-10。

表3-10 南阳市地质灾害隐患点统计

地质灾害隐患点类型	规模（处）				数量（处）
	特大型	大型	中型	小型	
崩塌		3	69	179	251
滑坡		23	112	110	245
泥石流	3	41	9	7	60
地面塌陷		6	12	12	30
地裂缝					
不稳定斜坡		13	89	88	190
合计	3	86	291	396	776

十二、信阳市

（一）地形地貌特征

信阳市位于河南省南部，东毗安徽，南临湖北，处于湖北、河南、安徽三省的结合部，其西、北部分别与南阳市、驻马店市接壤。信阳市地处中原，承东启西，连南贯北，区位条件优越，又是豫南地区重要的交通枢纽。

信阳市位于华北平原南缘，地形地貌明显呈山区与平原接触带特征，可划分为山地、丘陵岗地、平原与洼地三类：大别山与桐柏山构成豫南山地，蜿蜒于豫鄂边界，山地面积近 6 980 km^2，山峰海拔一般为 700 ~ 1 500 m；中部是丘陵岗地，海拔 50 ~ 100 m；北部是平原和洼地，平原海拔 30 ~ 39 m。

（二）地层

信阳市跨越华北和扬子两大地层区，地层发育较为齐全，除古生界志留系、二叠系、中生界三叠系外，其他各时代地层均有分布，北部为华北地层区豫西—豫东南分区渑确（渑池—确山）小区及卢明（卢氏—明港）小区和北秦岭分区信商（信阳—商城）小区，南部为扬子地层区南秦分区的西大（西峡—大别山）小区。

区内华北地层仅在平桥区邢集、息县濮公山和固始县陈集等处有零星古老的元古界与古生界沉积地层出露，区内扬子地层由一系列不同时代、不同变质程度和不同构造组合的复杂地层所组成。

此外，区内岩浆活动强烈，岩浆岩分布广泛，岩石类型较为齐全，其演化总趋势是从老到新、由弱变强、从超基性到酸性，其中以酸性岩最为发育。

（三）地质构造

信阳市大地构造位置处于华北地台与秦岭造山带结合部位。以羊（册）—明（港）—固（始）断裂带为界，北部为华北地台南缘，南部为秦岭造山带东延的桐柏—大别造山带，羊（册）—明（港）—固（始）断裂带在区内则隐伏于新生界之下。

区内构造线为北西向或近东西向。区内主要褶皱有：周河背斜、白马山—西张店向斜、田铺背斜、代嘴向斜、杨山复背斜、潢川凹陷等；韧性剪切带主要呈北西—南东向展布，延长远，切割深，控制了本区地层的形成、演化和岩浆岩活动，是辖区内主要构造之一，主要有龟山—梅山、桐柏—商城、董家河—白雀园、董家河南—汤泉寺、黄岗—沙窝等；脆性断裂发育，但规模一般相对较小，以近南北向和近东西向为主。

（四）地质灾害的类型及分布特征

1. 地质灾害的类型

信阳市地质灾害的类型主要有崩塌、滑坡、泥石流、地面塌陷及地裂缝等。

2. 地质灾害的分布特征

各地质灾害的分布特征如下所述。

1）崩塌

信阳市的崩塌按物质构成可分为岩质崩塌和土质崩塌两类。岩质崩塌主要分布于光山、罗山、新县、商城等地基岩山区，土质崩塌主要分布于浉河区、平桥区、罗山、光山等地。

2）滑坡

信阳市的滑坡分为岩质滑坡和土质滑坡两类。岩质滑坡主要分布于南部基岩山区，以光山、新县、商城等地较集中；土质滑坡主要分布于罗山、光山、新县、商城等低山丘陵区，成分多为碎石土，一般发生于松散坡积层与基岩接触带。

3)泥石流

信阳市的泥石流主要分布于中低山区,以罗山、新县、商城、光山等地较为集中,具有突发性强、破坏性大的特点。泥石流为自然暴雨型,并且与人类不当的工程经济活动有着密切联系。

4)地面塌陷

信阳市的地面塌陷以采空地面塌陷为主。主要分布于平桥区、罗山、光山等地下采矿活动集中地区,规模一般较小,危害范围小。采空地面塌陷主要是由采矿引起顶板冒落而造成的。

5)地裂缝

信阳市的地裂缝按成因可分为构造地裂缝、膨胀土胀缩作用形成的地裂缝。构造地裂缝主要分布在息县、潢川、光山、商城、固始、淮滨向东一直到安徽省部分地区,该区位于山前倾斜平原区,与山体上升形成一种掀斜构造活动有关;膨胀土胀缩作用形成的地裂缝主要分布在罗山县、光山县和固始县的中北部等膨胀土发育地带。

(五)地质灾害发育程度分区

根据地质灾害调查与区划成果资料,结合全市地质地貌特征、现有灾点分布密度、地质环境条件差异性等条件,将全市划分为7个地质灾害高易发区,4个地质灾害中易发区,1个地质灾害低易发区,分别为:平桥区的高堰—高粱店地面塌陷高易发区,双井—董家河滑坡、崩塌、塌陷高易发区,朱堂—李家寨崩塌、滑坡、泥石流、塌陷高易发区,周党—沙窝崩塌、滑坡、泥石流高易发区,郭家河滑坡高易发区,新集镇滑坡高易发区,商城县中南部—固始西南部滑坡、崩塌、泥石流高易发区;浉河港中易发区,平桥—五里店铺滑坡中易发区,彭新滑坡、崩塌中易发区,卡房—泗店—余集崩塌、滑坡中易发区;平桥—淮滨地质灾害低易发区。

(六)地质灾害灾情

信阳市地质灾害以突发性的崩塌、滑坡地质灾害及地面塌陷等地质灾害为主,是地质灾害较发育的地区之一,因地质灾害造成的人员伤亡和财产损失较大。据不完全统计,20世纪中期以来,全市共发生较大规模的突发性地质灾害200余起,造成直接经济损失达8 355.67万元,伤亡46人。因采矿活动引发的地面塌陷、地裂缝等地质灾害造成直接经济损失数亿元。

(七)地质灾害潜在危害

信阳市已完成了信阳市平桥区、信阳市浉河区、光山、固始、新县、商城、罗山等7个县(市、区)的地质灾害调查与区划工作,并且全部通过省国土资源厅组织的评审验收。根据调查结果,目前信阳市存在各类地质灾害隐患点461处。按地质灾害类型来分,崩塌69处,滑坡264处,泥石流沟18处,地面塌陷12处,地裂缝5处,不稳定斜坡93处,膨胀土分布区1 070.6 km^2;按地质灾害的潜在危害程度来分,特大型地质灾害点20处,大型地质灾害点51处,中型地质灾害点130处,小型地质灾害点260处。

信阳市现存的461处地质灾害点,威胁的对象有人员、房屋、耕地等,其中威胁人员5.47万人,膨胀土威胁超过2万户,潜在的经济损失超过39 437.2万元。

（八）特大型地质灾害隐患点

信阳市特大型地质灾害隐患点共计20处，包括的灾种有崩塌、滑坡、泥石流及不稳定斜坡。其中，特大型崩塌隐患点2处、滑坡隐患点2处、泥石流隐患点1处、不稳定斜坡15处。特大型地质灾害隐患点的分布特征为：崩塌、滑坡、泥石流及不稳定斜坡主要分布在信阳东南部中低山丘陵区。

信阳市地质灾害隐患点统计见表3-11。

表3-11　信阳市地质灾害隐患点统计

地质灾害隐患点类型	规模（处）				数量（处）
	特大型	大型	中型	小型	
崩塌	2	6	15	46	69
滑坡	2	23	80	159	264
泥石流	1	6	5	6	18
地面塌陷		1	2	9	12
地裂缝				5	5
不稳定斜坡	15	15	28	35	93
合计	20	51	130	260	461

十三、驻马店市

（一）地形地貌特征

驻马店市位于河南省中南部，淮河、汉水两大水系上游，古为汝宁府地，素有“豫州之腹地，天下之最中”之称，处于“长江”、“陇兰”两大横向经济带之间。

驻马店市总体地势为西高东低，呈阶梯状下降，由西部构造剥蚀中低山，向东逐渐下降过渡为构造剥蚀丘陵、倾斜平原和冲积平原，形成较为完整的地貌序列。

（二）地层

驻马店市出露地层主要有元古界、古生界、中生界及新生界，地层出露比较齐全。

元古界、古生界、中生界主要分布于市境西部等。

新生界由古近系及第四系组成。前者一般分布于西部丘陵地区；后者广泛分布于东部冲积平原。

（三）地质构造

驻马店市以马超营—拐河—确山断裂带为界，其南侧为中朝准地台，以北为秦岭褶皱带。主要构造有：马超营—拐河—确山断裂带，为一韧性剪切带，断裂带宽0.5～1.0 km，走向290°～310°，倾向北东或南西，倾角60°～80°，由超糜棱岩、糜棱岩化花岗片理化花岗岩组成。

（四）地质灾害的类型及分布特征

1. 地质灾害类型

驻马店市地质灾害类型主要有崩塌、滑坡、泥石流、地面塌陷等。

2. 地质灾害分布特征

各地质灾害分布特征如下所述。

1）崩塌、滑坡

驻马店市的崩塌、滑坡分为土质崩塌、滑坡和岩质崩塌两类。土质崩塌、滑坡主要分布于西部、西南部确山、泌阳、西平等地的山前坡积物地带，岩质崩塌主要分布于西部泌阳、确山等基岩裸露山区。

2）泥石流

驻马店市的泥石流主要分布于西部、西南部确山、泌阳基岩山区及出山口地带。泥石流为自然暴雨型。受地形地貌条件控制，区内泥石流多为大中型泥石流。

（五）地质灾害发育程度分区

驻马店市地质灾害发育程度差异较大，具有明显的地域性发育规律和分布特征。根据地形地貌、地层岩性、构造等地质环境条件及降水、人类工程经济活动条件，可将驻马店市地质灾害划分为 3 个区，分别为：西南部、西部山区崩塌、滑坡、泥石流、地面塌陷高易发区，山前丘陵岗地崩塌、滑坡中易发区，东部冲积平原地质灾害非易发区。

（六）地质灾害灾情

驻马店市地质灾害以突发性的崩塌、滑坡、泥石流地质灾害为主，地质灾害造成的损失较为严重。据不完全统计，自 1975 年以来，全市共发生地质灾害百余起，以崩塌、滑坡、泥石流为主，死亡 11 人，毁坏房屋数百间，破坏了大量的耕地、电力及水利设施等，直接经济损失超过 8 000 万元。

（七）地质灾害潜在危害

驻马店市已完成了泌阳、确山 2 个县的地质灾害调查与区划工作，并且全部通过省国土资源厅组织的评审验收。根据调查结果，目前驻马店市存在各类地质灾害隐患点 70 处。按地质灾害类型来分，滑坡 13 处，崩塌 14 处，泥石流沟 33 处，不稳定斜坡 10 处；按地质灾害的潜在危害程度来分，特大型地质灾害点 1 处，大型地质灾害点 12 处，中型地质灾害点 15 处，小型地质灾害点 42 处。威胁的对象有人员、房屋、道路、桥梁、耕地等，其中威胁人员达 10 120 人，潜在的经济损失超过 16 046 万元。

（八）特大型地质灾害隐患点

驻马店市特大型地质灾害隐患点 1 处，为泥石流地质灾害隐患，分布在驻马店市西部伏牛山东麓的低山丘陵区。该泥石流沟位于贾楼乡东陡岸村东大龙潭沟内，四周为低山地貌，地势陡峻，沟谷呈“V”形，坡积物及碎石较多，物质来源丰富，汇水面积较大。该沟已多次发生泥石流，目前该泥石流沟已经得到治理。

驻马店市地质灾害隐患点统计见表 3-12。

表 3-12　驻马店市地质灾害隐患点统计

地质灾害隐患点类型	规模(处)				数量(处)
	特大型	大型	中型	小型	
崩塌			5	9	14
滑坡		1	3	9	13
泥石流	1	11	6	15	33
地面塌陷					
地裂缝					
不稳定斜坡			1	9	10
合计	1	12	15	42	70

十四、许昌市

(一)地形地貌特征

许昌市位于河南省中部,黄河以南,北靠省会郑州市和开封市,西临平顶山市,南接漯河市,东连周口市。京广铁路纵贯南北,京珠高速公路与许昌至南阳、许昌至兰考到日照、许昌至登封到洛阳、许昌至亳州的高速公路以许昌市为中心形成“米”字形的高速公路框架,构成了纵横交织的交通运输网络。

许昌市西部为低山丘陵,东部为淮海平原西缘,地势西北高、东南低,自西北向东南缓慢倾斜。地貌景观呈东西向分带,按地貌成因及形态组合,可分为平原、低山丘陵和岗地三大类。平原主要分布在中东部,低山丘陵主要分布于禹州市西部及长葛市西北部,岗地主要分布在禹州、长葛及襄城。

(二)地层

许昌市属华北地层区,出露地层由老到新分为元古界、寒武系、奥陶系、石炭系、二叠系、三叠系、新近系和第四系。

元古界地层主要为下元古界嵩山群和中元古界马鞍山组,分布于西北侧禹州市和长葛市境内。

下古生界地层由寒武系、奥陶系组成,分布于禹州市鸠山、方山以西山区及王沟、浅井、无梁等地。

上古生界由石炭系、二叠系组成,分布广、面积大,是区内分布的主要地层,主要分布于禹州市西部和北部。

中生界由三叠系组成,地层出露较少,主要分布于禹州市鸠山、方山等地。

新生界由新近系、第四系地层组成,其中新近系露头较少,仅在禹州市内零星出露;第四系广泛分布于东部、南部及中部冲积平原,西北部山间谷地和丘间凹地地带也有分布。

(三)地质构造

许昌位于大地构造带华北地台南部,跨华熊台缘凹陷、嵩箕台隆和华北凹陷三个二级

构造单元,构造特征主要为褶皱和断裂。主要构造有:

(1)褶皱:大洪寨倒转向斜、白沙隐伏向斜、角子山背斜及段沟隐伏向斜等。

(2)断层:根据空间展布特征、形成先后可分为三组:近东西向的景家庄断裂和鸠山断裂,北东—南西向的马家断裂、黑岭沟断裂、白坡头—大坡断裂、张家庄—枣树坪断裂及第四系覆盖区隐状断裂等,北西—南东向的石庙断裂、冯家岭—牛头山断裂、孙河断裂、石棚沟断裂(F5)、鸡冠崖断裂、上官寺—羊皮岭断裂、关帝庙—牤牛沟断裂、磨街断裂、牛金山—云盖山断裂、菜坪山断裂等。

(四)地质灾害的类型及分布特征

1. 地质灾害的类型

许昌市地质灾害的类型主要有崩塌、滑坡及地面塌陷等。

2. 地质灾害的分布特征

各地质灾害的分布特征如下所述。

1)崩塌

许昌市的崩塌按物质组成可分为土质崩塌和岩质崩塌两类。土质崩塌主要分布于长葛市西部的丘陵区,岩质崩塌主要分布于长葛市西北部和禹州市西部的低山丘陵区。

2)滑坡

许昌市的滑坡分为土质滑坡和岩质滑坡两类。土质滑坡除个别分布在长葛市西部的岗地外,主要分布于禹州市西部、北部山区;岩质滑坡均分布在禹州市西部低山丘陵区。

3)地面塌陷

许昌境内地面塌陷均为矿山采空区地面塌陷。其分布特征与矿区开采范围相一致,是煤矿采空区引发的。主要分布于禹州西北部古城—浅井—苌庄区,西部方山—鸠山区,东南部文殊—磨街区,南部神垕—鸿畅—梁北等矿山开采区。

(五)地质灾害发育程度分区

根据地形地貌、地层岩性、构造等地质环境条件及降水、人类工程经济活动条件,可将许昌市地质灾害划分为5个区,分别为:西部、北部丘陵、岗地地面塌陷为主要地质灾害高易发亚区,西部、北部低山丘陵滑坡中易发区,西部低山丘陵地面塌陷中易发区,中北部丘陵滑坡、崩塌地质灾害中易发亚区;东部、中部、南部冲积平原地质灾害不易发区。

(六)地质灾害灾情

许昌市地质灾害以地面塌陷地质灾害为主,突发性的崩塌、滑坡等地质灾害也时有发生。据不完全统计,近20年来,全市共发生地质灾害116起,以崩塌、滑坡、地面塌陷为主,死亡32人,毁坏房屋9 514间,毁坏耕地13 092亩,毁坏道路650 m,直接经济损失9 013.9万元。

(七)地质灾害潜在危害

许昌市已完成了长葛、禹州等2个市的地质灾害调查与区划工作,并且全部通过省国土资源厅组织的评审验收。根据调查结果,目前许昌市存在各类地质灾害隐患点63处。按地质灾害类型来分,滑坡16处,崩塌17处,地面塌陷28处,不稳定斜坡2处;按地质灾害的潜在危害程度来分,大型地质灾害点6处,中型地质灾害点22处,小型地质灾害点35处。

许昌市现存的地质灾害隐患潜在威胁人口 20 498 人,农田 9 182 亩,房屋 14 692 间,道路 3 390 m,煤矿一座,学校一所,预测经济损失 12 959.6 万元。

(八)大型地质灾害隐患点

许昌市有大型地质灾害点 6 处,分别为地面塌陷 4 处,不稳定斜坡 2 处,均分布在禹州西部、北部中低山丘陵区。区内无特大型地质灾害隐患点。

许昌市地质灾害隐患点统计见表 3-13。

表 3-13　许昌市地质灾害隐患点统计

地质灾害隐患点类型	规模(处)				数量(处)
	特大型	大型	中型	小型	
崩塌			3	14	17
滑坡			3	13	16
泥石流					
地面塌陷		4	16	8	28
地裂缝					
不稳定斜坡		2			2
合计		6	22	35	63

十五、商丘市

(一)地形地貌特征

商丘市位于河南省的东部,北与山东相连,东与江苏、安徽省搭界,西与开封市为邻,素有“豫东门户”之称。

商丘市地处华北平原的东南部,黄淮冲积平原的交接部位,除永城市北部芒砀山外,商丘地区地势平坦,地势西北略高,东南稍低,由西北向东南微倾斜。商丘地区的地貌可划分为:黄淮冲积平原地貌,广泛分布在商丘境内;剥蚀残丘地貌,分布在永城市北部芒砀山一带。

(二)地层

商丘市地层属华北地台区,仅在永城市北部芒砀山一带出露有少量的古生界寒武、奥陶系和燕山期花岗岩、花岗斑岩,其他地区均被第四系地层所覆盖。根据钻孔资料,商丘地层缺失上奥陶—下石炭、三叠系—白垩及古近系古新统地层,由于新近纪以来地表一直处于下降状态,因而沉积了巨厚的新近纪及第四纪松散沉积物,覆盖于基岩之上,与下伏基岩呈不整合接触。

(三)地质构造

商丘市地处中朝准地台鲁西台隆西缘次级构造单元永城断陷褶皱带,西部与华北凹陷的次级构造单元通许凸起毗邻。区内构造为隐伏构造,焦作—商丘深大断裂呈北西向穿越商丘全境,此一级断裂以北北东—北东向构造为主。

(四)地质灾害的类型及分布特征

1.地质灾害的类型

除永城市外,商丘市地势平坦,人类工程活动强度一般,地质环境条件良好,地质灾害不发育,仅在永城市的芒砀山和煤矿开采区为地质灾害多发区。商丘地区地质灾害类型主要有崩塌、地面塌陷、地裂缝等。

2.地质灾害分布特征

各地质灾害分布特征如下所述。

1)崩塌

崩塌地质灾害主要分布于人类矿石开采活动强烈的芒砀山一带,均为岩质崩塌。

2)地面塌陷

地面塌陷集中分布在永城市,主要在永城市城关镇、城厢乡、陈集镇、苗桥乡、高庄镇等5个乡镇,并且地面塌陷规模往往较大。

3)地裂缝

地裂缝与地面塌陷分布范围相一致,往往在地面塌陷边缘地带出现,主要为地面塌陷伴生地裂缝。

(五)地质灾害发育程度分区

根据地形地貌、地层岩性、构造等地质环境条件及人类工程经济活动条件,可将商丘市划分为3个区,分别为:永城煤矿开采区地面塌陷、地裂缝地质灾害高易发区,永城芒砀山崩塌地质灾害中易发区,中西部黄淮冲积平原地质灾害不易发区。

(六)地质灾害灾情

商丘市地质灾害以地面塌陷地质灾害为主,突发性的崩塌地质灾害仅在芒砀山区范围存在。据不完全统计,近25年来,全市共发生地质灾害25起,死亡3人,采煤形成的23.52 km^2 采空区,引发了20处地面塌陷,塌陷面积达31.93 km^2,不同程度毁坏房屋44 947间,破坏及影响耕地25 046亩,部分基础设施被毁,造成直接经济损失25 570.6万元。

(七)地质灾害潜在危害

商丘永城市已完成了地质灾害调查与区划工作,并且通过省国土资源厅组织的评审验收。根据调查结果,目前商丘市存在地质灾害隐患点18处。按地质灾害类型来分,崩塌1处,地面塌陷15处,地裂缝2处;按地质灾害的潜在危害程度来分,特大型地质灾害9处,大型地质灾害点7处,中型地质灾害点1处,小型地质灾害点1处。

商丘市现存的地质灾害隐患点潜在威胁人口13 920人,预测经济损失23 543万元。

(八)特大型地质灾害隐患点

商丘市有特大型地质灾害点9处,分别为地面塌陷8处,地裂缝1处,均分布在永城市煤矿开采区内。

商丘市地质灾害隐患点统计见表3-14。

表 3-14　商丘市地质灾害隐患点统计

地质灾害隐患点类型	规模(处)				数量(处)
	特大型	大型	中型	小型	
崩塌				1	1
滑坡					
泥石流					
地面塌陷	8	7			15
地裂缝	1		1		2
不稳定斜坡					
合计	9	7	1	1	18

河南省地质灾害隐患点总体发育情况统计见表 3-15。

表 3-15　河南省地质灾害隐患点总体发育情况统计

地质灾害隐患点数量(按大小)	特大型(处)	181
	大型(处)	732
	中型(处)	1 831
	小型(处)	2 476
地质灾害隐患点数量(按类型)	崩塌(处)	1 608
	滑坡(处)	1 600
	泥石流(处)	402
	其他地质灾害(处)	1 610
地质灾害隐患点数量合计(处)	5 220	

注:其他地质灾害主要为:地面塌陷 733 处、地裂缝 65 条、不稳定斜坡 812 处。

第八节　滑坡灾害发育特征

河南省地处中原,为我国第二级地貌台阶向第三级地貌台阶的过渡地带,太行山、崤山、熊耳山、嵩箕山、外方山、伏牛山等山地分别分布于河南省的北部、西部、南部,构成了河南省基本的山地台塬地貌,地貌形态复杂。

河南省滑坡地质灾害的发育与分布特征严格受地形地貌的控制,主要分布于省内的北部、西部及南部山区,且以土质滑坡为主。

一、豫北山地滑坡

豫北地区以太行山为主,为中低山地貌,中夹林州断陷盆地,相对高差 300 ~ 700 m。太行山区山势陡峻,出露岩层为奥陶、寒武系层状灰岩,构造切割强烈,以溶蚀作用为主,岩溶较发育;王屋山区出露地层则以碎屑岩类为主,侵蚀切割强烈,沟谷多呈"V"字形。

豫北山地受新华夏系构造控制,自第三纪以来,地壳变化以抬升作用为主。由于该区处于东西向构造和新华夏系构造的复合部位,山体切割强烈,加之人工造田工程活动规模广、范围大,因此遇强降水或连续阴雨天时极易形成和发生滑坡灾害。

在豫北太行山区,滑坡地质灾害分布广、数量多、活动频繁,是危害较大的灾种之一。滑坡多以土质滑坡为主,岩质滑坡在基岩出露区也有少量分布。本区内滑坡地质灾害的发育特征为:多数滑坡形态较为完整,边界轮阔清晰,滑坡体在地貌形态上多具明显的圈椅状地形;滑坡体滑移特征明显,但滑床、滑带不明显,部分滑坡体前缘的滑舌、鼓丘比较明显地高于周围地形,后缘有拉张裂缝的滑坡体主要分布在中、低山区。

(一)土质滑坡

土质滑坡是指主要由黄土组成的滑坡。土质滑坡在豫北太行山境内活动频繁,造成的危害较大。

滑坡特征为:该类滑坡往往发育在中、低山的斜坡上及居民建房切坡过陡处,滑坡体的物质组成主要为粉土、粉质黏土、坡积碎石黏土。当坡积物下部出露有透水性弱的黏土、粉质黏土、泥质页岩等软弱岩层、基岩层面时,在地下水及暴雨下渗、浸润软化下,其抗剪强度急剧下降,下滑力增大,使斜坡稳定性降低而产生滑坡。其规模多为小型,但威胁人口往往较多,危害性较大。

如石板岩乡桃花洞村七圪道滑坡,该滑坡在地形上位于山脊前缘一侧,坡体岩性为下寒武统毛庄组下部的灰白色泥质灰岩、灰白色泥质页岩,其风化坡积物厚度一般为1~2 m,地形坡度40°,坡向265°,坡长80 m,坡宽96 m,滑坡体厚2 m,滑坡整体形态呈圈椅状。1996年8月,因降暴雨,在强降雨下渗浸润下,下部泥质灰岩及灰白色泥质页岩风化面软弱层产生滑动,滑距4 m,滑坡体及后缘产生裂缝4条,裂缝呈月牙形,宽度为0.15~1.0 m。毁坏房屋15间,后缘拉张裂缝造成房屋40余间不同程度变形,经过现场调查和测量,确定为易发滑坡体,在雨季极可能复活,发生滑坡灾害。该滑坡体威胁人口26人。

(二)岩质滑坡

岩质滑坡在豫北太行山区也有少量分布。

滑坡特征为:该类滑坡一般发育在中、低山基岩出露的斜坡上,且坡度往往较大,一般为45°~80°。滑体岩性主要为片麻岩、石英岩状砂岩,滑面为节理、裂隙面,规模多为小型。

如任村镇皇后村滑坡。其岩性为元古界石英岩状砂岩,岩层倾向45°,岩层倾角8°,滑坡长14 m,宽22 m,厚2 m,滑坡体积616 m^3。由于切坡建房,1996年8月3日遇暴雨后,降雨沿石英岩状砂岩节理裂隙下渗至岩层层面,在岩层层面浸水饱和及一定的水动力压力作用下,岩层层面抗剪强度降低,下滑力增大,使上层岩体发生移动下滑,滑坡的发生毁坏房屋3间。滑坡体现有裂缝长25 cm,深2.5 m,仍威胁5人,处于危险状态。

二、豫西山地滑坡

豫西山区以中山为主,主要有东北、东、东南方向的崤山、熊耳山、外方山、伏牛山及嵩箕山,呈折扇形展布,多悬崖峭壁,沟谷深切呈"V"字形,水流湍急,海拔500~2 000 m,山体主要由岩浆岩、变质岩及碳酸盐岩组成。

本区内具有漫长发育历史和多次活动特征的秦岭纬向构造体系，自陕西延入河南省后经小秦岭、崤山、熊耳山、外方山及嵩箕山后向东没入平原。区内由一系列近东西向展布的褶皱带、大断裂及古老隆起组成，对我国华北与华南地质发展史的差异性起着控制作用，是河南的基础构造带。在嵩箕山以西受伏牛山—大别弧形构造带的影响，具有相似岩相建造和结构，它的中段受新华夏系的影响和改造，发育了北东向的斜列山地和黄土盆地。

该构造带为东西向线状延伸的压扭性构造体系，北部受东西向构造带控制，褶皱、断裂构造发育；南部受伏牛山—大别弧形构造带控制，北西向断裂密集分布。区内地形高差较大，植被稀少，并且矿区众多，因长期采掘和碎石尾矿堆积，遇强降水冲刷极易形成滑坡地质灾害。

滑坡是区内主要的地质灾害类型之一。滑坡发育特征：滑坡表面形态以舌形、圈椅形、嗽叭形为主，其次为半圆形、三角形、矩形等，剖面形态呈直线状、弧状、波浪状、阶梯状等，但以圈椅状形态为主。滑坡边界轮廓往往清晰，后缘滑壁保留，滑体滑移特征明显，部分滑坡具有双沟同源现象，但滑床、滑带不明显。滑坡主要分布在区内低山区，以土质滑坡为主，岩质滑坡次之。滑坡规模悬殊较大，一般滑坡规模为小型，即小于 10 万 m^3。

滑坡的平面形态主要受地形地貌、地层岩性及水文地质条件、人为因素等的控制。滑坡的剖面形态则受滑坡体岩性及滑坡运动特征所控制。

大部分滑坡体物质组成为风化残坡积物及碎块石（破裂状风化基岩）。土质滑坡以粉质黏土为主，少量为黏土，碎石含量 20% ~30%，土石比 7:3 ~8:2，碎石的块度一般为 2 ~20 cm，大者达 40 cm，滑体厚度一般为 1 ~ 10 m；滑床形态有线状、波浪状、折线状、弧线状、阶状；滑带土一般为粉质黏土，滑带土含水率高，内摩擦角、内摩擦力值低，呈软塑或流态状居多，强度遭到彻底破坏，滑带土的厚度一般为 0.05 ~0.6 m。

（一）土质滑坡

土质滑坡是豫西山地的主要地质灾害之一。斜坡的各种成因的土体，岩性一般为黏土、粉质黏土夹碎块石、砂土夹碎石，一般结构松散，呈疏松状态，在受到内外地质营力的作用下，极易产生滑坡。形成土质滑坡的条件，多为地形地貌、地层岩性、水文地质条件、土体工程地质性质、环境地质条件、影响因素、触发因素等诸多不利条件。

（1）地形地貌：在滑坡形成的地段斜坡前缘均有临空面，临空面一般坡度陡、高差大，坡角一般为 35° ~70°，相对高差为 10 ~100 m 不等，滑体中部坡角一般为 30° ~40°，后缘山坡坡角大于 40°，斜坡两侧大部分有冲沟切割，形成三面临空，使地形上处于斜坡上的土体下滑。

（2）地层岩性：一般形成滑坡的土体大部分为第四系残坡积粉质黏土夹碎石，以及基岩（如砂页岩、砂砾岩、泥灰岩）的强烈风化砂、风化泥，其土体结构松散、黏结性差、孔隙度较大，厚度一般为 0.5 ~10 m，大部分土层厚度为 1 ~5 m，下伏基岩往往为相对隔水层，如志留系砂页岩，地表水和地下水流动于土体与岩体砂页岩中间，造成土体软化。

（3）水文地质条件：地表水与地下水对土体强度与稳定性影响最大，地下水（岩溶水、基岩裂隙水）长期沿滑体上部边界出露渗入表层土体，将土体浸泡软化，地表大气降水、连续不断的大暴雨对斜坡土体冲刷泡胀，在短期内大大降低了土体的强度，增大土体中的孔隙水压力，使土体失稳。

(4)土体工程地质性质：土体的力学性质改变，含水量增大，摩擦力(c、φ 值)降低，降低了土体的力学强度。

(5)环境地质条件：斜坡上的植被，如树木、草皮等植物被人类砍伐、开挖，开荒种地、人为切坡等人类工程活动破坏了斜坡的原始状态，形成水土流失，造成斜坡不稳。

(6)影响因素：人为切坡、加载、破坏生态环境，地表水的冲刷侵蚀、淘空等。

(7)触发因素：主要是大气降水、爆破、地震等。

在以上诸多不利条件和影响因素、触发因素，即自然条件和人为破坏的环境条件下，斜坡上的土体失稳，从而形成滑坡。

土质滑坡主要分布于豫西低山区，数量众多，分布面积大，受威胁人员多。

如卢氏县城郊乡高庄村老分槽大型滑坡。该滑坡位于卢氏盆地第三系砂砾岩和第四系黏土、亚黏土组成的丘陵地带，微地貌特征为山丘，坡度30°。滑体岩性为第四系黏土、亚黏土，下伏基岩为第三系砂砾岩，规模为长300 m、宽400 m、厚50 m，滑体体积约600万 m^3，滑动方向南东157°，平面形态为半圆形，剖面形态呈阶梯状。滑坡体滑动特征明显，滑体后缘滑壁高约40 m，坡角60°，控滑结构面为盖层与基岩接触面。滑坡体下方为一条冲沟，沟长约500 m，沟宽10～20 m。

滑坡形成于1959年8月，由于连降暴雨，大气降水沿土体下渗，使土体软化，形成流态，随后发生下滑。2000年7月，由于大雨，该滑坡复活，开始滑动，滑体后缘出现宽达1.5 m的拉裂缝。该滑坡在汛期极可能复活，发生滑坡灾害。该滑坡体目前不稳定，威胁人口127人，预测经济损失100万元。

(二)岩质滑坡

岩质滑坡多分布在基岩裸露中低山区。形成岩质滑坡的岩性有灰岩、砂岩、页岩、泥岩和砂质页岩互层等，有单一岩性、软硬相间、上硬下软三种岩性组合类型。地貌特征多为斜坡坡角在30°以上的顺向坡，前缘临空，岩体上有两组以上的构造裂隙或层面切割岩体，形成块状岩体。在内力和外力的作用下，如大气降水、冲刷切蚀、人工开挖斜坡修路、爆破采石等作用下，易引发岩质滑坡。在剥蚀—重力卸荷及降水侵蚀软化等内外力的长期作用下，滑体下部或岩层之间充水饱和，水动力作用增大，抗剪强度减小，下滑力增大，使斜坡稳定性逐渐或急剧降低，从而发生岩体脱离母体的岩质滑坡。岩质滑坡规模多为小型。岩质滑坡一旦发生，斜坡体往往会由不稳定斜坡变为稳定斜坡，相对保持一定时期的稳定。如果临空面仍然存在，则在自然降水侵蚀、岩体风化的作用下，上覆岩层又会逐渐变为滑坡体。在没有人为活动加强或继续破坏的条件下，这一渐变过程往往需较长的演变时间。

如卢氏县209国道香山段岩质山体滑坡。该滑坡位于冠云山背斜的南翼，岩性为中元古界熊耳群安山玢岩夹凝灰岩，受构造变形作用的影响，岩石片理化强烈，片理产状38°∠56°，斜坡结构类型为陡倾顺向坡。坡脚为209国道，由于修路炸坡，使坡角增大为83°，增大了顺向坡的临空面，加之山体岩石破碎，因而极易发生基岩山体滑坡。

该滑坡长20 m，宽24 m，厚2 m，规模约960 m^3。主滑方向与片理面倾向一致，平面形态为舌形，剖面形态呈直线形。

三、豫南山地滑坡

豫南低山丘陵包括桐柏山、大别山，低山以剥蚀为主，地形起伏较大，南坡陡北坡缓，河流发育，标高500～800 m，相对高差350～450 m，山体向东南方向延伸，由花岗岩、变质岩组成。丘陵分布在低山的前缘，呈弧形展布，标高200～300 m，相对高差50～100 m，剥蚀作用强烈，山顶浑圆，坡度小于45°，并且植被发育，河流多垂直于山脉走向，河谷浅而宽，多呈“U”形，并有松散堆积物。

该区构造是由秦岭东西向构造带派生出的北西西向伏牛山、北西向的桐柏山及近乎东西向的大别山组成，表现出反“S”形构造图案，构成伏牛—大别弧形构造带的主体。伏牛山的东北、西南两侧，分别受山前的潘河、黑沟—车村大断裂与朱阳关—夏馆—南阳大断裂所限，由前寒武纪变质岩系和燕山期岩浆岩构成的复背斜和复向斜均呈北西西展布，构造形迹表现为复背斜、复向斜及压扭性断裂；桐柏山斜列于伏牛山余脉西南，呈北西—南东向延伸，也是由前寒武系变质岩和燕山期火成岩构成桐柏山复背斜和南湾复向斜。在伏牛—大别弧最大弯曲部位的最大张应力带，燕山中期逐渐陷落，发展成今日的南阳盆地。伏牛—大别弧从力学性质上分析兼具压扭性。

分布于豫南的大别山、桐柏山区，位于伏牛—大别弧形构造带和新华夏系反接复合部位，受新华夏构造运动影响，桐柏、大别山位于较强烈上升区，北东向、近东西向两组断裂构成该区的主体构造骨架，切割成菱形断块。

该区植被覆盖率较高，基岩风化强烈，山高坡陡，在自然和人类工程活动条件下，降水沿岩石裂隙渗透，易出现滑坡灾害。滑坡是豫南山地最主要的地质灾害灾种，分布广泛，岩性以第四系黄色黏土或黏性残坡积物为主，部分滑坡体为强风化、弱风化的基岩。土质滑坡一般规模较小、点数多、空间分布分散，基岩滑坡规模不等，自小型至大型均有分布。区内滑坡存在突发性强的特点，并且滑坡点多位于居民点附近。区内多数有影响的地质灾害事件，多为滑坡造成。

豫南山地滑坡是豫南山区的主要地质灾害灾种之一。滑坡主要有土质滑坡和岩质滑坡，并且分布极不均匀，较分散。区内土质滑坡平面形态不一，有半圆形、不规则形，剖面多呈凸形或凹形，滑体结构零乱，物质组成多为松散碎石土及粉质黏土，滑面呈线形，埋深1～5 m，土质滑坡主要位于山谷的边坡地带；基岩滑坡一般分布在松散覆盖层较薄或基岩出露地带，由风化花岗岩及石炭系砂岩、片岩、泥岩、粉砂岩、片麻岩等组成，且多为顺向斜坡。受降水入渗影响，岩层层面充水饱和，水压力增大，岩层层面之间的软弱夹层或岩层层面之间抗剪强度降低，下滑力增大，在前缘具备滑移空间时，滑坡极易发生。岩质滑坡发生的特点是速度快、预警时间短、滑移距离大，造成的危害性大。岩质滑坡的形态不定，往往根据所处的地形地貌特征及岩体风化程度的分布、主动下滑力的分配等而随机发生，滑坡形态不一。

（一）土质滑坡

滑坡规模小，影响范围小，但滑坡群范围大，影响范围大。区内单体滑坡规模绝大多数为小型，滑坡体积为0.01万～3.00万 m^3，大部分滑坡影响范围较小。土质滑坡主要由残坡积土层构成,在山区分布虽广泛,但厚度不大且不均匀,分布连续性较差。另外,山区居民多分散切坡建房,以至于单体滑坡的规模发育较小,其影响范围也多限于切坡点附近,危害程度相对较低。但是,在边坡带,当地层、岩性和地貌条件及切坡开挖方式相似时,往往产生群体式小滑坡群,其影响范围往往较大,威胁对象也较多。

如固始县段集乡桂岭村河沿滑坡群。河沿滑坡群位于段集乡桂岭村,滑坡群分布在宽110 m、长150 m的地段,滑体平均厚度为2.0 m,原始斜坡高度约为190 m,斜坡整体坡度为50°~60°,剖面形态为凹形坡。该滑坡群2004年8月14日发生,滑体岩性为棕黄褐色黏土坡积物,富含砾石,含量约30%,块度10~30 cm。滑坡的发生造成25间房屋、12亩耕地被毁,直接经济损失49.4万元。

(二)岩质滑坡

低山、丘陵区多数为花岗岩及石炭系砂岩、片岩、泥岩、粉砂岩、片麻岩等,节理、裂隙发育,风化严重,形成了厚度较大的风化岩层,在水、风化作用及其他外力作用影响下,易形成土状或泥状软弱层,或层面间充水减小了抗剪强度,形成了滑坡发生的地质环境条件。

如淅川县大石桥乡郭家渠村火星岗滑坡。该滑坡位于大石桥乡郭家渠村火星岗自然村,荆淅公路北侧,南邻丹江水库,属丘陵区,冲沟发育,植被稀疏。坡体岩性为白垩系上统高沟组泥岩、粉砂岩,呈互层状,单层厚0.2~1.0 m,层面产状175°∠25°,坡面坡向225°,坡度25°,层面产状与坡向坡度相近,为顺层坡,岩体垂直层面的节理裂隙较发育。该滑坡发生于2004年8月12日21时30分左右,滑坡体长254 m、宽200 m、厚1.0 m,滑坡体体积5万m^3左右,平面形态不规则,剖面形态呈直线状。滑坡后缘陡壁呈锯齿状,滑动距离5.5 m,为泥岩沿层面发生滑动。致使两户6间房屋被毁,1人死亡。据当地村民介绍,滑坡发生前1个月曾在滑坡后缘陡壁部位发现拉张裂缝,其走向与坡向垂直,宽0.5~2 cm,可见长度30 m左右。现在,坡面上仍有2条裂缝,坡下9户居民仍受滑坡威胁。

四、豫中西部黄土滑坡

河南省黄土分布区范围大、面积广、类型多,主要有黄土覆盖低山、黄土丘陵、黄土塬、黄土梁及黄土岗状平原等。其中,黄土覆盖丘陵区分布在卢氏—长水及崤山北麓等地,标高500~1 000 m,相对高差400~600 m,且沟谷发育,谷底常有基岩出露,水土流失严重;黄土丘陵主要分布在熊耳山东麓,密县、摩天岭等地,标高200~500 m,相对高差50~150 m,沟谷发育,地形起伏较大,水土流失严重;黄土塬主要分布在三门峡、灵宝、偃师等地,标高200~800 m,塬面平坦,四周冲沟发育,一般切割深度50 m左右,最深达120 m,沟头多呈"V"形,沟口多呈"U"形;黄土梁主要分布在洛阳北、渑池、洛河北岸等地,标高300~500 m,梁面平坦,侵蚀强烈,沟壁陡,多土柱、天生桥、落水洞等潜蚀地貌;黄土岗状平原主要分布在荥阳、郑州市区、新郑等地,标高120~200 m,相对高差10~30 m,地形起伏较大,岗凹相间,岗坡度小于20°,沟谷不发育,沟谷多呈"U"形。

豫中北西向构造带斜贯河南省中部,东北侧以封丘—商丘活动断裂为界,西南侧以三门峡—宜阳—鲁山—息县—固始一线为界。在山区除断裂、褶皱外,还有一系列北西向盆地。自晚第三纪以来,豫北、豫西、豫南等山地以抬升作用为主,隆起区相对上升500~

1 400 m,形成多级夷平面。根据抬升速度和活动强度,豫西山地为持续缓慢上升区,包括小秦岭及伏牛山等地。豫西黄土区由次级构造断陷盆地、槽地组成,为间歇性上升断陷盆地,晚近期,由于断裂强烈活动,使山地和盆地明显分异,山地缓慢上升,自晚第三纪初至中更新世初形成三级夷平面,而盆地自第四纪以来,则表现为间歇性上升,形成了黄土塬、黄土梁等地貌。黄土地貌受黄土工程地质性质的影响,黄土塬、黄土梁和黄土覆盖低山丘陵区,黄土均具有大孔隙、直立性、易受冲刷、易遭受潜蚀、垂直节理发育、具有湿陷性等特征。因长期水土流失,冲沟发育,往往是壁高坡陡。受流水地貌浸润影响,黄土中软弱夹层在降水渗透后充水软化,抗剪强度急剧降低,软弱面贯通后,易发生黄土滑坡或崩塌。

黄土分布地区,以崩塌地质灾害为主,但滑坡地质灾害在黄土分布区也较为常见,且滑坡多为小型规模。黄土分布区,黄土分布厚度往往较大,具有质地均一、结构松散、大孔隙、抗剪强度和抗风化能力较低和湿陷性等特性。同时,土体垂直节理发育,沟壑密集,切割强烈,在汛期极易产生滑坡,而且多为顺坡向型滑坡,滑动面一般为黄土分层层面;在中西部中低山黄土分布区地形陡峻、风化强烈的斜坡地带,由上覆黄土和下伏基岩组成的斜坡,由于大气降水沿黄土垂向节理入渗至基岩表层,形成潜水,潜水沿基岩表面顺坡向径流,使土岩结合部位土体软化,抗剪强度降低,易形成土状或泥状的软弱层,成为潜在的滑动带,在滑动面贯穿连通后,在重力作用下,上覆土体易形成滑坡。黄土滑坡形成中,一般会在坡顶产生弧形拉张裂缝,在两翼产生羽状剪切裂缝,但是,滑坡体往往呈不规则形态,其形成与软弱带、地下潜水径流渠道有关,个别黄土滑坡也呈舌状或圈椅状。

如荥阳市汜水镇西邢村曲村滑坡。该滑坡位于荥阳市汜水镇西邢村曲村,地处北部黄土丘陵区,坡脚海拔 153.0 m,微地貌特征为一陡边坡,紧邻居民住房。黄土陡坡原始坡高 30 m,住户前方有 1 条冲沟,沟长 800 m。该滑坡体长 30 m、宽 18 m、厚 14 m,坡度 50°,坡向 90°,体积为 0.756 万 m^3,规模属小型滑坡。坡体上部为荒地。滑坡平面形态为舌形,剖面形态呈凸形直线形。坡体为第四系上更新统(Q3)黄土状粉土,土体较为松散,孔隙、裂隙均较发育。2004 年 8 月,坡体后缘出现拉张裂缝,裂缝宽 10 ~ 20 cm,坡体上呈现出大量裂缝,呈现出阶梯状,裂缝宽 10 ~ 30 cm,坡体上树木歪斜,坡体前缘呈舌状。

该滑坡为降雨所致,同时存在人为切坡。2004 年 8 月,汜水镇由于连降暴雨,雨水沿节理及裂隙渗入坡体,使土体软弱夹层饱水软化,抗剪强度降低,滑体自重增加,在滑动面贯通后发生了滑坡灾害。此次滑坡共造成 1 人死亡、3 人受伤,并毁坏房屋 16 间。目前,该黄土滑坡稳定程度较差,对居民及住房仍存在较大威胁。

第四章 国内外滑坡灾害防治技术研究与进展

第一节 滑坡灾害空间预测研究现状

在过去的30年间,国内外多个学者开展了滑坡灾害空间危险性预测方面的研究。研究内容主要体现在两个方面:一是以滑坡灾害分布图和各因素图的叠加,定量、半定量化确定滑坡灾害敏感性指标,然后对各敏感性指标进行叠加计算与分析,分别用高敏感性指标和低敏感性指标代表灾害易发区和灾害不易发区;二是通过滑坡灾害影响因素与滑坡灾害关系的理论分析,采用打分或评级的方法赋予各因素以权重系数,再对各权重系数进行相关数学运算,从而得到滑坡灾害危险性区划的定量依据。

在开展滑坡危险性区划时,各国根据具体情况采用的评价指标不尽相同。美国滑坡专家进行危险性区划时主要采用与滑坡相关的地形因素和岩性因素以及滑坡分布现状,将滑坡危险性划分为5个等级进行评价。瑞士国家水文局1995年以政府行文规定,对全国的坡地进行危险性评价,其中对滑坡危险度提出特殊评价标准,采用评价指标主要为坡度和滑动速度,评价等级分为高、中、低三级。日本对地震区的滑坡危险性评价采用了地震震级、坡度、降雨量3项指标来划分地震区的滑坡危险度。

A. Sheko 认为区域性滑坡灾害预测应被理解为空间位置、时间以及运动方式的一种科学性预测,这种预测基于滑坡的分布规律以及滑坡的发展状况。Hansen 从地貌学的观点,提出了针对区域性的滑坡灾害区划分析的有关方法,认为灾害区划应考虑3个方面的因素:①确定灾害的类型,灾害程度不仅取决于滑坡自身的特点,而且取决于灾害危险区的社会状况;②分清自然滑坡灾害与人工诱发的滑坡灾害;③从评价的区域大小和地理位置、财政方面的许可性、能够投入的时间和人力、交通运输及设备进入研究区的可能性等方面,选择滑坡灾害的评价方法。Hansen 实际上已经提出了不仅要预测研究滑坡灾害的自然属性,而且要研究滑坡的后果(损失、伤亡等),即风险研究。Einstein 对滑坡灾害的危险性及风险评价进行了系统分析,提出了事件先验概率和后验概率的统计评价方法,从滑坡灾害图的角度提出了五个层次的滑坡灾害评价过程:滑坡灾害影响因素图、滑坡灾害现象分布图、危险性图、风险图、滑坡灾害管理图等。A. Ragozin研究了当前地质灾害及风险评价中的危险性、易损性和风险3个基本概念,提出考虑危险性预测目标有效期限在内的单个地质灾害危险性指标,可用其主要控制因素的概率乘积来表示。

20世纪80年代以来,在国内也相继开展了大量滑坡灾害空间危险性预测模型的研究。杨顺安、殷坤龙等基于对滑坡、崩塌灾害影响因素的统计分析,通过建立各影响因素的分级与分类,以及与滑坡灾害之间发生频率的关系曲线,然后进行综合分析评价,提出了滑坡灾害危险性评价的系统模型法；晏同珍系统地研究了滑坡灾害空间预测的理论问题，提出了滑坡灾害空间预测的理论基础在于滑坡发生的工程地质条件的类比，通过对我国西北、西南以及长江三峡地区的滑坡灾害综合研究，认为滑坡灾害的空间分布具有丛集性规律，并采用数学模型定量地研究了我国易滑岩组的特征，提出了易滑地层的概念；殷坤龙、晏同珍等就滑坡灾害和斜坡不稳定性空间预测与区划进行了深入系统的研究，先后提出了信息分析模型、多因素回归分析模型、聚类分析模型、判别分析模型等，通过在秦巴山区、三峡库区区域滑坡灾害预测的实例研究，探索了信息分析模型的理论基础，认为特定地区的滑坡影响因素不是简单地与单个因素有关，而更重要的是与多因素组合有关，从而提出了信息熵分析模型；张梁、张业成、殷坤龙、柳源等提出了基于历史地质灾害发生特点的危险性指标评价方法，对地质灾害采用其空间分布密度、活动频率或发生规模等指标，运用层次分析法建立危险性评价模型；乔建平认为在滑坡危险度区划中应将相关性很强的因素进行系统归类，他将之分为三类：①滑坡的主控因素类（包括地形、地层岩性、地质构造、切割密度等）；②滑坡的诱导因素类（包括降雨强度、人为破坏、地震强度、侵蚀强度等）；③滑坡的危害因素类（包括滑坡分布密度、发生时代、规模、受灾程度等），并给出了危险度评价中的主控因素、诱导因素和危害因素之间的关系。

滑坡灾害预测因子的选取从某种程度上说是预测成功的关键。不同预测层次、不同预测目的，预测指标的选取原则是不同的。近年来，国外一些学者开始定量地研究一些单个环境因子与区域滑坡的关系。如 Lumb 分析了不同类型坡积物及下伏岩性与自然滑坡的相关性；Ruxton 统计了风化层与滑坡的关系，得出风化对滑坡影响的重要性；Fourie 研究了降雨渗透与其引起的浅层崩塌的关系；Collison 对热带地区的植被与斜坡稳定性关系进行了研究，得出植被根系的生长，将使植被透水性增加，降低土壤强度；Evans 对高程和降雨量的关系进行了研究，得出降雨量与高程有一定的关系；Mark RK 利用 GIS 数据库中的 1 500 个滑坡研究了浅层滑坡频度与地形的关系，结果显示陡峭地形与滑坡具有良好的统计相关性；Brabb 以坡度为权重，计算了 2 000 多个滑坡与 12 个因子的百分比，最后确立了地质、土壤和坡度是影响滑坡稳定性的主要因素。这些成果为定量分析区域滑坡与环境因子的关系以及区域滑坡预测模型的建立提供了良好的研究基础。

在确定滑坡灾害空间预测因子方面，国内一些学者也开展了相关方面的研究。殷坤龙对重庆市崩塌、滑坡两类灾害的形成机制及相互关系进行了研究，通过不同类型的滑坡，分析其形成机理和诱发因素，在进行综合分析的基础上选择和筛选预测因子，可以做到有的放矢，选出对滑坡的发生影响大的指标，以排除某些指标对预测结果的干扰。谢全敏、朱瑞赓认为岩体边坡稳定性受多种因素影响，提出了岩体边坡稳定性灰色聚类空间预测方法，认为主因子的选择和确定是空间预测最关键的一环，提出了基于优势分析的主因子筛选方法。单新建、叶洪、李焯芬利用人工神经网络（AI）及地理信息系统（GIS）技术，在香港大屿山岛中部研究区，将多元空间信息分析与非线性理论相结合，建立了基于环境因子的区域滑坡非线性预测模型，最终确定研究区下伏岩性是决定滑坡稳定性的重要内在因素，坡度是决定因素，降雨量是触发因素，植被、侵蚀、地形、坡向是辅助因素，并据此采用 BP 人工神经网络对区域天然滑坡进行了危险性分区。

第二节　滑坡灾害风险评价研究

地质灾害风险评价是当前国际地质灾害研究领域的前沿课题,是全面分析地质灾害与人类关系、定量化评价地质灾害破坏效应的关键问题之一。

国外对滑坡风险的研究起步较早。20 世纪六七十年代开始,一些经济发达国家,如美国、法国、意大利、日本及苏联等,开展了大区域的滑坡灾害规律研究,认为滑坡灾害的减少必须与国土开发规划结合在一起考虑,其滑坡灾害预测研究对策取得了一定的成效。从 20 世纪 90 年代开始,围绕国际减灾十年计划行动,北美及欧洲许多国家在原滑坡稳定性分区研究的基础上开展了斜坡稳定性与土地使用关系的风险评价研究,把原来单纯的滑坡稳定性研究拓展到了综合减灾效益研究。在美国、加拿大、澳大利亚、意大利等国已进行了不少滑坡风险相关方面的研究,对滑坡灾害风险理论进行了风险定义、识别分类等方面的研究,对滑坡灾害风险的评估、风险图的编制、GIS 及遥感技术的应用等方面都进行了探索性研究。

我国的香港地区针对滑坡地质灾害,也进行了基于风险边坡控制管理和环境控制方面的系统研究,对防止和减少滑坡灾害的损失起到了很重要的作用。

相对而言,国内这方面的研究起步较晚,研究尚不系统。20 世纪 80 年代以后,我国的滑坡灾害研究开始突破传统的研究模式,研究水平得到了不断提高,研究内容亦日益丰富,开始向新的独立学科发展。马宗晋提出了用灾度表示自然灾害破坏损失规模的观点;高庆华提出了建立自然灾害评估系统的总体构想;张梁、张业成等对地质灾害属性特征、风险构成、易损性及其在灾害风险评价中的地位进行了研究;黄润秋等对在综合地学信息系统上进行滑坡灾害风险评价和风险管理作了初步的探讨;刘玉恒等建立了土坝滑坡灾害风险计算模型,采用蒙塔卡洛法计算了某水库土坝滑坡风险;殷坤龙等研究开发了基于 GIS 区域滑坡灾害风险分析系统,对全国范围及陕西秦巴山区旬阳地区的滑坡灾害进行了危险性分析、易损性分析和最终的风险评价;汪敏等用滑坡灾害分析理论建立了香港和重庆两地的滑坡灾害风险评价系统;谢全敏以可靠性理论为基础,运用模糊数学理论对滑坡灾害风险评价及其治理决策理论方法进行了研究。

由于滑坡灾害受控于多种不确定因素,如滑坡诱发因素、滑坡影响范围、滑坡过程的时间性、多种灾害同时发生的相互影响关系、破坏程度等,因此风险分析方法特别适用于滑坡问题,滑坡灾害的风险评价也就显得非常重要和迫切。目前的滑坡灾害风险研究还存在许多需要解决的问题,如:

(1)用于滑坡灾害评级的定义和术语很不规范,以至于难以让公众甚至专业人员得到一致的理解;

(2)现有的滑坡灾害风险评价指标体系不够完整;

(3)对工程滑坡灾害风险评价的研究还未涉及;

(4)滑坡灾害可接受风险水平研究的程度不够深入;

(5)无论是滑坡灾害的危险性评价模型,还是滑坡灾害易损性评价模型以及滑坡灾害破坏损失评价模型,其理论方法都还有待于不断的完善和发展;

(6)滑坡灾害风险管理及风险决策的研究较为薄弱,实用性差,难以为决策部门制定相应的政策和法规及为减灾服务等。

总之,在滑坡灾害风险评价这一领域的研究还远不成熟,滑坡灾害风险评价理论方法还没建立起来,国内在这一领域的研究存在薄弱环节。

第三节　滑坡监测技术研究

在理论分析和实验室研究工作中,国内外已应用了多种方法,如三重蠕变曲线图形分析方法、半对数曲线法和变形速度倒数法进行滑坡时间预测,测量地表破坏声响反射方法监测地表、地下水运动,这些方法都是离线式和非实时性的。在实地监测工作中,滑坡监测方法可以分为简易观测法、设站观测法、仪表观测法和远程观测法等。

上述滑坡监测方法和仪器在实际应用中已十分成熟,但普遍存在的问题是数据的采集需要人工定期到现场进行,使得滑坡监测缺乏实时性。在很多情况下,不稳定边坡处于边远地区,人员很难到达,尤其是在滑坡的临滑阶段,人员到现场实地监测可能会存在较大危险。相比之下,基于光纤传感的滑坡监测系统可以让观测人员远离滑坡危害区,该监测方法具有突出的优势。

与传统传感器相比,光纤传感器有许多优点,如质量轻、体积小、耐腐蚀、抗电磁干扰能力强、灵敏度高、分辨率高、维护费用低、传输频带较宽,可进行大容量信息的实时测量,使大型结构的监控监测成为可能。分布或者准分布式测量能够用一根光纤测量结构上空间多点或者无限多自由度的参数分布,是传感技术的新发展。

国际上将光纤传感器用于大型工程结构的监测时间不长,目前正处于从萌芽到发展的过渡期。1989 年,Mendez 等首先提出了把光纤传感器用于混凝土结构的检测。之后,日本、美国、德国等许多国家的研究人员先后对光纤传感系统在土木工程中的应用进行了研究。日本、美国、瑞士的光纤传感器在土木工程中的应用领域相对较广泛,已经从混凝土的浇筑过程扩展到桩柱、地基、桥梁、大坝、隧道、大楼、地震和山体滑坡等复杂系统的测量或监测。

国内在光纤传感器的应用方面还刚刚起步,大多数还处在实验室研究阶段。但各科研部门如火如荼的研究显示了光纤传感器的强大生命力和美好的应用前景。

一、传感型传感器

传感型传感器是利用光纤本身的敏感特性,使被测物理量转换为光纤特性参数的变化量,即用被测物理量来调制光纤的光传输性质,光纤中传输光波的这些光参数变化传到光探测器,从而测定被测物理量。由于这种传感器可以在整个连续光纤的长度上以距离的连续函数的形式传感被测参数随光纤长度方向的变化,因此可形成分布式光纤传感器。

光时域反射(Optical Time Domain Reflection,简称 OTDR)计是 1977 年 Barnoski 博士发明的。光时域反射是用于检验光纤损耗特性、检测光纤故障的一种有利手段。由于光纤中存在折射率的微观不均匀性,射入一束光脉冲会产生瑞利(Rayleigh)散射。

在 t 时刻测量到的是离光纤入射端距离为 l 处局域的背向瑞利散射光,入射光从入射经背向散射返回到光纤入射端所需的时间为 t,激光脉冲所走的路程为 $2l$,$2l = vt$,v 为光在光纤中传播的速度;$v = c/n$,c 为真空中的光速,n 为光纤的折射率,因而有公式:

$$l = \frac{ct}{2n}$$

光纤中各点的散射回波叠加在一起,形成的是一指数包络曲线。

因此,利用 OTDR 技术,可以实现对光纤各测量点的空间定位。

光纤的 OTDR 技术,可以实时进行分布式温度测量,监测水工建筑物基础的渗流,监测水工建筑物或基础中发生的非连续性的剪切变形,监测应力、应变等其他物理量。

日本电报电话公共公司的 Kihara M,Hiramatsu K 和 Shima M 等将光纤敷设在日本高知的 Niyodo 河和鹿儿岛的 Sendai 河的河堤中,用偏振光时域反射(BOTDR)来监测河堤的塌陷位移情况,取得了良好的效果。

欧洲有公司采用分布式光纤传感器,利用基站与测量站之间的距离变化来测量 20 km 以内的山体滑坡或者地面运动。

土耳其 Birecik 坝的坝结构体中埋入了一段 155 m 长的光缆,用于测量混凝土温度分布。光缆敷设在重力坝的底部主廊道附近的 4A 坝块的 3 个带,由于采用了分布式光纤测温技术,获得了穿过整个坝块的连续温度数据,从而可以获得对混凝土温度的真实分布及变化曲线的认识。通过光纤温度测值与靠近光纤安装的几个传统温度计测值相比较,更证实了光纤系统的精度。

三峡大学的蔡德所、何薪基、李俊美研究了基于微弯机制强度调制光时域反射(OTDR)技术的分布式光纤传感,并在室内进行了光纤模拟边坡滑移状态下的试验。试验方案已在隔河岩电厂内的高陡边坡监测中得到了实施,而且在较困难的作业环境下成功地进行了埋设,为推广应用及技术改进提供了经验。

中国地质科学院探矿工艺研究所的周策、陈文俊、汤国起提出了一种用弹膜片和微弯调制机构进行压力传感方案,用 OTDR 技术进行分布式压力测量。使用单膜光纤微弯压力传感原理及对岩体推力进行系统监测,对灵敏度和空间分辨率进行了分析、标定,并进行了野外试验。

电子科技大学光电信息学院的代志勇、袁勇、刘永智研制了一种基于光纤应力传感的山体滑坡预警监测系统,应力测量范围 0 ~ 15 MPa,空间分辨率 2 m,用于测量距离 1 km 的山体滑坡,并通过试验验证了监测方法的可行性。

二、传光型传感器

在传光型传感器中,光纤仅起到传输光波的作用,传感器的光传输参数受待测量体的影响,从而将待测量体的变化反映到传输的光波参数变化,探测经光纤传播回的光波,可得到待测量体的情况。在此我们以土木工程中实用的光纤法珀传感器为例来进行说明。

光纤法珀传感器基于白光多光束干涉的原理,将两根光纤的端面加工为镜面反射面,使它们严格平行同轴,形成一个长度为 l 的空气间隙,并用一个密封套管保护和定位,两镜面之间的距离称为共振腔长度,简称腔长。光纤传感器将被测物理量线性地转换成腔长变化,只要精确地测出变化的腔长,就可得被测的物理量。经过适当的转换技术,这类光纤传感器可以监测温度、压力、应力、应变、位移等物理量。

长江科学院大坝安全监测研究所已经成功地将基于 Fabry-Pérot 干涉仪(FPI)的光纤渗压计应用于长江堤防的渗压监测,取得了较好的效果,其实测值与差阻式渗压计实测值具有良好的一致性。此外,他们还对分布式光纤传感器应用于长江堤防的集中渗漏监测方面的理论和方法进行了研究。

总体来看,光纤传感器的研究与应用,美国和日本处于领先地位,欧洲紧随其后。美国偏重于军事应用,主要是应变光纤传感器和抗恶劣环境的特种光纤传感器,日本偏重于民用,而欧洲则在多个领域开展了广泛的光纤传感器的研究与应用。比较著名的一些光纤传感器设备公司有美国的 Blue Road Research,IFOS 公司等,日本的 Nec Izumi 公司、Hjtachi 公司和 Sunx 公司,欧洲的 Smanec,Osmos-group(York Sensors),Ominisens 公司等。

国内外的学者关于光纤智能安全监测系统的研究已经达成共识,光纤智能安全监测系统是非常有效的,具有广泛的应用前景。然而,到目前为止,已有的光纤智能安全监测系统还存在着以下严重不足:

(1)现有的光纤传感器系统都是针对特定结构特殊加工制造的,而且传感光纤往往同时对多种信号敏感,其中最难办的是温度与其待测量分量的准确分离,需要设置额外的温度补偿装置或采用单一敏感的调制解调技术。

(2)光纤传感器的优化布置方法还有待进一步研究,即如何在大型工程结构中以最少的光纤传感器数量来获取尽可能多的信息;同时,光纤传感器的封装埋入技术等具体问题也需要解决。

(3)测量信息处理系统由于要用到光谱外观技术,较为昂贵,急需开发实用的、价廉物美的方法。由于大型工程结构安全监测系统的重要性,测量要在一定的周期内进行,大量的信息存储和及时地从测量信号计算出涉及结构安全性能指标的参数是必须解决的问题。

我国最近重大基础设施工程项目事故频繁发生,更显示出运用光纤智能结构安全监测的迫切性和重要性。

第四节　滑坡灾害预警预报研究

自 20 世纪 80 年代末起,随着联合国国际减灾十年(INDR)计划的启动,包括滑坡在内的自然灾害引起了国际社会的空前重视,许多国际和区域性自然灾害合作研究计划相继实施,极大地推动了全球范围内包括降雨滑坡在内的自然灾害预测预报研究。1995 年,为提高全球对包括滑坡在内的各类自然灾害的早期预警能力和研究水平,在国际减灾十年行动中期国际减灾十年秘书处成立了包括地质灾害专家小组在内的 6 个专家工作小组。1998 年的《波茨坦宣言》中强调:早期预警应该是各国和全球 21 世纪减灾战略中的关键措施之一。1999 年联合国成立了国际减灾战略秘书处,该秘书处随后成立了跨国际组织的特别工作小组,2000 年该小组决定将推动灾害早期预警工作为工作时间表上的首要任务,并将着重致力于协调、促进和推广全球的早期预警实践,将早期预警作为减灾的主要对策之一。

目前,委内瑞拉、美国、日本、香港等多个国家和地区都已经开展了面向公众的区域性降雨滑坡实时预报,预报精度可以达到以小时衡量。这些国家或地区的共同特点是:拥有长期、比较完整的降雨资料,具有布置密度比较合理的降雨遥控监测网络和先进的数据传输系统,完成了详细的灾害调查和深入的灾害发育特征、灾害易发区或危险区分区研究评价。在这些国家和地区中,以美国和香港预警系统的发展过程最具有代表性。

在滑坡灾害预警方面,主要体现在将 GIS 技术应用于空间预测与时间理论的研究。从全世界范围来看,美国是世界上开展滑坡灾害预警最早的国家,先后于 1985 年、1992 年、1993 年、1997 年、2000 年在旧金山海湾地区、夏威夷州、加勒比海的波多黎各、俄勒冈州和弗吉尼亚州建立了滑坡实时预报系统。在理论上,主要致力于滑坡启动的临界降雨强度与降雨持续时间关系的研究,针对不同滑坡区对气候的敏感性程度不同,分别采用 Cannon-Elleon 模型和 Wieczoin 模型确定旧金山海湾地区一般敏感性滑坡区和非常敏感滑坡区滑坡启动的临界降雨判据。1985 年,美国地质调查局和美国国家气象服务中心联合建立了一套滑坡实时预报系统,该系统基于 1982 年 2 月 3 ~5 日在该地区发生的一次特大暴雨所引发的滑坡灾害数据,建立了滑坡与降雨强度和持续时间的临界关系曲线,该曲线作为后来滑坡实时预报的经验曲线。该系统于 1986 年 2 月 12 ~21 日在旧金山海湾地区的另一次特大暴雨灾害中应用于滑坡预报,并得到检验。目前,美国地调局研究人员已经或正在加勒比海其他国家,如委内瑞拉、萨尔瓦多、洪都拉斯等国建立滑坡灾害实时预报系统。

日本也是滑坡灾害多发的国家之一,已建立了灾害预警机制,针对 80% ~90% 的泥石流开展了预报工作。首先,日本的 6 000 多条泥石流沟都建立了档案库;其次,用卫星遥感监测天气变化,在地面、沟源、中部、沟口都安装了遥感雨量计,同计算机数据库相连,一旦降雨量达到某个临界点,遥感器就会自动发出警报,警报发出后,有关部门就会及时疏散人口,封锁道路,划定危险区,最终实现了灾害发生后最大限度地减少灾害损失的目的。

1984 年,印度尼西亚公共工程部设在日惹市的防砂技术中心为了收集水文资料和监测泥石流的发生,安装了雷达雨量计和雷达遥测装置系统,在 Merapi 山上进行降雨观测。预警信息通过无线电通知印度尼西亚自然灾害防治执行协调局,再由协调局以省长名义向下逐级传达,直至传达到村以及居民点的代表。

韩国于 1995 年开始引入滑坡预防系统,1998 年 CSMS(滑坡管理系统)正式贯彻实施,并建立了滑坡数据库。从 2002 年起,滑坡实时监测系统正式运行。滑坡实时监测系统主要运用光纤传感器、压力传感器、测斜仪和雨量计等对边坡进行实时监测。

乌兹别克斯坦目前已经在开展滑坡空间预测与时间预报研究。其中,空间预报主要依靠各种信息填图综合分析,划分易发区,考虑诱发因素,划分危险区;时间预报主要根据监测的滑坡体的蠕动速度,建立滑坡的位移时间模型,根据滑坡的性质确定其黏度系数和蠕变界限,从而进行滑坡时间预报。同时,乌兹别克斯坦在滑坡时间预报理论方面还开展了滑坡发生的周期性研究,根据气候因素(气温、降水)、太阳活动性(沃里夫数值)和斜坡充水条件(地下水水位和流量)来判断滑坡发育周期。

1984 年,我国香港启动了滑坡灾害预警系统。在危险性区划方面采用雷达图像解译小范围地质构造，从而确定滑坡发生的潜在区域。在降雨方面主要致力于滑坡与降雨之间统计方法的研究以及降雨入渗的水文地质模型研究。目前，正根据该地区火成岩、风化层高渗透性的特点，从研究滑坡规模与滑坡启动的临界降雨强度关系的角度不断修正该预警系统。1999 年，该地区利用自记雨量计组成监测网络，将资料定时传给管理部门，如果预测 24 h 降雨量达到 175 mm或 1 h 市区降雨量超过 75 mm，则认为达到滑坡预报发布值，即由政府发出通报。为了不断修正和完善滑坡预警系统，1984 年以后，香港政府加大了对降雨滑坡的研究力度，除每年进行降雨滑坡调查、出版降雨滑坡调查报告外，还特别加强从更深层次上对滑坡与降雨关系、降雨滑坡分布发育规律、降雨入渗的水文地质模型以及应用概率统计和其他数学方法的研究，以建立更精确的滑坡—降雨关系。根据 Pun 等的评定结果，香港土力工程处于 1999 年重新修正了滑坡预警系统的临界降雨强度。目前，更深入的滑坡—降雨关系研究仍在继续。

2001 年，我国台湾研发完成了泥石流防灾应变系统，并借助因特网发布。整个系统包括实时雨量数据与泥石流警戒基准值自动分析、泥石流观测示范站现场信息、泥石流潜势流调查资料和疏散路线规划等。

在内地，1999 年云南省各地国土资源管理部门与民政、气象、水利等部门，共同构建了省、地、县、乡、村五级地质灾害群测群防体系，对辖区内的地质灾害隐患点明确责任人，进行监测预警。2003 年，三峡库区建立了专业队伍与群测群防相结合的地质灾害监测体系，建成了库区监测预警系统。该监测预警工程分为三个子系统，分别为基于综合监测获取现场信息为核心的地质灾害监测系统、基于网络数据分析和管理为核心的地质灾害信息系统和基于地理信息系统减灾防灾决策支持为核心的预警系统。2003 年，山东省国土资源厅与省气象局联合开展了“山东省地质灾害气象等级预报”工作，于 2003 年 6 月投入正式运行。2001 ~ 2005 年期间，中国地质环境监测院开展了国土资源大调查地质灾害预警工程计划设立的“典型地区突发性地质灾害时空预警示范(试验区)建设”项目。该项目选择了四川雅安市雨城区作为西南地区地质灾害预警试验区，通过 2003 年 8 月25 ~ 26 日的典型降雨事件，反演模拟了试验区内确定时间段的地质灾害发生的“危险度”分布情况，共划分出 5 级危险区，结果精度达到 50%。

2003 ~ 2005 年期间，殷坤龙等在国内开展了基于 WEBGIS 的地质灾害实时预警预报研究。通过对浙江省地质灾害与降雨量、降雨历时、降雨强度等关系的研究，结合地质灾害的特点和空间预测结果，建立了适用于浙江省的突发性地质灾害预警预报等级的科学划分依据，开展了地质灾害预警预报模型的理论研究。研究结果经过在示范县的实际验证，表明模型具有较好的实用性和可靠性。

2003 年 4 月 7 日，中国国土资源部和中国气象局签订了《国土资源部和中国气象局关于联合开展地质灾害气象预报预警工作协议》。该协议提出气象预警的总体思路。根据斜坡岩(土)体的含水量必须达到某一极限时才可能在一次降雨过程中产生崩塌、滑坡和泥石流等地质灾害的基本规律，基于地质环境条件、气象因素和人类活动因素，将全国划分为 7 个大区 28 个预警区，根据全国地质灾害数据库资料制作了各预警区的预报预警判据图，根据检索到的研究资料建立了部分预警区的判据校正图。据此，在每天收到中国国家气象中心发来的全国降雨预报数据半小时内，对所预报的次日降雨过程是否诱发地质灾害、诱发灾害的空间范围和危害强度进行预报预警。

由于存在气象预报精度有待加强、雨量站点与地质灾害点之间的距离存在误差、地质环境—气象因素耦合机制的研究尚很薄弱以及人类活动方式、强度和斜坡破坏模式尚缺乏科学界定等因素,造成该研究的预警精度还有待提高。

从上述研究现状可以看出,尽管近年来在滑坡等灾害预警预报方面取得了长足的进展,但研究程度仅限于根据降雨情况预测灾害可能发生的区域,尚未和预报区域的风险评价及区划成果相结合,导致在制定减灾防灾预案时缺少针对性。因而,滑坡等灾害预警预报研究的发展趋势是滑坡等灾害预警预报同风险评价模型间的有机结合,从而建立起具有减灾防灾决策功能的时空预警预报系统。据此,管理部门可以制定相应的减灾防灾对策,部署实施减灾防灾措施,使减灾管理做到有的放矢。

第五节 滑坡治理技术研究

一、国外滑坡治理技术研究

国外开展滑坡防治措施研究的很多,如 Q. Zaruba 和 V. Mencl 介绍了欧洲百余个滑坡的防治实例,R. L . Schuster 和 R. J. Krized 针对美国 20 多年滑坡研究和实践编写了《滑坡分析与防治》一书,Nakamura Hiroyuki(1987)等研究了剧烈滑动中桩工程的使用,Nakamura Yoshimitsu(1992)等讨论了土工支挡工程的应用,申润植系统地介绍了日本滑坡防治工程的分类体系、单项工程和工程组合的注意事项及施工顺序等。

日本国土面积的75%都是山地丘陵,地质上属于环太平洋火山带,火山多,断层多而脆弱,容易发生岩坍或滑坡,因而是一个地质灾害非常严重的国家,每年由于滑坡造成的经济损失是相当惊人的。多年来,日本不惜花费大量人力、财力、物力,每年耗资几百亿日元用于滑坡的防治,因而收到了很好的效果。日本现已成为滑坡防治技术最先进的国家之一,以下重点对日本的滑坡防治技术进行介绍。

日本滑坡防治技术的发展大体经历了抑制工程—支撑工程—综合利用的过程。抑制工程采用钻、凿手段实施的有水平排水孔、集水井和排水隧道,支撑工程采用钻、凿手段实施的有防滑桩、深基础桩和锚杆等。

(一)抑制工程

1. 水平排水孔

水平排水孔是排除浅层地下水的一种方法。1949 年使用地质钻机进行水平钻进,钻孔遇丰富地下水后,发生涌水流出孔外,从而得到启发,尔后提出了水平排水钻进施工法。水平排水钻进施工法的出现曾给深层地下水的处理以启迪。尔后,又发展到边坡排水与集水井、排水隧道的综合利用,增大了集、排水能力。

(1)钻机水平排水孔施工法所用的钻机有利根钻探公司的 TOP 系列钻机和矿研工业公司的 FS 系列钻机等。

(2)排水管随着时间的推移,水平排水孔的排水能力逐渐下降乃至丧失。主要原因有:滤水管内沉积淤泥;水眼堵塞;滤水管外沉积淤泥,滤水管外地层变形,滤水管外地层的水路缩径、闭塞等。近年来,日本对排水管结构进行了研究。新开发的下述两种排水管改变了传统滤水管结构,其特点是强度高,功率大,不容易受地压作用变形,排水效果好。

①打入式排水管。排水管由锥形帽和细长管体构成。管体除中心孔外,在管壁内部还设有4个导水孔。管体外壁上有5个切口,分别与中心孔和导水孔连通。施工时,将一另外准备的刚性杆插到排水管的中心孔内,通过打击杆后端面直接将其打入地层。地层中的水经切口导入中心孔及导水孔,继而从排水管后端流出。

②塑料排水管。用塑料圆管按要求切割成不同宽度的扇形板块,另外制作硬塑肋骨结构件,通过高频熔焊或者黏结将各扇形板块固定在肋骨结构件上。各排水管间用接头连接。使用时,将塑料排水管插入钻孔内。地层中的水分附着到扇形板块表面后通过缝隙或者直接从缝隙进入管内,继而由管内排出。

为了提高传统的花管式滤水管的排水效果,日本还开发利用了高压水清除管内淤泥,恢复排水管功能的方法。

2. 集水井

集水井是排除深层地下水的一种方法。集水井的口径比较大,有的在5 m以上,井筒有环节式、半台式和拼装式。为了增大集水能力,有的集水井还采用水平钻进方法在下部井段的井壁上施工许多呈放射状的排水孔,地下水经排水孔汇流至集水井内。集水井多采用深基础施工法(由衬砌板自上而下拼装井筒,内部靠人力挖掘)或者大口径反循环施工法施工。

日本一公司最近开发出一种最新集水井施工方法,使用设备由钢导架和钢管组成,用4台千斤顶给钢管加压使之下沉,即使井深、土压大也能够施工,而且可以根据地层情况选择上接方式或者下接方式。

3. 排水隧道

对于斜坡而言,施工排水隧道用以降低地层含水率,其效果优于集水井,适用于规模较大的滑坡防治工程。排水隧道的施工方法与普通隧道施工法相同。为增大排水能力,多在隧道的顶板和壁上施工若干深度为几十米至100 m排水用的上向孔或竖孔,孔内下入滤水管。排水隧道的排水孔一般都使坑道钻机施工,也有使用凿岩台车的。

(二)支撑工程

1. 防滑桩

防滑桩的桩尖一般都嵌入基岩,利用其锚固力增大侧向抗力,抵抗上方岩(土)体的滑移作用力,达到防滑的目的。

日本的防滑桩从1957年开始使用钢筋混凝土预制桩。因为预制桩的强度低,当深度超过16 m时,施工困难,不易排渣等,随后向钢筋混凝土桩、预应力混凝土桩发展,1963年前后开始使用钢管桩。由于钢管桩的长度不受限制,滑动面较深时可以焊接加长,运输也方便,所需强度容易保证等,比混凝土桩有利得多,所以自1967年前后起,防滑桩几乎都采用钢管桩。

为了进一步增大钢管桩的抗剪和抗弯曲强度,有的在钢管内插入一H型钢,制成合成管,有的在钢管外面套一大径钢管形成双壁钢管桩。钢管桩的直径已从300~500 mm发展到2 000 mm以上。

防滑桩的直径、数量、间距依据滑坡范围的地质条件而定。普通的工程钻机(包括全套管钻机、反循环钻机、凿岩螺旋钻机、冲击钻机、冲击回转钻机等)都能施工防滑桩孔。1988年,日本研制成功嵌岩钢管桩施工专用钻机。该钻机为潜孔式,可钻进单轴抗压强度为200 MPa的硬岩,主要由切削刀头、反循环排渣管、减速器、切削马达、摆动油缸、摆动检测器、伸缩油缸、伸缩量检测器、回转马达、回转检测器和限制器等构成。切削刀头上螺旋形固定着12~18个硬质合金小钻头,通过圆转切削岩石。利用摆动油缸使切削头倾斜并自钢管下端向外扩张,钻进直径大于桩径的钻孔,钢管随后压入。

最近,防滑桩孔开始使用风动潜孔锤钻进。下面介绍采用压涂砂浆护壁的潜孔锤钻进法。采用风动潜孔锤钻进,利用做功后的空气排除钻渣。护壁方法有两种:一种是从孔口供给水泥浆或砂浆,靠钻头端部上返的空气将其压涂到孔壁上;另一种是从配置在钻杆下端的喷嘴向孔壁喷射泥浆或砂浆,利用自钻头端部上返的空气将其压涂到孔壁上。压涂的砂浆硬化后能够防止孔壁坍塌,当钻遇大裂隙等时,砂浆连续硬化后能够堵塞裂隙。利用压涂砂浆护壁的潜孔锤钻进法的优点如下:孔内无水,插入钢管并在其周围灌浆顺利可靠,不需要泥浆孔壁与钻杆之间保持一定的环状间隙,能够防止空气流速下降及漏失造成的损失,并有效地排渣;由于是干式钻孔,不会因泥浆浸入孔壁周围地层而诱发滑坡滑动的问题产生。该施工法在孔深20 m、孔径430~470 mm时,钻进软—中硬岩的效率约1 m/h,钻进硬岩的效率为0.7 m/h。

2. 深基础桩

在地质条件差的滑坡地带,使用钻机施工大口径防滑桩孔困难,而且不经济。在此背景下又出现了深基础桩,由于深基础桩的出现使大范围滑坡地带的支撑工程从钢管桩逐渐向深基础桩发展。深基础桩施工方法有两种:一种是在孔口安装简易钻塔,靠人力挖掘;另一种是使用专用设备,如蜗壳式抓斗或冲抓斗钻挖,利用波纹钢板与环框组合、衬砌板或者套管等护壁,该施工法的特点是能够根据承载地层性质人工扩底。

3. 锚杆

锚杆有岩石锚杆和土体锚杆之分(最近又统称为灌浆锚杆)。岩石锚杆主要用于滑坡防治和稳定水体滑坡,土体锚杆主要用于护岸、挡土墙、塔基等的锚固。在大范围滑坡防治工程中,多采用可以贯通厚沉积层的长锚杆。1980年,在奈良县大范围滑坡地带采用了长度为120 m的试验锚杆,是日本目前最长的锚杆。该锚杆孔采用潜孔锤钻进,钻孔倾角30°。滑坡防治的正式坡面一般都使用50 m左右的长锚杆。过去,施工锚杆孔多使用动力头钻机,也有使用台车的。为满足施工需要,日本除已研制出的某些锚杆孔专用钻机外,还在研制长锚杆孔、大直径锚杆孔使用的钻机。下面介绍几种新型钻机和锚杆。

1)SFT型钻机

该钻机是日本太洋技术开发公司与太洋贸易公司协作,专门为斜坡锚杆钻孔、排水钻孔、超前钻孔而研制的轻型钻机。该钻机由风动马达驱动,能够采用回转、冲击回转两种方式钻进。其特点是结构简单,质量轻(最大分解部件质量仅60 kg),锚固平台架设容易,移动方便,能够大幅度减少工程费用,缩短工期,钻机的技术性能为:

扭矩365.9 N · m;

转数10~20 r/min;

给进力 4 990 N;

起拔力 5 480 N;

行程 1 100 mm;

最大分解部件质量 60 kg;

油压装置质量 270 kg;

发动机输出功率 7 kW。

2)KCS 型锚杆与钻机

为防止永久性构筑物的倾覆、地下水所造成的上浮或滑坡等开发了 KCS 型锚杆。此种锚杆有能够扩径的粗锚杆体,抗拔力强,耐久性好。日本化学灌浆公司为此研制了 KCS 型系列钻机,可钻进各种地层,并具有扩底、洗孔的功能。

3)VSL 锚杆

VSL 锚杆施工法是瑞士的洛金格公司于 1958 年开发的多筋束预应力后张法锚杆施工方法。日本大成建设公司 1968 年引进该技术,用于滑坡支撑工程及防坍支护、斜坡稳定、地下洞室掘进及构造物稳定等。

4)SSL 型扩底锚杆和 SSR 型扩孔钻头

SSL 型锚杆是使用 SSR 型扩孔钻头扩底后,插入 OL 型杆体,提拉滑动后使锚杆体的弹卡自动打开扩径,再用填塞器和水泥乳浆等封闭基础部分,张紧后锚杆体被基岩支承,能够承受较大的拉力荷载。

SSL 为 Slide Self-Latched 的缩写,意为滑动后弹卡自动打开扩径。SSL 型锚杆施工容易,牢固可靠,入岩浅,工期短,工程费用低,与普通摩擦型锚杆相比是一种性能大为改善的岩石锚杆 。

SSR 型扩孔钻头是专为施工 SSL 型锚杆孔研制的,它利用端头钻头钻进导向孔,利用钻头后侧的扩孔切削翼扩孔,导向孔能够起到提高扩孔精度的作用。通过更换切削翼的合金片,能够钻进一定硬度的硬岩。

(三)滑坡防治工程施工实例

1. 防滑桩工程——大地滑坡

1951 年,鹿野川水库蓄水区山体发生滑坡,俗称“大地滑坡”,采取的对策是先施工水平排水孔、排水隧道和集水井,虽然滑体的滑移速度减漫,但没有根治。最后决定采用钢管桩,钢管桩直径为 450 mm,在钢管桩外再套一直径 490 mm的补强钢管,内部插入一 H 型钢,采用双排交错方式配置。

钢管桩施工于 1964 年 5 月顺利完成,迄今虽已经过 40 多年,但该地区未再发生滑坡。

2. 深基础桩工程

1985 年 7 月 26 日,长野市市区西北部发生大范围滑坡,滑坡量 350 万 m^3 以上,死亡 26 人,经济损失 10 亿日元以上。该处滑坡成功地利用深基础桩进行了治理,共施工 29 根桩,桩的规格为 51.0 m(直径)×31.5 ~60.5 m(高)。

3. 锚杆工程——森山滑坡

1979 年开工的高知县森山地区大渡水坝蓄水区滑坡稳定工程是日本目前规模最大

的一处锚杆工程。沿坡面共施工 10 排岩石锚杆。锚杆由 12 股直径为 12.7 mm的预应力钢绞线构成，平均长度 38.4 m，完全锚固于基岩。共施工锚杆 614 根，总长度 23 500 m。坡面还有 4 m×4 m 间隔的混凝土框格保护，该项工程共耗资 40 亿日元。

4. 不同施工方法的综合利用——岗山滑坡

1985 年 8 月冈山县发生宽约 400 m、长 350 m、面积 7.5 hm^2 的滑坡，滑坡体积约 155 万 m^3。滑坡造成公路毁坏、中断。经调查研究后决定采用水平排水孔、集水井和岩石锚杆治理。

在滑体上 11 处共施工 35 个排水孔，排水量从 34 L/min 下降到 4～5 L/min；施工集水井 4 口（直径为 3.5 m、深 21～27 m）。据施工，当年 7 月降雨时的观测，最大集水量 391 L/min，同上年相比，水位明显下降。

在坡面上分 8～10 排共施工 1 074 根岩石锚杆，锚杆由 12 股直径为 12.7 mm预应力钢绞线构成，最大长度 53 m。

由于集排水工程和锚固工程的施工，滑坡治理取得明显效果，滑坡基本上趋于稳定。

二、国内滑坡治理技术研究

在我国 20 世纪 50～60 年代，由于对滑坡产生的条件、作用因素、发生和运动机理以及滑坡的危害缺乏足够的认识，滑坡治理基本上属被动治理。常采用地表排水、削方减重、填土反压、建抗滑挡墙等。实践证明，采取这些措施仅能使滑坡处于暂时稳定状态，难以达到从根本上整治滑坡的目的。如 1981 年宝成线水害，造成已治理的 20 处滑坡复活，复活率达 30%。20 世纪 70 年代以来，各类系统的研究滑坡类型、分布、产生条件、作用因素及其发生和运动机理的成果相继问世，但在滑坡防治上，人们仍重视支挡构筑物的作用，强调以支挡为主，偏向于用支挡构筑物特别是抗滑桩来解决问题，而忽视了滑坡的形成条件、发生原因、破坏机理及几何边界条件。实践证明，不切合实际的支挡工程并不能根治滑坡。如意大利 Basilicata 地区的 Craco 滑坡将抗滑桩、挡墙等破坏。20 世纪 80 年代以来，地质专家和工程技术人员对滑坡治理的思路逐步向综合防治方面发展，采用支挡结合排水治理滑坡，效果显著。同时，引入了主动抗滑的预应力锚固技术，使滑坡抗滑从单纯的被动抗滑进入主动或主动与被动抗滑相结合的新阶段，为滑坡治理带来了新的抗滑方法和理念。进入 20 世纪 90 年代，这项技术得到了广泛应用，在此后的重大滑坡治理中，预应力锚固技术更是大显身手，所占的比重越来越大。

目前，在重大滑坡防治工程中主要采用的有预应力体系、抗滑桩墙体系、地表和地下排水体系、注浆改良体系、减载与反压体系等技术。

（一）预应力体系

预应力技术的引入，使滑坡防治工程由被动支护进入到主动支护阶段，充分发挥了滑坡体的潜能。锚索（杆）是最常用的预应力技术，在滑坡防治工程中，其作用的基本原理可表述为：

$$K = [(W\cos\alpha + T\sin\beta)\tan\varphi - c/L]/(W\sin\alpha - T\cos\beta)$$

式中　K——稳定系数；

W——滑坡体重量；

α——滑面倾角；

β——锚固角；

T——锚索张力；

φ——滑面内摩擦角；

c——滑面内聚力；

L——滑面长度。

从强度理论上分析，通过对滑坡体施加预应力，一方面增大了滑体的抗滑阻力（分子增大），另一方面减小了滑体的下滑力（分母减小）。从变形理论上分析，预应力锚索（杆）大大改变了滑坡体作为工程复合材料的性能，增加了整体刚度，充分发挥了滑体的自承能力，形成了具主动制约滑力的复合墙体。由于预应力的施加，迫使滑体内部应力重新分布，大大延长了变形体的塑性变形发展阶段，主动地控制了滑坡的变形破坏过程。

由于滑坡体结构的不同，应该选用相应的预应力锚索类型的施工工艺。对于滑体和滑床均为硬岩而滑带变形明显的情况，选用二次注浆或无黏结承压型锚索效果最佳。它在内锚端和外锚端形成两个明显的压应力区，并逐渐传递到滑体中，用强度破坏理论能很好地加以分析。根据试验结果，在内锚固段为硬岩时，用 M30 水泥砂浆灌注，孔径为 175 mm，长度为 6.0 m 时，完全可以承受 3 000 kN 级的拉拔力，而无需采用扩孔工艺。但是，目前在日本等国家大都推荐采用扩孔工艺的 SSL 承压型锚索（杆）。对于滑带为软弱土体时，可以采用一次注浆的摩擦型锚索，但是外锚端通常加设钢筋混凝土面板、格子梁或采用 PC 工法，摩擦型锚索承压圈接近外锚端，它的作用往往是由外到里，所以严格地说是一种承拉型锚索，更适用于变形破坏理论。在长江链子崖危岩体治理中，为了增强陡壁非常破碎的危岩体的完整性，进行了喷锚网处理，经过一年多的监测，未发现有明显的裂缝出现，一方面增加了表壁岩体的切向表面张力，另一方面亦增加了法向压力，抑制了危岩体的扩容破坏，对表层岩体的加固产生了极其良好的作用。

（二）抗滑桩墙体系

抗滑桩、挡墙是最为传统的滑坡防治工程措施，属于被动支护范畴。抗滑桩的作用具有明显分段性，它主要控制了位于其上部滑体的变形破坏过程，减轻了下部滑体的推力，从而提高整体稳定性，它更适用于推移式滑坡。在我国，抗滑桩的推力主要通过条块划分来计算确定传递系数。

我国抗滑桩的设计大多按抗弯构件（挠曲桩）进行，桩型以人工挖孔桩为主。当滑带软弱，滑体和滑床岩性较为完整坚硬时，可改用预应力锚固方案。在滑坡体厚度较大、弯矩较高的情况下，为了增强抗滑桩稳定性，现今大多采用了锚拉柱的结构形式，即在桩顶加设一排锚索（杆），但这种结构往往难以发挥预应力的增强法向应力的功能。

抗滑桩是我国滑坡灾害防治中的主要工程技术，但与国外相比，我国抗滑桩结构形式以便于人工开挖的方桩为主。日本目前大都采用钻孔灌注桩，或大口径（5 m 直径）的圆形抗滑桩，机械化施工水平很高。从工程实践上看，今后应该研究基于后张法的预应力抗滑桩，这种桩在复杂地基的施工中更为简便迅速，而且大大提高了抗滑桩的强度。

（三）地表和地下排水体系

运用地表和地下排水体系方法减少地表水入渗，并排除滑体内的水体，是增强滑坡稳定性的最为有效而且也是最为简便的手段。但是,水对滑坡体的作用较为复杂,可包括两个方面:①增加土质滑坡体的孔隙水压力,或增加岩质滑坡的静水压力和渗透压力;②地下水对滑带土的不良物理化学作用,以降低滑带的摩擦系数。目前,采用的排水方法对于解决前一问题作用较为明显。

位于长江左岸的湖北巴东黄蜡石滑坡的治理,主要采取了地表排水和地下排水相结合的措施。通过稳定性分析表明,当使地下水位降低0.2~0.4H(H为滑坡体厚度)时,基本上可使滑坡满足抗滑稳定要求。现今已完工了长达6 763 m的地表排水沟,近300 m的地下排水廊道工程,极大地增强了滑坡稳定性。重庆云阳鸡子扒滑坡也是采用地表排水为主体来提高滑坡稳定性的成功范例;在宝塔滑坡防治工程中,亦提出了地表排水为主、地下排水为辅的方案。由于滑坡体水文地质条件极为复杂,而现今的水文地质分析计算公式主要来自供水水文地质,因此用地下排水降低地下水位的措施往往由于数据不足和耗资巨大而较少采用。但是,在我国黄土地区,如宝鸡一带的滑坡,由于地下水往往来自黄土塬的远距离补给,滑坡体范围内的地表入渗反而较少,因此采用地下排水为主、地表排水等为辅的措施效果明显。宝鸡卧龙寺滑坡的治理就是以地下排水为主的例子。

(四)注浆改良体系

注浆改良体系是直接针对滑带特征,采用物理和化学的方法进行滑带物质置换和填充,从而提高其摩擦系数的技术。目前,在土质和结构松散的岩质滑坡治理中,进行了可喜的尝试。

在四川达成铁路金堂滑坡治理中,采用了旋喷桩加固滑带的方法。滑坡体积6.2万m^3,滑带厚约9 m。工程施工钻孔1 003个,进尺5 986 m,旋喷成桩1 003根,总长5 902 m。开挖检测表明,桩径达500~800 mm,与桩周土结合紧密,处理质量良好,单桩允许抗水平推力为195 kN,抗剪强度平均提高341 kPa,φ值平均达40°,为设计强度的2倍。在甘肃兰州皋兰山滑坡的治理中,其滑坡推力达1 147 t/延米,如此巨大的推力,难以用一般的方法进行治理,因此采用了旋喷桩进行滑带改良的方案。分析表明,当在滑坡体中下部施工约10 m宽的桩(水泥置换率2%)时,推力可降低到796.9 t/延米,当桩面积宽达15 m^2以上时,滑坡推力为0。与预应力锚固一样,注浆技术正成为对灾害地质体改良的先进手段。

(五)减载与反压体系

由于滑坡后缘滑带倾角常远大于前缘倾角,因此运用刷方方法清除滑坡后缘的滑体,可以明显地降低滑坡体的下滑力,同时在滑坡体前缘进行填方反压,可以明显增加滑坡体的阻滑力。在山区城镇建设中,由于后缘加载促使滑坡变形的实例逐渐增多,如万县豆芽棚滑坡、西川雅江车达宗滑坡等。乌江鸡冠岭崩塌体爆破工程是采用控制爆破技术对后缘危岩体进行爆破,避免约15万m^3危岩体大规模一次性加载于斜坡上的崩塌体上,从而导致整体入江带来更严重后果的实例。在1995年6月,湖北巴东二道沟滑坡的应急工程中,采用了在滑坡体前缘插入轻轨,堆填沙袋反压坡脚的方法,增加了滑体前缘的稳定性,降低了滑坡体的自然坡度,提高了整体稳定性,保住了位于滑坡体后缘的城建局宿舍大楼,也为抗滑桩工程的施工提供了场地。

三、我国近期在防治滑坡工程中采用的几种新方法

(1)把预应力锚索创新性地与抗滑桩相结合,形成新的抗滑结构预应力锚索抗滑桩,使桩—预应力锚索组成一个联合受力体系,用锚索拉力平衡滑坡推力,改变了悬臂桩的受力机制,使桩的弯矩大大减小,桩的埋置深度变浅,达到了结构受力合理、降低工程费用、缩短工期的目的。据资料介绍,与普通抗滑桩比,它可节省投资60%、混凝土70%、钢材80%,经济效益十分显著。

(2)开发与应用滑坡内部加固的新型灌浆法。如采用旋喷注浆和钢花管注浆加固滑动带土,通过水泥浆液与岩(土)体混合、速凝、早强,使滑体与滑面及滑床固结,改善滑动带土质特性,提高抗剪强度,从而达到稳定滑坡的目的。这种技术方法具有施工便捷、机械化程度高、劳动强度低等优点,与抗滑桩、墙被动支挡相比较,属于对滑坡的主动加固。

(3)开发与应用格构锚固工法,与预应力锚索、长大锚杆相结合的现浇混凝土格子梁锚固工法,PC格构锚固工法和QS框架工法都是近几年新开发的较重型的坡面支挡防护结构,可以提供较大的阻滑力。这些工法在近几年修建的公路边坡、滑坡的坡面治理中得到了广泛应用。

(4)开发与应用地下排水技术,垂直排水钻孔与深部水平排水廊洞相结合的排水方法近几年在大型滑坡治理中得到较广泛的应用。地下排水能大大降低孔隙水压力,增加有效正应力,从而提高抗滑力,故稳定滑坡的效果极佳。如湖北巴东的黄蜡石滑坡、南昆线八渡车站滑坡就采用了这种方法进行治理。

(5)预应力锚固技术经历20年的发展,取得了长足的进步,承载力越来越大,从数百千牛发展为8 000 kN,在李家峡电站高边坡治理中锚索承载力达到10 000 kN;预应力锚索最长达到75 m,防腐和可再拉张的锚索也进入实际应用。

下篇 工程实践

（以河南省新县向阳新村滑坡治理工程为例）

第五章 滑坡概况

第一节 自然地理与地质

新县位于河南省东南部，地处湖北、河南二省交界，东连商城县，西接罗山县和湖北省大悟县，南与湖北省麻城、红安两县相邻，北与光山县毗连。全县总面积1 612 km^2，辖17个乡镇202个行政村，人口34.8万人。新县地处大别山腹地，群山环抱，主峰黄毛尖海拔1 011 m。山间有谷地、盆地。

新县地理位置重要，素有"三省通衢"和"中原南门"之称。京九铁路南北向穿越县境，公路北达郑州、南通武汉、西接信阳、东连安徽，106国道、阿深高速公路纵贯全境，交通十分便利（见图5-1）。向阳新村滑坡位于新县县城西南部向阳路西段南侧100 m、窑洼山北坡坡麓地带（见图5-2）。

一、气象水文

（一）气象

滑坡所在地区属亚热带北部大陆性季风气候，其特点是四季分明，春季多风，降雨量一般；夏季炎热，暴雨集中，易发生洪水；秋季天高气爽，温降较慢；冬季较寒冷干燥，晴天多，降雨少。多年平均降水量1 277.5 mm，降雨量较充沛，夏季暴雨集中，多发生在7、8月份，每年6～8月份的降雨量占年降水量的40%以上。多年平均气温15.2 ℃，每年8月份出现最高气温，月平均气温31 ℃，极端最高气温42.5 ℃；1月份出现最低气温，月平均气温约0 ℃，极端最低气温－17.3 ℃。无霜期222 d。

（二）水文

新县境内属淮河和长江两大流域，流域面积1 574 km^2，河流89条。小潢河境内长50 km，发源于县城南部，呈近南北向流经新县，该河距滑坡东约1 km。

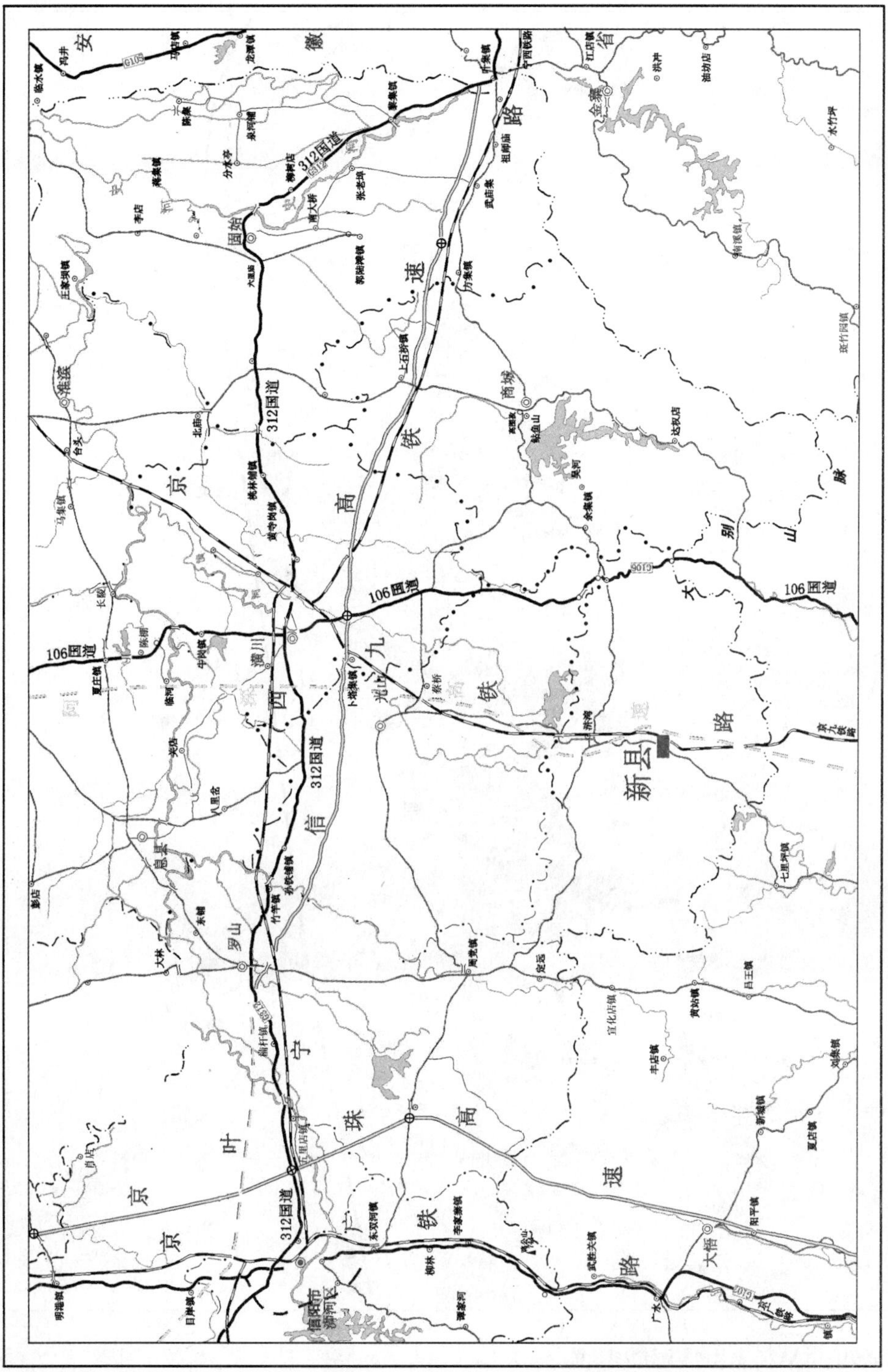

图 5-1　交通位置图

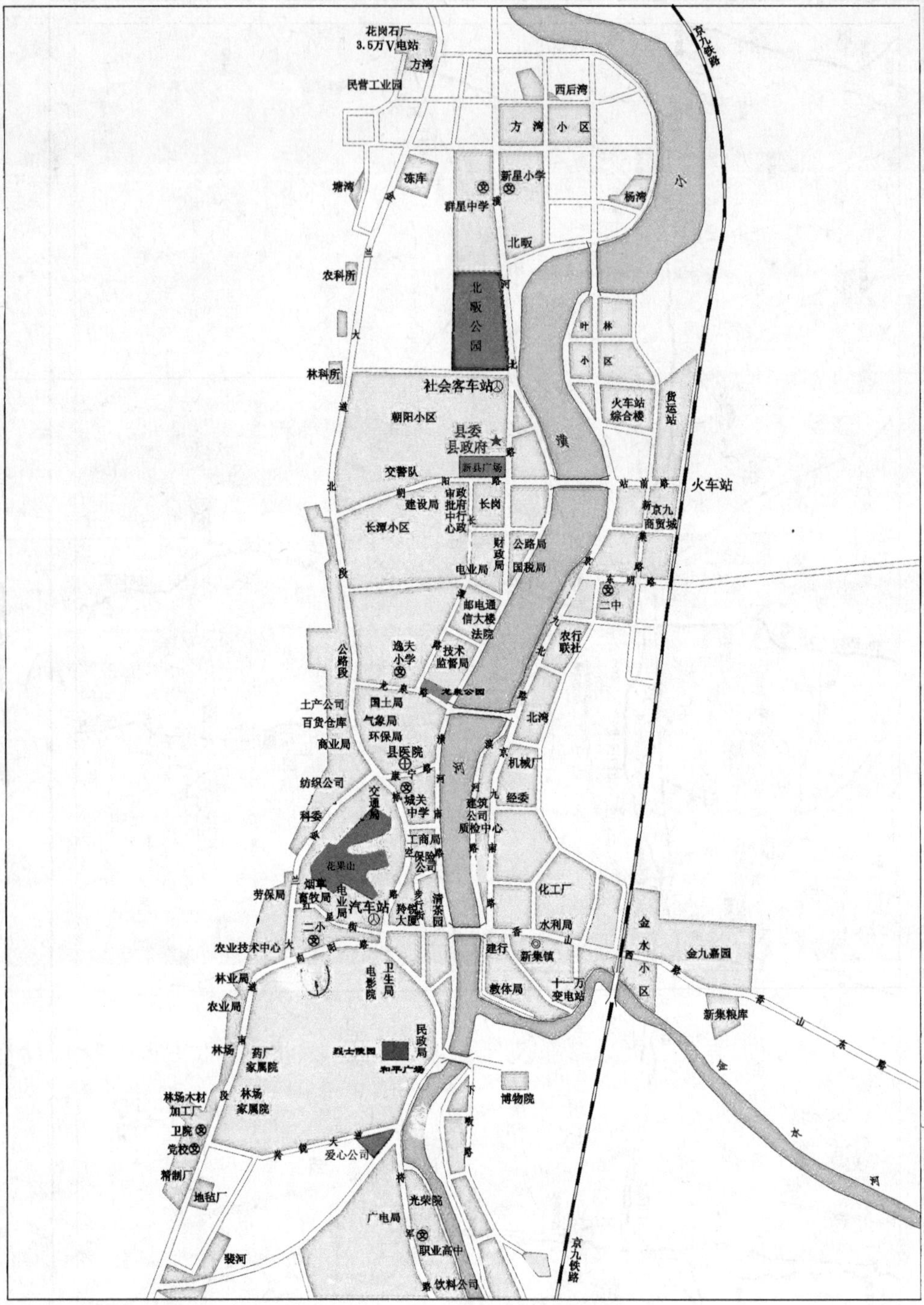

图例　新县向阳新村滑坡位置

图5-2　滑坡位置示意图

二、地形地貌

滑坡体位于新县县城西南部向阳路西段南侧、窑洼山北坡坡麓地带。窑洼山高235.0 m,北坡平均坡度25°~30°,相对高差128.0 m 。滑坡体底部平均标高107.0 m,后缘标高120.5 m,绝对高差13.5 m;山顶地形较平缓,山头浑圆呈馒头状,山坡植被较发育。滑坡体处在窑洼山北坡的前端。自滑坡体前缘至滑坡体后缘以上10 m左右的坡体上,分布有多级台阶,阶面多被开辟为菜地,主要为附近居民进行的简单种植;由滑坡体后缘10 m处向上至山顶部位,台阶较少,坡地主要呈缓坡形式,坡度为35°左右,局部地段的坡度较大,为45°~55°,局部地段坡度大于60°,并且基岩埋藏较浅,部分陡坎地带有出露。基岩的风化程度由坡下至山顶呈减弱趋势。

滑坡体主要由一层残坡积土覆盖,厚0.2~1.2 m,碎石含量较高。在陡坎处多为全风化的花岗岩出露,含大量石英、长石,黏性土含量较高。滑坡体上除附近居民种植的菜地外,多被树木、植被覆盖,植被覆盖率大于80%。

滑坡体前缘地形坡度40°~50°,局部约60°。前缘部位陡坎的坡度由东向西逐渐变大,在滑坡体前缘西侧的陡坎坡度大于60°。

滑坡体全貌和滑坡体侧视图见图5-3和图5-4。

图5-3 滑坡体全貌(镜头向南)

图5-4 滑坡体侧视图(镜头向正西)

三、区域地质

(一)地层

区域地层主要有早元古界、中元古界、古生界泥盆系、新生界第四系等。现自老至新简述如下。

1. 早元古界红安岩群(Pt_1h)

早元古界红安岩群广泛分布于新县的中部和南部地区。区域上角度不整合于大别杂岩之上。依岩石特征、变质变形特征和含矿性等,自下而上划分为卡房岩组、新县岩组和七角山岩组。

1)卡房岩组(Pt_1k)

卡房岩组岩性为白云钠长片麻岩、浅粒岩,夹白云钠长石英片岩、白云二长片麻岩和榴辉岩。在卡房穹窿的局部地段受混合岩化影响,形成混合片麻岩和稀疏眼球状、条带状混合岩,并以其顶部的浅粒岩与新县岩组分界。

2）新县岩组（Pt_1x）

新县岩组以白云斜长片麻岩、白云二长片麻岩为主，夹角闪钠长片麻岩、浅粒岩和石英云母片岩等。在田铺等地，以网脉状白云钠长片麻岩为主，夹大量的榴辉—榴闪岩透镜体，往北为白云二长混合片麻岩夹白云（黑云）斜长片麻岩和浅粒岩。

3）七角山岩组（Pt_1q）

区域上可分为两个岩性段，境内仅发育下段，上段缺失。

七角山岩组下段（Pt_1q_1）：岩性以白云钠长石英片岩为主，夹大量（绿帘）钠长阳起片岩和少量的白云石英片岩、浅粒岩。

2. 中元古界苏家河岩群（Pt_2sj）

中元古界苏家河岩群分布于新县北部与光山县的交界地带，较为发育，呈近东西向展布，角度不整合于红安岩群之上。其可分为浒湾岩组和定远岩组。

1）浒湾岩组（Pt_2h）

浒湾岩组下段（Pt_2h_1）：岩性主要为绿帘斜长角闪片麻岩、黑云斜长角闪片麻岩，其中夹白云斜长片麻岩、黑云（白云）斜长混合片麻岩和大理岩透镜体。向西白云石大理岩和大理岩透镜体逐渐增多。

浒湾岩组上段（Pt_2h_2）：下部为白云斜长片麻岩、黑云斜长混合片麻岩、眼球状黑云钾长混合片麻岩、夹斜长角闪片麻岩；上部为白云斜长片麻岩、斜长角闪片麻岩，夹较多的大理岩透镜体和薄层石英岩、磁铁石英岩、榴闪—榴辉岩。

2）定远岩组（Pt_2d）

定远岩组为一套广义的绿片岩系。下部为白云（黑云）钾长混合片麻岩、白云斜长混合片麻岩夹斜长角闪片麻岩；中部为（绿帘）斜长角闪片麻岩、黑云斜长混合片麻岩夹白云斜长片麻岩；上部主要为绢云钾长片岩、二长片岩、绿泥白云石英片岩及碎裂白云石英片岩，其次为碎裂绿泥、绿帘绢云斜长片岩，夹少量绿帘斜长角闪片岩等。

3）古生界泥盆系南湾岩组（Dn）

古生界泥盆系南湾岩组分布较为零星，呈近东西向分布于新县北部。与苏家河岩群呈断层接触。区域可分为上、中、下三个岩性段，境内仅出露上段。

南湾岩组上段（Dn_3）：岩性主要为绿帘白云（二云）石英片岩、白云石英片岩、绿泥白云石英片岩等。因受构造作用影响，矿物定向排列、压扁压碎、波状消光和动态重结晶作用较为明显。

4）新生界第四系全新统（Qh）

新生界第四系全新统主要分布于小潢河、吴陈河河床两岸及其支流中。在低丘、垄岗之间的低凹处也有分布。除少量的残坡积、坡积层、洪积层外，主要为冲积层。

冲积层下部主要为灰褐色含砂黏土、黄褐色黏土质细砂、浅黄色粉砂质亚黏土及含黏土的粉砂等，常组成河流的Ⅰ、Ⅱ级阶地。

冲积层上部主要由粗砂、中砂、砂砾石及少量的砂质黏土组成。

滑坡区出露地层主要为残坡积灰褐色黏性土。

（二）岩浆岩

新县在地史时期岩浆活动十分频繁。侵入岩种类比较齐全，超基性—基性—中性—

酸性岩均有分布,尤以酸性岩分布最为广泛,其中新县岩体和商城岩体规模最大。各岩体形成时代分别属中条期、扬子期和燕山期。

境内岩脉发育,种类较多,主要有花岗斑岩脉、花岗细晶岩脉、闪长玢岩脉、煌斑岩脉和石英岩脉等。其中酸性岩脉最为发育,多与燕山晚期岩浆活动有关。岩脉规模大小不一,长数十米至数百米,部分长达千米以上,多呈岩脉、岩墙产出。在新县花岗岩体周围,各类酸性岩脉广泛发育,大致呈放射状分布。

滑坡区主要为燕山晚期新县花岗岩体,岩性为灰白色、淡红色细粒二长花岗岩。

(三)构造

区域上地质构造发育见图5-5。

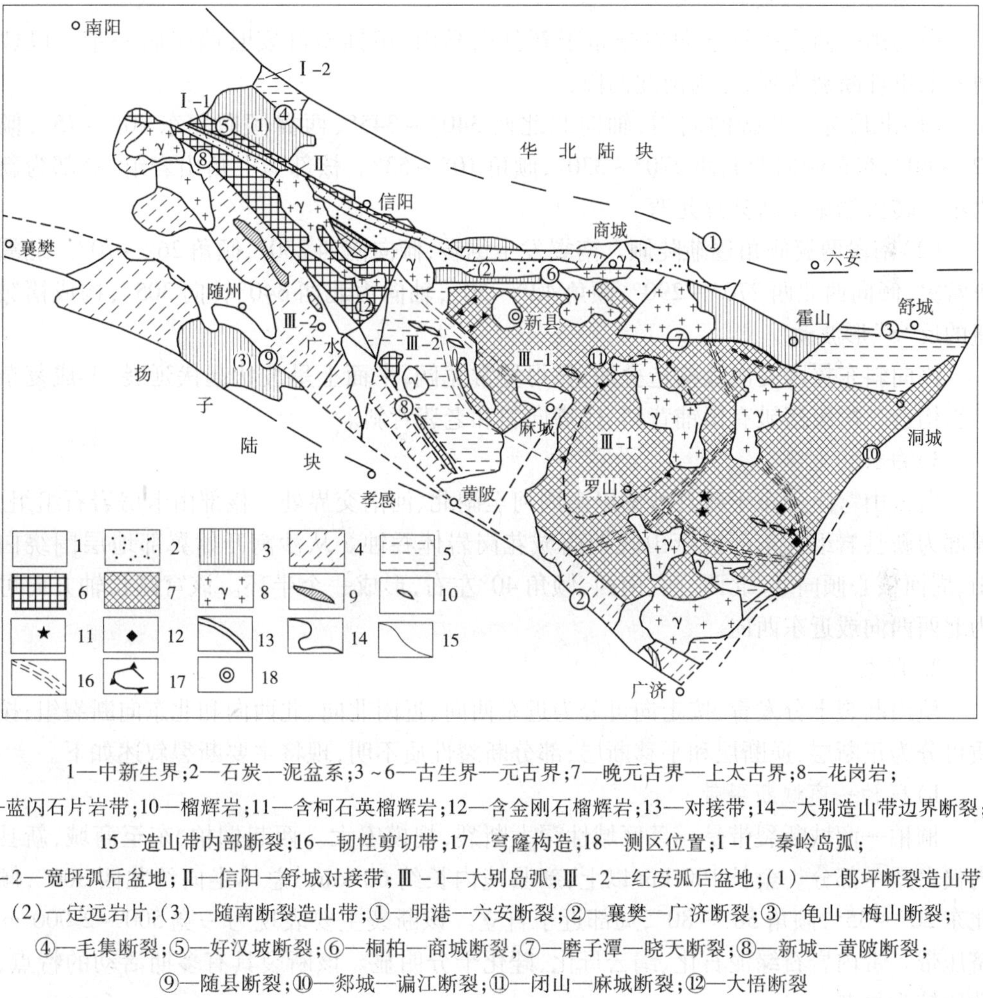

1—中新生界;2—石炭—泥盆系;3~6—古生界—元古界;7—晚元古界—上太古界;8—花岗岩;9—蓝闪石片岩带;10—榴辉岩;11—含柯石英榴辉岩;12—含金刚石榴辉岩;13—对接带;14—大别造山带边界断裂;15—造山带内部断裂;16—韧性剪切带;17—穹窿构造;18—测区位置;Ⅰ-1—秦岭岛弧;Ⅰ-2—宽坪弧后盆地;Ⅱ—信阳—舒城对接带;Ⅲ-1—大别岛弧;Ⅲ-2—红安弧后盆地;(1)—二郎坪断裂造山带;(2)—定远岩片;(3)—随南断裂造山带;①—明港—六安断裂;②—襄樊—广济断裂;③—龟山—梅山断裂;④—毛集断裂;⑤—好汉坡断裂;⑥—桐柏—商城断裂;⑦—磨子潭—晓天断裂;⑧—新城—黄陂断裂;⑨—随县断裂;⑩—郯城—诓江断裂;⑪—闭山—麻城断裂;⑫—大悟断裂

图5-5　区域地质构造图

1. 褶皱

1)天台山背斜

天台山背斜西起大悟县宣化店,经新县卡房至麻城县王福店。中间被黄站—四姑断层和郭家河—七里坪断层切断，分为三段：

(1)北西段为一倾伏背斜。褶皱轴向北西315°，向北西倾伏，倾角30°。南西翼倾向北西230°~270°，倾角37°~46°，北东翼倾向北东10°~28°，倾角40°。核部为七角山岩组下段，两翼为七角山岩组上段。

(2)中段为卡房穹窿。长轴走向北西324°，长20 km，短轴走向北东40°，长12 km。核部为卡房岩组下段，翼部为卡房岩组上段。穹窿呈缓圆锥状，翼部倾向北、西、南，倾角8°~30°，东部未圈闭，过渡为线性褶皱。

(3)南东段为一倒转背斜。轴向北西295°~324°，两翼倾向南西215°~257°，倾角22°~50°。

2)白马山—西张店复杂向斜

白马山—西张店复杂向斜分布于新县白马山、田铺至红安县西张店一带。以郭家河—七里坪断裂为界，分为南北两段：

(1)北段为一开阔的向斜，轴向北北西340°~345°，西翼倾向北东40°~75°，倾角12°~60°，东翼倾向西北西270°~330°，倾角10°~53°。核部为七角山岩组，翼部为新县岩组。转折端见于新县月儿弯。

(2)南段两翼倾角逐渐陡倾。南翼发生倒转，倾向南西250°，倾角26°~70°。北翼为正常翼，倾向西北西270°~290°，倾角42°~50°，轴向由北西340°转向305°，构成褶皱枢纽的反"S"形波动。

该向斜东翼因受次级构造叠加，显得异常宽阔，平面上呈波状起伏延展，形成复杂的向斜构造。次级褶皱有田铺背斜、代嘴向斜和老砦背斜。

3)白云山穹窿

白云山穹窿分布于新县沙窝以南周河至湖北、河南交界处。核部由卡房岩石组组成，翼部为新县岩组。东部被燕山晚期商城花岗岩体吞蚀。从沙窝开始翼部地层围绕白云山、周河核心倾向北、北西、西、南西，倾角40°左右，形成一个半环。该穹窿长轴方向可能为北西西向或近东西向。

2. 断裂

境内断裂十分发育，按走向可分为近东西向、近南北向、北西向和北东向断裂组；按性质可分为正断层、逆断层和平移断层，部分断裂性质不明，现将主要断裂叙述如下。

1)桐柏—商城断裂带

桐柏—商城断裂带是一条区域性深大断裂，规模宏大。西起桐柏，东至商城，新县境内仅出露一部分。全长100 km以上，新县境内长约60 km。总体走向约北西300°，倾向北东20°~35°，倾角50°~80°，局部近于直立。该断裂主要表现为一宽500~2 000 m的挤压带。带内岩石绿泥石化、绢云母化、硅化十分明显。该断裂具有多期活动的特点，其性质较为复杂。

2)小潢河断裂

小潢河断裂北起光山县闸上店，经新县，延入到红安县西张店，长40 km以上，走向近南北355°~360°，多倾向东，局部倾向西，倾角58°~76°。断面呈舒缓波状。断裂带主要由构造角砾岩组成，并发育绿泥石化和硅化。

四、新构造运动及地震

滑坡体区域地质构造上处在桐柏—大别造山系中段，构造单元为大别山杂岩变形带。小区域上位于大别山弧形盾地内侧构造带中部，基底为元古界变质岩系地层，经多期构造活动，特别是燕山期岩浆活动较频繁，将早期变质岩体切割得支离破碎，使该区大面积侵入花岗岩岩体。新构造运动主要表现为垂直方向上的上升运动，大别山区古陆持续隆起，沟谷下切，在冲沟两侧发育不对称阶地；山前倾斜平原发生广泛沉降，其早期具明显继承性，晚期则表现为振荡性沉降。进入全新世以来，该区仍处于南北向顺扭应力场中，地壳活动仍较活跃，淮河上游及南侧各大支流发育不对称河谷，并且历史地震记录也比较多。

自1925年以来，本区及附近地区3级以上地震有6次之多，主要集中在光山及商城一带。2000年3月，在距新县约200 km以外的湖北省发生一次5级左右的地震，波及新县，新县境内震感明显，有少数陈旧房屋开裂倒塌，无人员伤亡。

据《中国地震动参数区划图》(GB 18306—2001)，本区地震烈度为Ⅵ度区。

五、水文地质条件

滑坡治理区及其附近地段地下水类型主要为基岩风化裂隙、孔隙水，属于潜水。含水层主要为全风化—强风化的中粗粒花岗岩地层。由于全风化—强风化的中粗粒花岗岩地层中，碎粒间多被黏性土充填，渗透系数小，地下水径流速度极慢，因此降水入渗后，全风化—强风化的中粗粒花岗岩岩层使地下水富集，形成潜水。

地下水主要补给来源为大气降水渗入补给，其沿浅层风化岩孔隙裂隙和滑动带软弱界面动移赋存，地下水径流方向由南向北坡麓地带径流，在滑坡前沿风化粉质黏土层与花岗岩强风化层结合部，部分浅层地下水以小股泉或湿地形式排泄，人为开采地下水活动较弱，开采量小。

位于滑坡前缘西北角坡坎下有一民井，据访问，枯水期地下水水位埋深0.70 m左右，丰水期地下水溢出地表；滑坡体下游约30 m处有一眼大口井，枯水期水位埋深2.5～3.8 m，相应标高104.10～113.20 m，丰水期水位高至井口，水位变幅较大。2005年8月31日实测该井水位埋深0.95 m。

滑坡区地下水水化学类型为HCO_3^-－Ca·Mg·Na型水，矿化度为371.0 mg/L，pH值为7.4，水质良好。

六、工程地质条件

根据地层结构、岩(土)体工程地质性质，将滑坡区地层分为松散岩类工程地质岩组、半坚硬—坚硬岩类工程地质岩组。

(一)松散岩类工程地质岩组

松散岩类工程地质岩组主要为第四系残坡积物，由灰褐色黏性土、花岗岩全风化土及砂粒混合组成，结构松散，顶部孔隙及虫孔发育并含植物根系，固结性差，层厚0.2～1.2 m。

(二)半坚硬—坚硬岩类工程地质岩组

半坚硬—坚硬岩类工程地质岩组为褐黄色、灰白色、淡红色花岗岩，细粒花岗结构，块状构造，岩石坚硬，节理、裂隙较少，岩石单轴抗压强度平均值大于 10 MPa，工程地质性质良好。

第二节　滑坡特征

一、滑坡性质和规模

滑坡体位于窑洼山北坡前端，长 25.0 m，宽近 50 m，滑体中部最大厚度为 8.0 m，体积约 7 000 m^3，为小型浅层滑坡，见表 5-1。总体滑动方向为北北西向，属牵引式山体滑坡。根据危害对象等级划分(见表 5-2)，其危害等级为一级。

表 5-1　滑坡规模级别划分标准

级别	滑坡体积(万 m^3)	级别	滑体厚度(m)
巨型	>1 000	浅层滑坡	<10
大型	100 ~ 1 000	中层滑坡	10 ~ 25
中型	10 ~ 100	深层滑坡	>25
小型	<10		

表 5-2　危害对象等级划分

危害对象	危害等级		
	一级	二级	三级
城镇	威胁人数 >100 人，直接经济损失 >500 万元	威胁人数 10 ~ 100 人，直接经济损失 100 万 ~ 500 万元	威胁人数 <10 人，直接经济损失 <100 万元
交通干线	一、二级铁路，高速公路及省级以上公路	三级铁路，县级公路	铁路支线，乡村公路
大江大河	大型以上水库，重大水利水电工程	中型水库，省级重要水利水电工程	小型水库，县级水利水电工程
矿山	能源矿山，如煤电	非金属矿山，如建筑材料	金属矿山，稀有矿、稀土矿

滑坡区内地层较简单，除表层为松散残坡积土层外，下伏基岩主要为一套早白垩世早期的细粒—粗粒二云花岗岩。残坡积土厚 0.2 ~ 1.2 m，平均厚度 0.7 m 左右；其下伏花岗岩风化强烈，由上至下依次分布有全风化、强风化、中等风化、微风化中粗粒花岗岩，总体为土质滑坡。

斜坡地层结构是滑坡形成的主要地质因素，降雨、地下水及边坡下部人工建房也是造成边坡失稳的重要原因。

二、滑坡结构特征

滑坡体主要由上部残坡积土层和下部全风化—强风化的细粒—粗粒二云花岗岩体构成，向下依次为中等风化、弱风化花岗岩。强风化花岗岩地层最小厚度为3.8 m，最大厚度为8.3 m，中等风化花岗岩地层最小厚度为2.1 m，最大厚度大于8.0 m，滑动面呈弧形。

残坡积土层在滑坡体上分布相对较均匀，最大厚度为1.2 m，最小厚度为0.2 m，平均厚度为0.7 m。残坡积土层的分布厚度依地形而变，在较为平缓的台阶平地，厚度较大；在坡度较陡或台阶陡坎处，厚度较小。该层土呈灰褐色，组分由黏性土、花岗岩全风化土及砂粒混合组成，结构疏松到一般，表层植被发育，土层中含大量植物根系。

下部的全风化—强风化的细粒—粗粒二云花岗岩，呈褐黄色—灰白色—淡红色，原岩结构已破坏。上部风化后细粒花岗岩成分要多于粗粒，呈砂土状，经长期地表水渗透，孔隙间多被黏性土充填，向下颗粒渐变粗，颗粒间被黏性土充填，受上覆地层压密，密实度一般。该层整体上呈块状结构，厚层状产出，含较多风化黏性土，结构疏松到一般，最大厚度大于14.0 m。

滑坡体前缘受滑坡体下滑前移的挤压，在前缘平面台阶上接近滑坡陡坎前缘处剪出，剪出角度一般在10°左右，剪出部位在地表形态上呈鼓丘状，最高处达30 cm。

三、滑带特征

滑带位于风化的花岗岩体中，由强风化—中等风化地层的软弱层构成，滑动面大体上呈弧形。受地表降水入渗及地下水径流影响，强风化花岗岩体中抗剪强度大大降低，在滑体自重作用下，滑体在该层软弱带中发生剪切蠕滑，并逐步形成滑动带。

滑带土厚度一般为0.5～1.0 m，主要为黄褐色—肉红色，很湿到饱和，软塑，以黏性土为主，混杂少许花岗岩。滑动带土层与上覆、下伏的强风化花岗岩地层有明显不同，含水量大，黏性土含量高，结构松软。

四、滑坡发展演变史

2001年6～7月间，滑坡体开始出现蠕动变形现象，至2005年9月的4年多间，该滑坡体每年汛期都出现蠕动现象。2002年6月，蠕动变形开始加剧，在滑坡体前缘陡坎上部山坡出现大小裂缝12条，裂缝长、宽不等，不均匀地分布在滑坡体上（见图5-6～图5-9）；滑体前缘地面鼓胀，隆起部分高出地面20～30 cm。

2002年汛期，滑坡体前缘东部向前推移1 m多，将坡下居民的石砌院墙推倒，挤压其东部房屋山墙歪斜，屋内地坪有鼓起变形现象；同时，由于前缘隆起变形使陡坎坡度加大产生小型崩塌，将其中间平房南山墙的东部砸出一个宽1.5 m、高近2.0 m的大洞，东边与中间房屋变成危房（见图5-10～图5-13）。

2003年汛期，滑坡体前缘东部再次滑移，将东侧房屋外的厨房彻底冲毁，东边房屋进一步倾斜。

图 5-6　滑坡体东侧裂缝
（镜头向正西）

图 5-7　滑坡体中部拉张裂缝
（左西，镜头向下）

图 5-8　滑坡体中部东侧剪裂缝
（镜头向西南）

图 5-9　滑坡体后缘拉张裂缝
（镜头向东南）

图 5-10　滑坡体前缘东侧滑移挤推房屋
（镜头向西南）

图 5-11　滑坡体下东侧房屋被挤压变形

2004 年汛期，滑坡体前缘中部发生蠕滑，将其中间平房的西部又砸出一个宽 1 m、高近 2.0 m 的大洞，同时前缘的挤压变形使傅姓住户院中地坪隆起 30 cm。

2005 年勘查期间，滑坡体上分布醉汉林和多条裂缝，裂缝一般宽 10 ~ 30 cm，长 1.5 ~ 8.5 m，可视深度最大达 40 cm。滑坡体前缘隆起影响带内房屋严重开裂，房屋倾斜变形程度加剧，严重威胁住户的生命财产安全。

图 5-12　滑坡体下中间房屋南墙被砸毁

图 5-13　滑坡体下中间房屋被挤压变形

五、高边坡

高边坡位于滑坡体东部，与滑坡体相连，为一不稳定斜坡。

高边坡坡底为居民住房 7 间，标高 109.0 m，坡顶标高 124.0 m，绝对高差 15.0 m，宽 26.0 m，平均坡度 45°。坡上分布有 4 个台阶，台面上多为附近居民开辟的简易菜地。台阶高度为 1.5 ~ 5 m。陡坎坡度大于 65°，坡向正北。

与滑坡体相同，高边坡地层较简单，除表层为松散残坡积土层外，下伏基岩主要为一套早白垩世早期的细粒—粗粒二云花岗岩。残坡积土厚 0.2 ~ 1.0 m，平均厚 0.5 m 左右；其下伏花岗岩风化强烈，由上至下依次分布有全风化、强风化、中等风化、微风化细粒—粗粒白云花岗岩。

由于坡度较陡，表层残坡积物松散，出露的花岗岩体风化强烈，因此在汛期受降水因素的影响，近年来常发生岩（土）体崩塌现象，崩塌物主要为陡坡处风化花岗岩碎块。崩塌物将坡脚处居民砌的石堰掩埋、仓库砸毁，直接威胁坡下居民的生命财产安全。

第六章 滑坡勘查

第一节 勘查工作执行规范及技术标准

本次滑坡勘查为应急治理阶段的勘查，主要依据以下规范及技术标准：

(1)《滑坡防治工程勘查规范》(DZ/T 0218—2006)；

(2)《滑坡防治工程设计与施工技术规范》(DZ 0240—2004)；

(3)《岩土工程勘察规范》(GB 50021—2001)；

(4)《建筑边坡工程技术规范》(GB 50330—2002)；

(5)《建筑地基基础设计规范》(DB 23/902—2005)；

(6)《建筑抗震设计规范》(GB 50011—2001)；

(7)《土工试验方法标准》(GB/T 50123—1999)；

(8)《原状土取样技术标准》(JGJ 89—92)；

(9)《建筑工程地质钻探技术标准》(JGJ 87—92)；

(10)《地质灾害分类等级试行》(DZ 0238—2004)。

第二节 勘查方法及方案

在堪查时，采用了资料收集、地形测绘、地面调查和工程地质调绘、勘探(钻探、槽探、井探、岩(土)样采集)、圆锥动力触探试验、现场原位剪切试验、现场大容积重度试验及室内土工试验等多种手段相结合的方法。

一、资料收集

滑坡治理区曾先后进行了区域地质、矿产地质、水文地质、环境地质、地质灾害调查等工作，地质工作程度较高。本次勘查主要收集利用了以下有关地质资料：

(1)《中华人民共和国区域地质调查报告(1∶50 000 文殊寺幅)》，河南省地质矿产勘查开发局，2001 年。

该报告对新县的自然地理概况、南秦岭地层分区新县小区、岩浆岩活动性、区域变质岩及区域变质作用、区域构造活动等给予了详细的论述，是近期内完成的区域地质调查报告，为本次勘查工作中的区域地层、构造活动等提供了资料。

(2)《新县地质矿产图、开发利用现状图及勘查开发规划图说明书》，新县矿产资源管理局，1998 年 4 月。

该说明书对新县的地层、岩浆岩、地质构造、矿产资源及开发利用现状等给予了较为详尽的论述。

(3)《1∶50 000 新县幅地质图》,河南省地质矿产厅第三地质调查队编制,1998 年。

该地质图对新县境内的基岩分布特征、构造分布位置及断裂性质、基岩分布边界条件等进行了明确的分析判定,为本次工作提供了地质基础依据。

(4)《新县地质灾害调查与区划报告》,河南省地质环境监测院,2005 年。

该报告对新县地质灾害区域分布特征和危害进行了比较系统的调查,对地质灾害形成的地质环境条件、地质灾害类型、分布、发育特征和危害程度等进行了全面论述。

(5)《新县志》,新县人民政府,2004 年。

《新县志》对新县县情、地理位置、气象水文条件、历史沿革、特产资源、行政区划、经济发展概况等给予了详细的阐述,为本次工作提供了翔实的人文资料。

(6)《1∶50 万河南省工程地质图说明书》,(河南省地质矿产厅水文地质三队,1985 年 12 月。

该报告对区域内的岩土体类型和工程地质特性进行了较为详细的论述,为本次工作中的工程地质条件分析研究提供了参考。

(7)《1∶50 万河南省环境地质调查报告》,河南省地质环境监测总站,河南省第一工程地质勘察院,2001 年。

(8)《河南省地下水资源评价报告》,河南省地质环境监测总站,2002 年。

二、地形测绘

主要采取控制性测绘,即以滑坡体范围为主,对滑坡可能影响的周边地带及前缘可能威胁的区域进行地形图实测。实测地形图两幅,比例尺均为 1∶200,实测面积 0.085 km^2。

三、地面调查和工程地质调绘

对滑坡体及周边外围地带进行调绘,查明滑坡体及周边外围的地层岩性特征、构造特征,形成滑坡的地形地貌条件等;查明滑坡体的形态特征、地下水的分布特征,圈定滑坡周界,查明滑坡形成及诱发因素,并在实测地形图上标注滑坡体滑移变形特征:裂缝的位置、长度及伸展方向、地面隆起的位置及范围等;进行工程地质分区。

本次地质调查面积 1.0 km^2,工程地质测绘 0.05 km^2。

四、勘探

根据勘查任务要求,布置了 7 条勘探线、9 个钻孔、5 条探槽、9 个探井。

(一)钻探

钻探的目的是探明滑坡体下存在的软弱带分布位置、埋深、岩性组成、水位埋深、滑坡体边界、滑床特征,确定滑动面形态及滑坡体在各部位的厚度。

垂直和平行滑坡滑动方向布置 6 条勘探线,共设勘探孔 9 个,分别在滑坡体后缘布设 3 个,中部布设 3 个,前缘坡底布设 3 个。根据滑坡体长、宽度,确定勘探线间距为 915.5 m,勘探点间距为 6 ~ 7 m,孔深应以进入新鲜基岩 3 ~ 5 m 为准,初步设计孔深 15 ~ 25 m。其中,沿滑坡滑动方向布设的 3 条勘探线应近于滑动方向,并且 3 个勘探孔应在一条直线上。

应急勘查工程地质剖面图如图 6-1 所示。

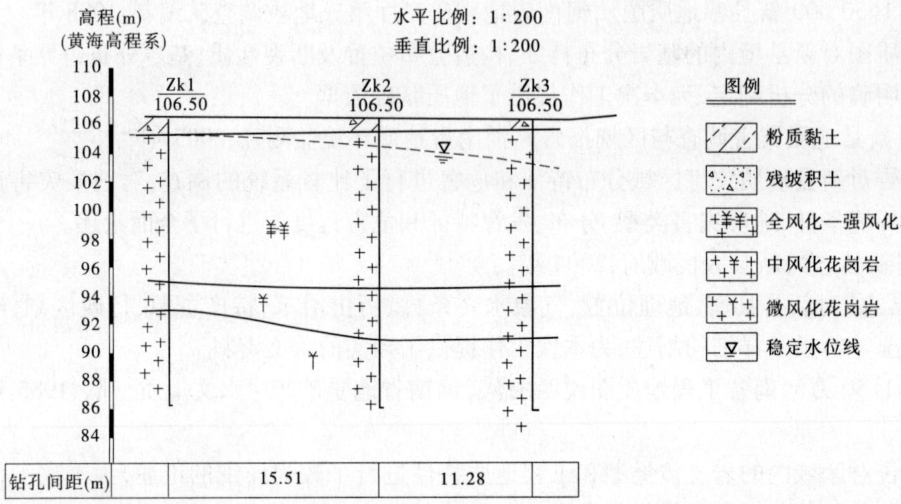

Ⅰ—Ⅰ′ 工程地质剖面图

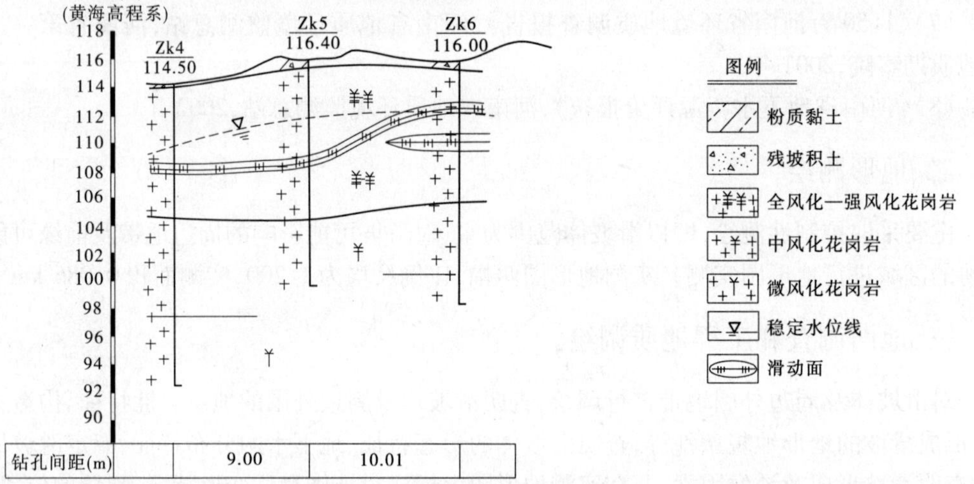

Ⅱ—Ⅱ′ 工程地质剖面图

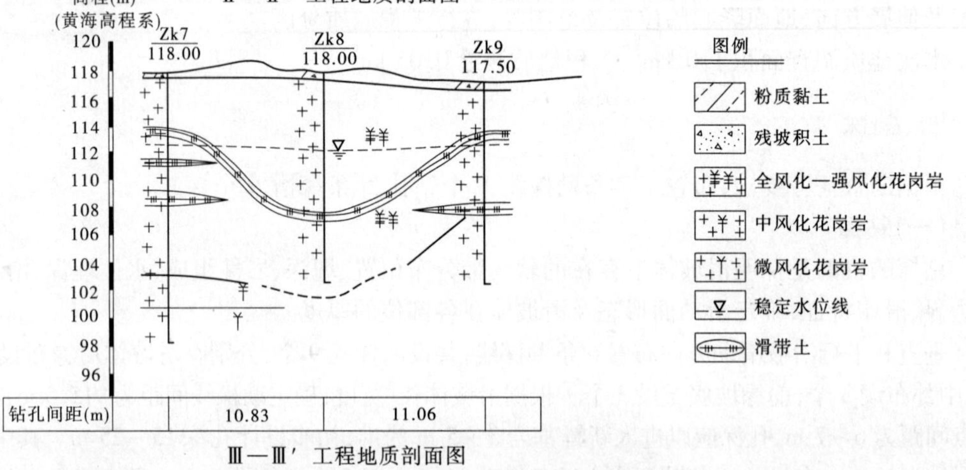

Ⅲ—Ⅲ′ 工程地质剖面图

图 6-1　滑坡体东部高边坡剖面图

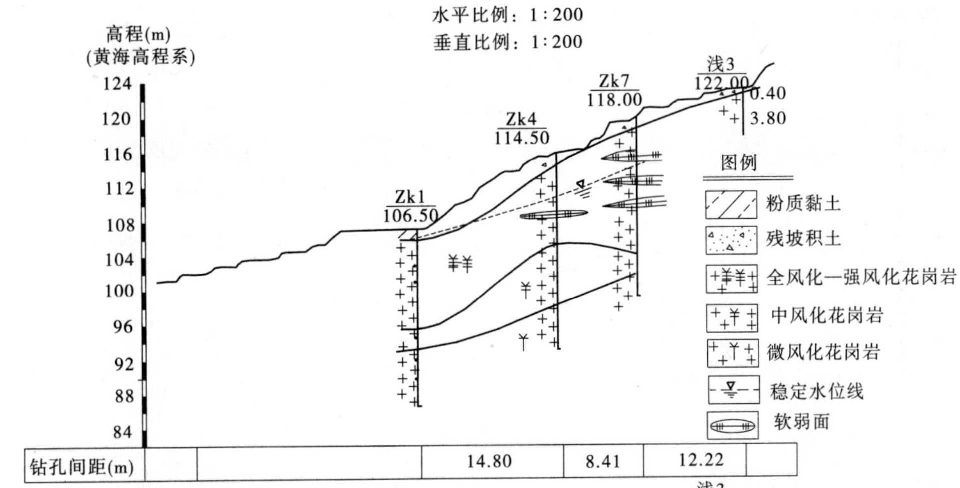

Ⅳ—Ⅳ′ 工程地质剖面图

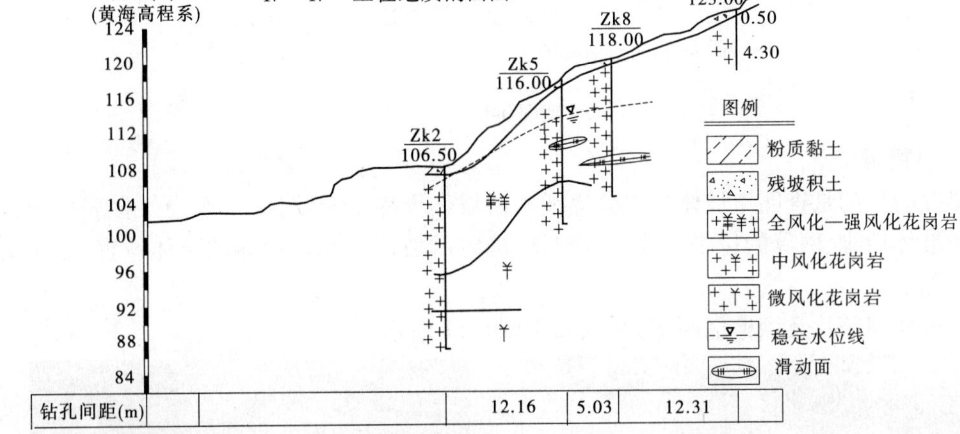

Ⅴ—Ⅴ′ 工程地质剖面图

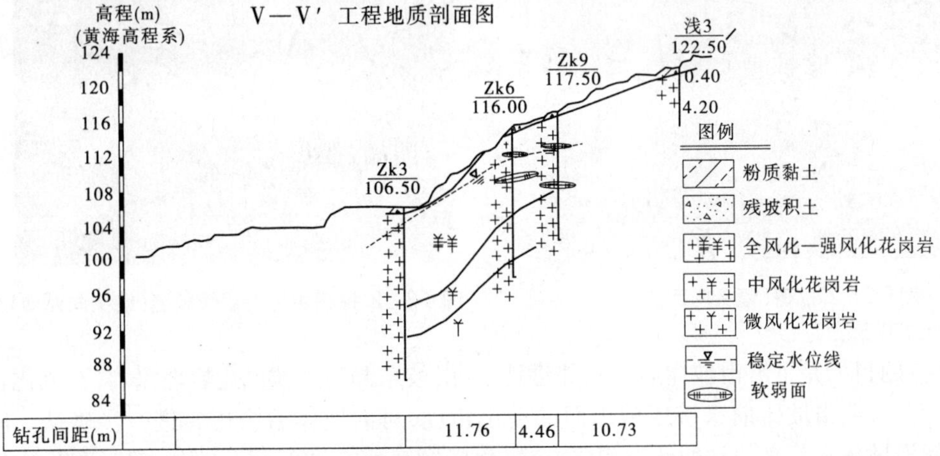

Ⅵ—Ⅵ′ 工程地质剖面图

续图 6-1

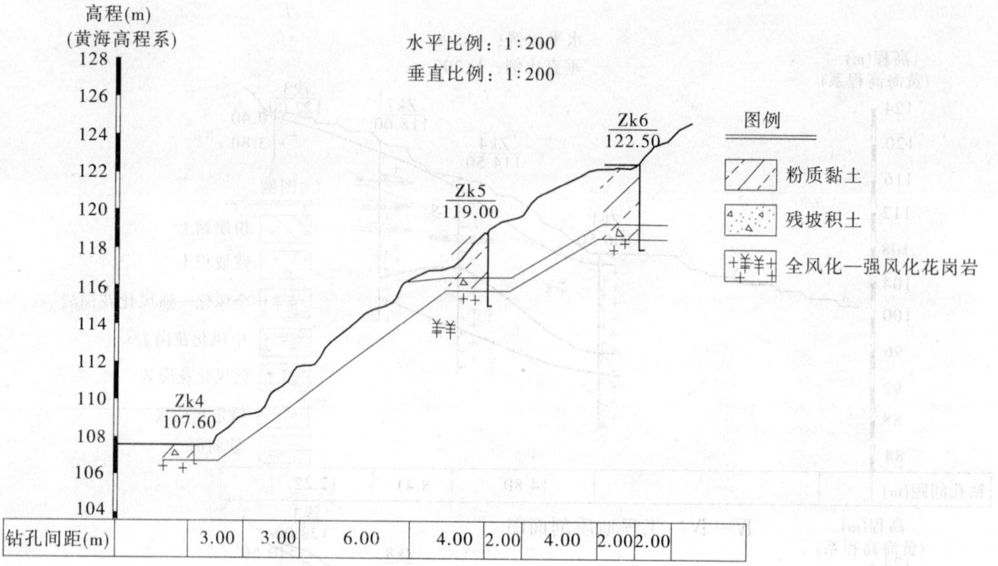

Ⅶ—Ⅶ′ 工程地质剖面图

续图 6-1

(二)槽探

槽探的目的是查明滑坡体岩土分界线和滑坡体周界分布特征,查明隐伏在表层土以下的滑坡体后缘、两翼的拉张裂缝及剪裂缝,确定滑坡体各部位边界的具体位置,圈定滑坡体范围。

勘查期间照片及探槽剖面图如图 6-2 ~ 图 6-11 所示。

图 6-2　2#探槽(镜头向西南)

图 6-3　2#探槽中挖出后缘裂缝(镜头向西南)

(三)井探

井探的目的是了解滑坡体后缘及邻近地段、滑坡东部高边坡风化岩埋深、岩石风化程度和厚度,查明滑坡体前缘挤压剪出面的剪出角度,对滑坡体后缘边界进一步确认。同时,了解滑坡体东部高边坡的残坡积层、全风化层厚度及在纵剖面上的分布特征,为边坡的治理设计提供依据。

在滑坡体后缘外共布置探井 3 个、滑坡体前缘布置探井 3 个、滑坡体东部高边坡布置探井 3 个。其中高边坡上所设探井位置要实测,探井深度以挖穿全风化地层进入强风化

图 6-4　3#探槽(镜头向南)

图 6-5　4#探槽(镜头向西北)

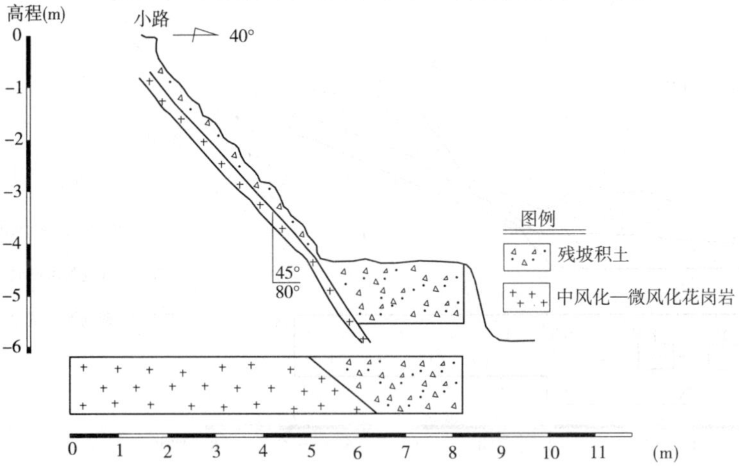

图 6-6　新县向阳新区滑坡治理工程 1#探槽平、剖面图

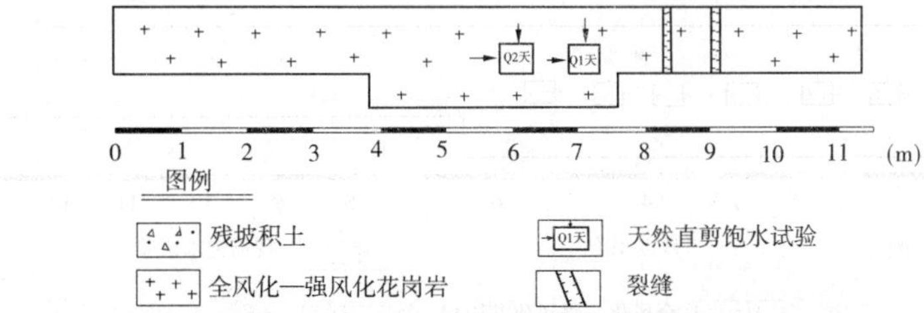

图 6-7　新县向阳新区滑坡治理工程 2#探槽平、剖面图

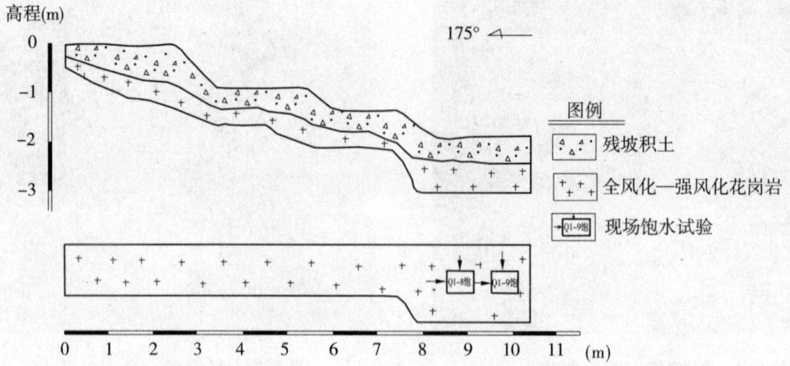

图 6-8　新县向阳新区滑坡治理工程 3#探槽平、剖面图

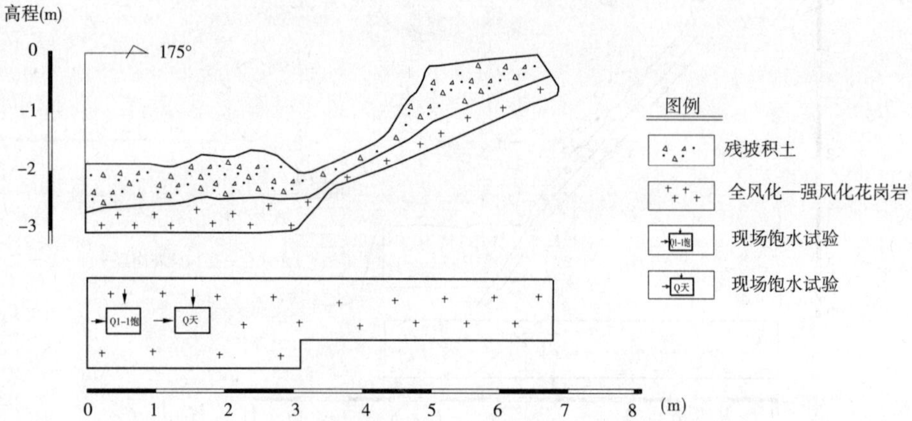

图 6-9　新县向阳新区滑坡治理工程 3#附 1#探槽平、剖面图

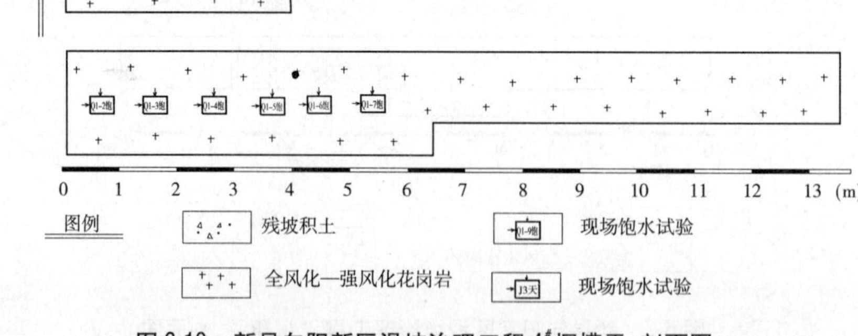

图 6-10　新县向阳新区滑坡治理工程 4#探槽平、剖面图

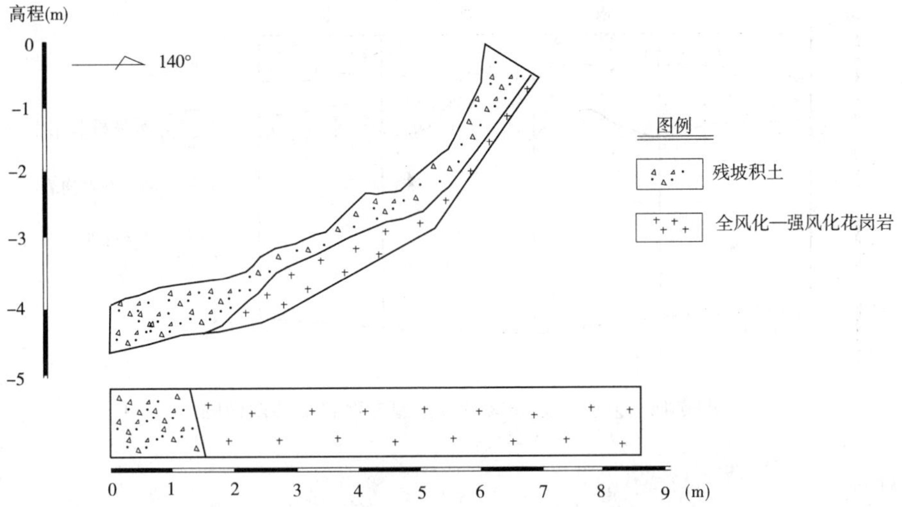

图 6-11　新县向阳新区滑坡治理工程 5[#]探槽平、剖面图

基岩 1.0 ~ 4.2 m 为准，设计探井深 5 m 左右，滑坡体前缘探井以查明滑坡体反翘面为准。

勘查期间探井施工情况及探井剖面展开图如图 6-12 ~ 图 6-18 所示。

图 6-12　2[#]探井开挖成井

(四) 岩(土)样采集

钻探采用 XY150 - 1 型工程钻机进行，开孔直径 110 mm，终孔直径 91 mm，地下水位以上采用直径 120 mm 薄壁取土器，地下水位以下采用直径 110　mm 双管单动薄壁取土器，用回转和锤击法采取，不扰动土样。钻孔在钻进过程中，岩心应按地层顺序排放。

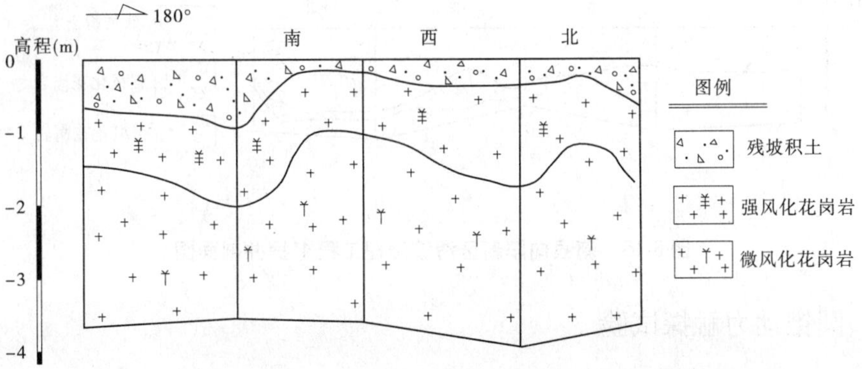

图 6-13　新县向阳新区滑坡治理工程 1[#]探井剖面图

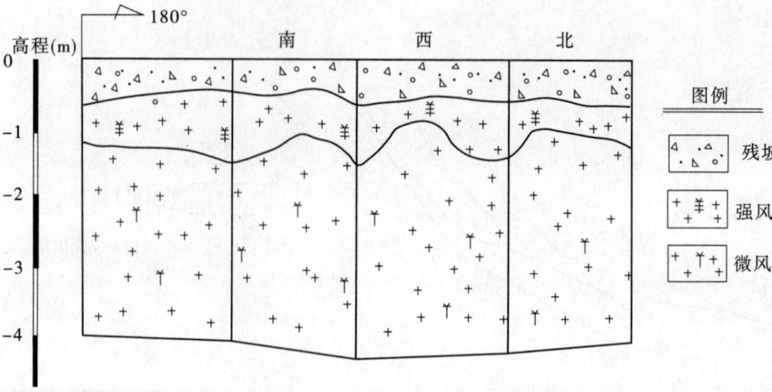

图 6-14　新县向阳新区滑坡治理工程 2#探井剖面图

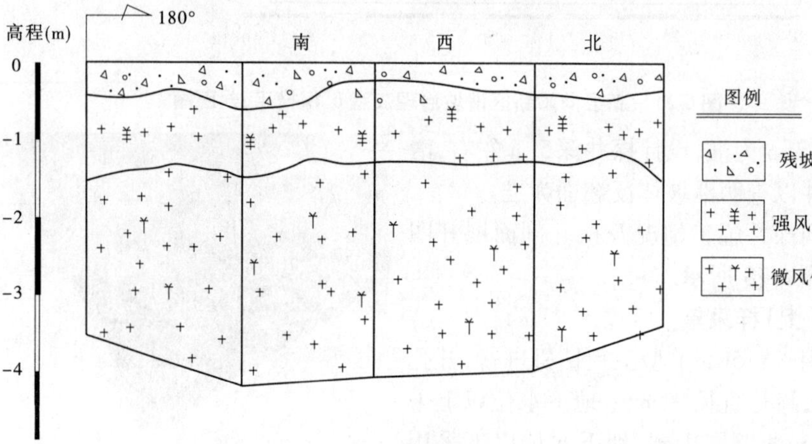

图 6-15　新县向阳新区滑坡治理工程 3#探井剖面图

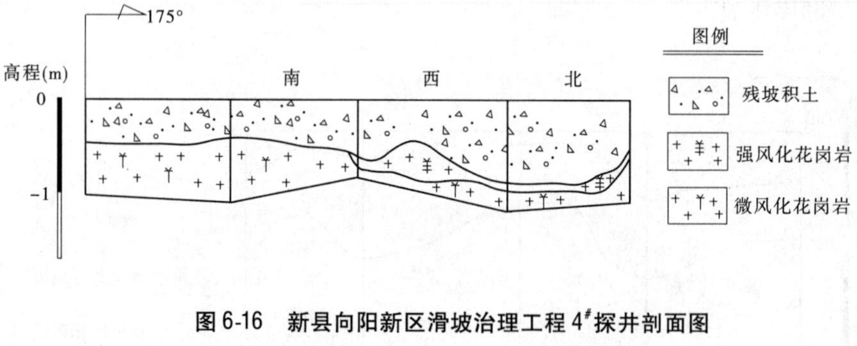

图 6-16　新县向阳新区滑坡治理工程 4#探井剖面图

五、圆锥动力触探试验

为评价花岗岩全风化—中风化层的密实度并确定其承载力，在钻孔中采用 63.5 kg 自动落锤的重型动力触探进行测试，连续贯入，记录每贯入 10 cm 的锤击数。根据试验指

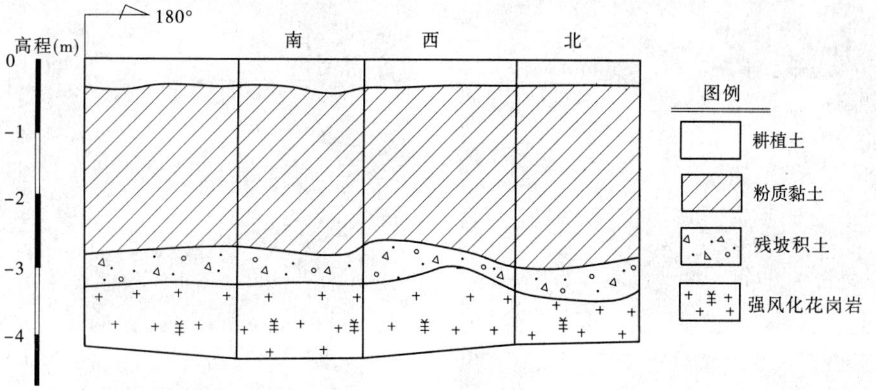

图 6-17　新县向阳新区滑坡治理工程 5#探井剖面图

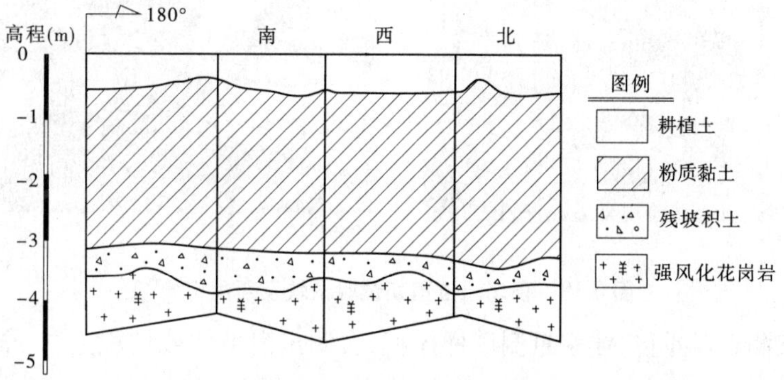

图 6-18　新县向阳新区滑坡治理工程 6#探井剖面图

标结合地区经验进行力学分层，评定土的均匀性和物理性质（状态、密实度）、土的强度、变形参数、地基承载力、单桩承载力；查明滑动面、软硬土层界面的工程地质性质。

六、现场原位剪切试验

为获取残坡积土和中细粒花岗岩全风化—强风化层的抗剪强度指标，在滑坡体中后部探槽中，利用直剪平推法进行现场大面积原位剪切试验。现场原位剪切试验共测试 6 组，其中 2 组天然状态，4 组饱和状态。在残积土中天然状态和饱水状态剪切试验各 1 组，强风化花岗岩中饱水状态剪切试验 3 组，天然状态剪切试验 1 组。试验深度：残积土 0.5 m，强风化花岗岩 1.0 ~ 1.5 m。试块尺寸 50 cm × 50 cm × 20 cm，试验设备采用千斤顶、轴排、压力表及百分表等。依据现场条件，现场原位剪切试验的法向应力由堆载平台提供，水平推力的作用线通过剪切面。

现场原位剪切试验试块及所使用设备如图 6-19 所示。

七、现场大容积重度试验

为确定残坡积土和全风化花岗岩的天然重度，在 4#探槽中间的底部强风化花岗岩层及 Zk9 孔北侧残坡积土中各进行 1 组大容积重度试验，试样尺寸为 50 cm × 50 cm ×

图 6-19　现场原位剪切试验试块及所用设备

50 cm。通过实测土样重量,注水量测试样体积,实测出滑坡体残坡积土层、全风化花岗岩地层的天然重度。

现场大容积重度试验如图 6-20 所示。

图 6-20　现场大容积重度试验

八、室内土工试验

根据本工程存在的岩土工程问题,有针对性地进行室内土工试验。

(1)土的物理性质试验:测定黏性土的天然含水量、比重、天然容重、液限、塑限和有机质含量。

(2)土的压缩—固结试验:测定各层土的压缩模量、压缩系数等变形参数,用来判定土的压缩性,为地基变形验算提供参数。

(3)土的抗剪强度试验:采用直接剪切的试验方法,测定浅部土层的固结不排水抗剪强度。

(4)岩石单轴抗压试验:测定岩石天然、饱和状态下的单轴抗压强度和软化系数,为岩石的强度评价和岩体基本质量等级分类提供依据。

(5)水质腐蚀性分析:按规范要求采取水样,在室内进行水质全分析试验,并进行腐蚀性分析,评定其对建筑材料的腐蚀性。

第三节　滑坡区的工程地质和水文地质条件

滑坡体主要由一层残坡积土覆盖,厚 0.2 ~ 1.2 m,碎石含量较高。在陡坎处多为全风化的花岗岩出露,含大量石英、长石,黏性土含量较高。滑坡体上除附近居民种植的菜地外,多为树木、植被覆盖,植被覆盖率大于 80%。

滑坡体前缘地形坡度 40° ~ 50°,局部约 60°。前缘部位陡坎的坡度由东向西逐渐变大,在滑坡体前缘西侧的陡坎坡度大于 60°。

一、工程地质条件

(一)岩(土)体工程地质性质

滑坡体组成岩性主要为第四系上更新统残坡积物(Q_3^{el+dl})和早白垩纪细粒二长花岗岩($K_1X_1\eta\gamma$)。现将其特征分层描述如下:

(1)残坡积土(Q_3^{el+dl}):灰褐色,湿,松散,组分由黏性土、花岗岩全风化土及砂粒混合组成,结构疏松,孔隙及虫孔发育,顶部含植物根系,层底标高 105.30 ~ 117.70 m,该层厚 0.2 ~ 1.2 m。

(2)全风化—强风化花岗岩($K_1X_1\eta\gamma$):褐黄色—灰白色—淡红色,细粒花岗岩结构,块状构造。原岩结构已破坏,呈砂土状,厚层状产出,含较多风化黏性土,结构疏松——一般,孔裂隙网纹状发育;在 Zk4 ~ Zk9 孔中均见宽度不一的裂缝。岩心采取率 100%,*RQD* = 15% ~ 20%。岩体基本质量等级为Ⅴ级。层底标高 94.50 ~ 108.50 m,层厚10.3 ~ 14.9 m。

(3)中风化花岗岩($K_1X_1\eta\gamma$):灰白色—肉红色,细粒花岗岩结构,块状构造,岩石较破碎,见风化裂隙,岩心呈块状和长柱状,长 5 ~ 12 cm ,岩心采取率 90%,*RQD* 为 70% 以上。单轴抗压强度平均值 11.83 MPa,饱和状态单轴抗压强度平均值 9.25 MPa。岩体较完整,岩体基本质量等级为Ⅲ级。层底标高 90 ~ 102.70 m,层厚 2.1 ~ 7.1 m。

(4)微风化花岗岩($K_1X_1\eta\gamma$):灰白色—肉红色,细粒花岗结构,块状构造,矿物成分以斜长石、钾长石为主,其次为石英,含少量云母和金属矿物。呈岩基状产出,岩石坚硬,节理、裂隙少见,岩心采取率 92% ~ 94%,*RQD* = 75% ~ 85%;岩石单轴抗压强度平均值 15.25 MPa,饱和状态单轴抗压强度平均值 13.69 MPa。岩石属较硬岩,岩体基本质量等级为Ⅱ级。该层未揭穿,最大揭露厚度 9.6 m。

依据勘查资料编制的沿滑坡滑动方向的Ⅳ—Ⅳ′、Ⅴ—Ⅴ′及Ⅵ—Ⅵ′最小稳定系数断面图如图 6-21 所示。

(二)构造

根据对本次勘查资料和区域地质构造资料的分析,滑坡治理区内地质构造简单,滑坡治理区未见断裂构造活动通过。

(三)场地土类型与地震动参数

该场地土类型为中软—坚硬土,场地覆盖层厚度不大于 5.0 m,场地类别为Ⅱ类。

按《建筑抗震设计规范》(GB 50011—2001)新县县城抗震设防烈度为Ⅵ度,设计基本

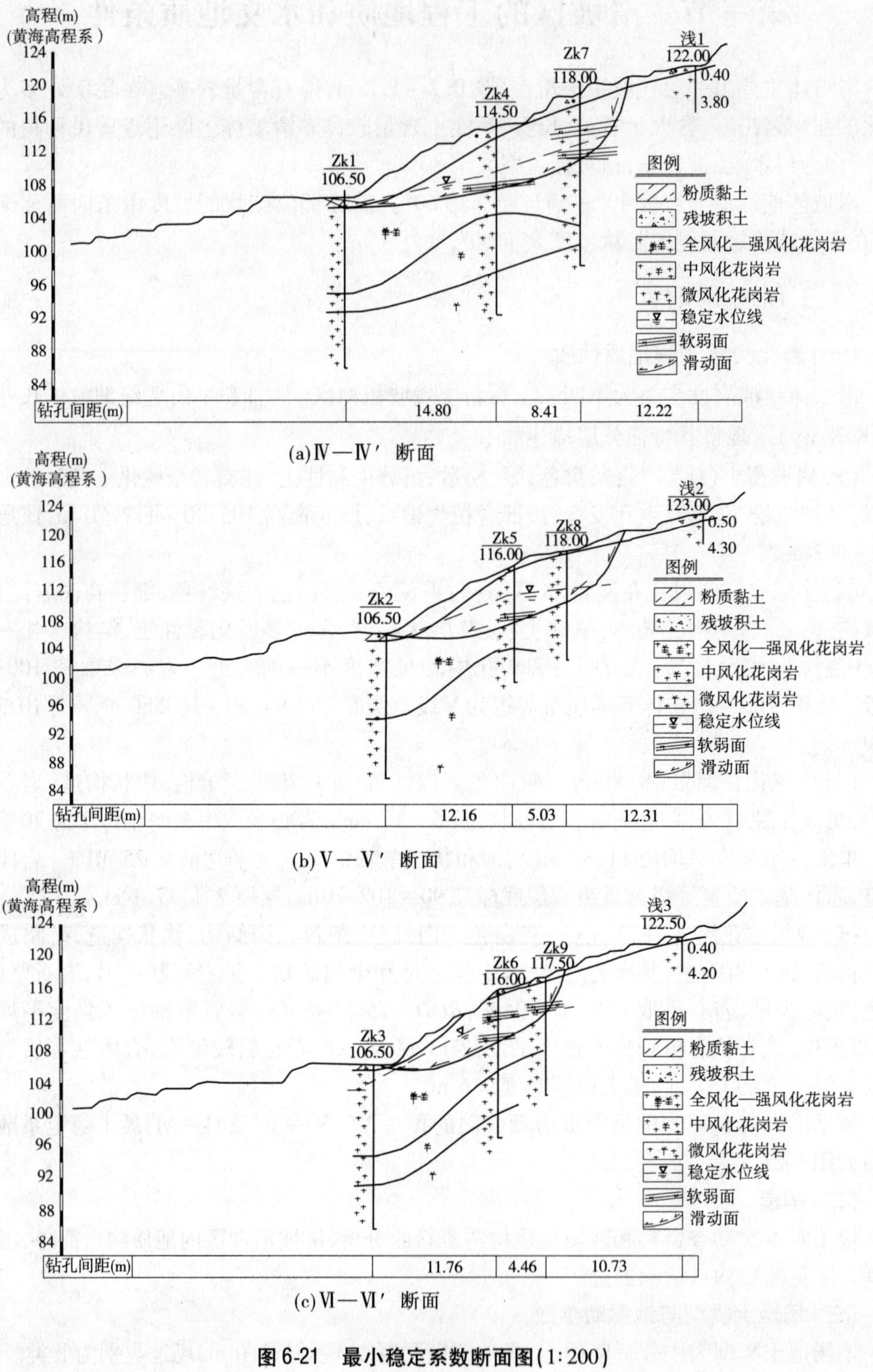

(a) Ⅳ—Ⅳ′ 断面

(b) Ⅴ—Ⅴ′ 断面

(c) Ⅵ—Ⅵ′ 断面

图 6-21　最小稳定系数断面图(1∶200)

地震加速度值为0.05g,设计地震分组为第一组;场地设计特征周期为0.35 s。

(四)地震液化

据本次勘查成果,滑坡治理区范围内,表层为0.2～1.2 m厚的残坡积土,下伏地层依次为全风化、强风化、中等风化、微风化的花岗岩体,且密实度较高,无液化土层分布,因此工程建设施工引发场地土液化的可能性小。

二、水文地质条件

滑坡治理区及其附近地段地下水类型主要为基岩风化裂隙、孔隙水,属潜水。含水层主要为全风化—强风化的中粗粒花岗岩地层,厚度不均,平均厚度12 m,上部稍薄,10 m左右,下部前缘地段略厚,15 m左右。由于全风化—强风化的中粗粒花岗岩地层中,碎粒间多被黏性土充填,渗透系数小,地下水径流速度极慢,因此降水入渗后,全风化—强风化的中粗粒花岗岩岩层使地下水富集,形成潜水。

地下水主要补给来源为大气降水入渗补给,其沿浅层风化岩孔隙裂隙和滑动带软弱界面动移赋存,地下水径流方向由南向北坡麓地带径流,在滑坡前缘风化粉质黏土层与花岗岩强风化层结合部,部分浅层地下水以小股泉或湿地形式排泄,人为开采地下水活动较弱,开采量小。

位于滑坡前缘西北角坡坎下有一民井,据访问,枯水期地下水水位埋深0.70 m左右,丰水期地下水溢出地表;滑坡体下游约30 m处有一眼大口井,枯水期水位埋深2.5～3.8 m,相应标高104.10～113.20 m,丰水期水位高至井口,水位变幅较大。2005年8月31日实测该井水位埋深0.95 m。

勘查期间,各钻孔均见地下水。各勘探孔地下水埋深详见表6-1。

表6-1　各勘探孔地下水埋深一览表

钻孔编号	Zk1	Zk2	Zk3	Zk4	Zk5	Zk6	Zk7	Zk8	Zk9
地下水埋深(m)	0.7	1.4	2.35	4.7	4.4	3.9	4.8	5.3	4.3

本次在滑坡区内取水样一组。据水质全分析报告,滑坡区地下水水化学类型为HCO_3^-－Ca·Mg·Na型水,矿化度为371.0 mg/L,pH值为7.4,水质良好。

三、滑坡区岩土工程地质特征

按照《岩土工程勘察规范》(GB 50021—2001)第14.2.2条,对室内土力学工程试验和现场原位剪切测试所取得的原始数据进行综合整理分析,在合理分层的基础上统计计算。根据误差分析的概念,按3倍标准差(即$\pm 3s$)作为舍弃标准,提供标准差平均值($\bar{x} \pm |s|$)。统计中,结合场地土的实际情况,分析研究试验测试得出的结果,对离散性较大、无代表性的数据进行剔除,使数据尽量接近各土层实际指标。

(一)岩土体的一般物理性质

按照场地土层划分,对各岩(土)层常规试验结果进行数理统计,求其平均值,统计结果见表6-2。

表 6-2　物理力学指标统计

孔号及土号	试样深度（m）	密度 ρ（g/cm^3）	天然含水率 ω（%）	土粒比重 G_s	天然孔隙比 e	重度 γ（kN/m^3）	孔隙度 n（%）	饱和度 S_r（%）	干重度 γ_d（kN/m^3）	饱和重度 γ_{sat}（kN/m^3）	液限 ω_L（%）	塑限 ω_P（%）	液性指数 I_L	塑性指数 I_P	直剪 内摩擦角 φ_q（度）（快剪）	直剪 黏聚力 c_q（kPa）（快剪）	压缩系数 $\alpha_{0.1-0.2}$（1/MPa）	压缩模量 $E_{s0.1-0.2}$（MPa）	室内定名
Zk4－1	2.30～2.50	1.84	9.6	2.70	0.609	18.4	37.8	42.7	16.8	20.6	25.0	16.0	－0.71	9.0	28.0	10.0	0.190	8.47	
Zk4－2	5.70～5.90	2.07	17.9	2.69	0.532	20.7	34.7	90.5	17.6	21.0	21.0	14.0	0.56	7.0	26.0	28.0	0.290	5.28	
Zk4－3	6.30～6.50	2.12	14.9	2.69	0.458	21.2	31.4	87.5	18.5	21.6	20.1	13.1	0.25	7.0	32.0	8.0	0.220	6.63	粉土
Zk4－4	8.00～8.20	2.09	10.9	2.69	0.427	20.9	29.9	68.6	18.8	21.8	20.0	13.9	－0.49	6.1	30.0	13.0	0.230	6.20	
Zk5－1	2.10～2.30	2.07	15.3	2.68	0.493	20.7	33.0	83.2	18.0	21.3	20.2	15.2	0.02	5.0	24.0	12.0	0.220	6.79	
Zk5－2	4.50～4.70	1.80	11.0	2.69	0.659	18.0	39.7	44.9	16.2	20.2	20.5	14.4	－0.56	6.1	31.0	9.0	0.280	5.92	
Zk5－3	7.10～7.30	1.89	12.8	2.68	0.599	18.9	37.5	57.2	16.8	20.5	18.6	13.2	－0.08	5.4	28.5	17.0	0.220	7.27	粉土
Zk6－1	2.30～2.50	1.93	12.0	2.68	0.556	19.3	35.7	58.1	17.2	20.8	20.6	14.8	－0.48	5.8	29.0	24.0	0.240	6.48	
Zk6－2	4.60～4.80	2.01	21.5	2.68	0.619	20.1	38.2	92.8	16.6	20.4	26.1	20.5	0.17	5.6	30.0	9.0	0.380	4.26	
Zk6－3	6.20～6.40	2.09	15.4	2.70	0.491	20.9	32.9	84.7	18.1	21.4	21.5	13.4	0.24	8.1	25.5	37.0	0.200	7.45	粉土
Zk7－1	2.40～2.60	1.92	11.7	2.69	0.566	19.2	36.1	55.8	17.2	20.8	21.9	15.7	－0.64	6.2	26.0	14.0	0.380	4.12	
Zk7－2	3.60～3.80	1.98	12.8	2.68	0.526	19.8	34.5	64.9	17.6	21.0	18.1	13.0	－0.05	5.1	31.0	16.0	0.140	10.90	
Zk7－3	7.40～7.60	2.09	14.4	2.64	0.444	20.9	30.7	85.4	18.3	21.4	19.6	12.2	0.29	7.4			0.210	6.88	
Zk8－1	1.90～2.10	1.90	16.6	2.70	0.657	19.0	39.6	68.2	16.3	20.3	30.1	20.5	－0.41	9.6	26.0	11.0	0.240	6.90	
Zk8－2	3.10～3.30	1.81	16.3	2.68	0.722	18.1	41.9	60.5	15.6	19.8	25.2	19.8	－0.65	5.4			0.490	3.52	
Zk8－3	7.30～7.50	1.97	14.1	2.68	0.552	19.7	35.6	68.5	17.3	20.8	20.0	14.7	－0.11	5.3	27.0	20.0	0.320	4.85	
Zk9－1	1.80～2.00	1.87	15.5	2.68	0.655	18.7	39.6	63.4	16.2	20.1	22.1	17.8	－0.53	4.3	27.0	10.0	0.320	5.17	
Zk9－3	8.70～8.90	2.05	11.5	2.68	0.458	20.5	31.4	67.4	18.4	21.5	18.9	13.7	－0.42	5.2			0.180	8.10	粉土

(二)各层土的抗剪强度

根据《建筑地基基础设计规范》(GB 50007—2002)附录E,对各层土的抗剪强度指标分别进行统计,统计结果见表6-3,现场原位剪切试验结果见表6-4。根据滑坡体上残坡积层、全风化层现场原位剪切试验结果绘制的剪应力与剪切位移和法向应力关系曲线图如图6-22～图6-28所示。

表6-3　各层土抗剪强度指标统计

层号	项目	样本数 n	c_q(原状试样)(kPa)		φ_q(原状试样)(°)	
			范围值	平均值	范围值	平均值
②	固结快剪	14	9.0～28.0	14.8	24.0～32.0	28.0

表6-4　现场原位剪切试验结果

层号	剪切类型	状态	样本数 n	c(kPa)		φ(°)	
				范围值	平均值	范围值	平均值
①	原状剪	天然	1		13.0		13.0
		饱和	1		9.5		10.5
	残余剪	天然	1		11.6		11.8
		饱和	1		6.7		9.0
②	原状剪	天然	1		20.0		22.0
		饱和	3	9.8～20.0	15.9	12.7～19.0	16.5
	残余剪	天然	1		18.0		20.3
		饱和	3	7.8～16.5	13.2	12.0～18.1	15.8

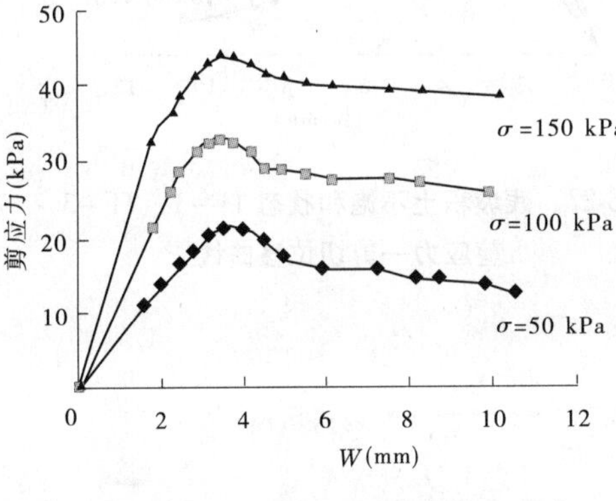

图6-22　全风化花岗岩饱和状态 Q1－1～Q1－3剪应力—剪切位移曲线

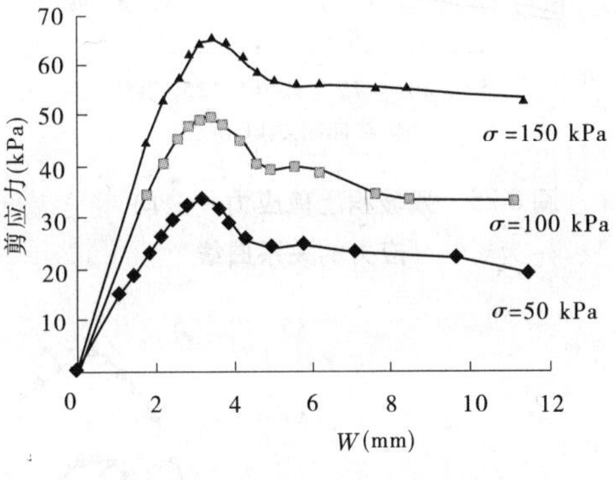

图6-23　强风化花岗岩饱和状态 Q1－1～Q1－3剪应力—剪切位移曲线

根据《建筑地基基础设计规范》(GB 50007—2002)附录J,对③层中风化花岗岩、④层微风化花岗岩的室内单轴抗压强度试验结果进行统计,结果见表6-5。

表6-5　岩石(饱和)单轴抗压强度统计

层号		统计个数	范围值(MPa)	平均值(MPa)	标准差	变异系数	标准值(MPa)
③	天然	3	8.86～10.91	11.83			
	饱和	3	6.76～9.34	9.25			
④	天然	6	12.21～15.07	15.25	0.351	0.085	14.86
	饱和	6	9.15～11.6	13.69	0.218	0.038	12.92

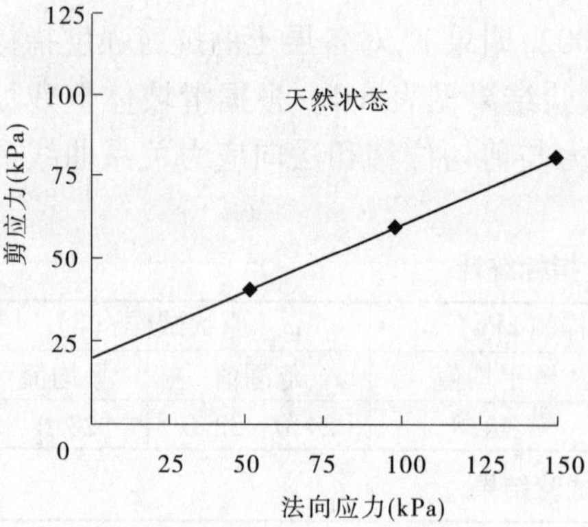

图 6-24　全风化花岗岩天然状态 Q1－1～Q1－3 剪应力—法向应力曲线

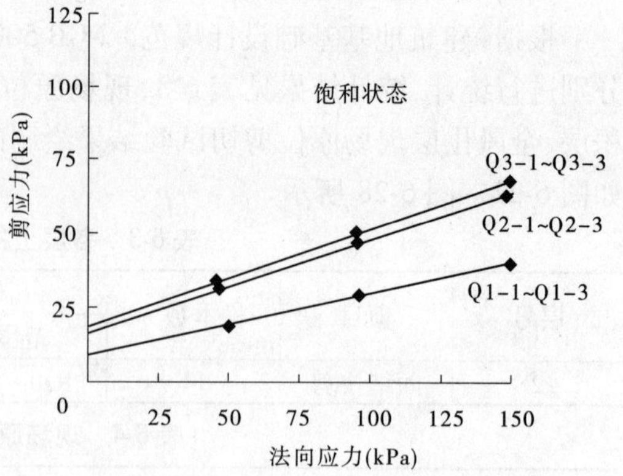

图 6-25　强风化—全风化花岗岩饱和状态 Q1－1～Q1－3 剪应力—法向应力曲线

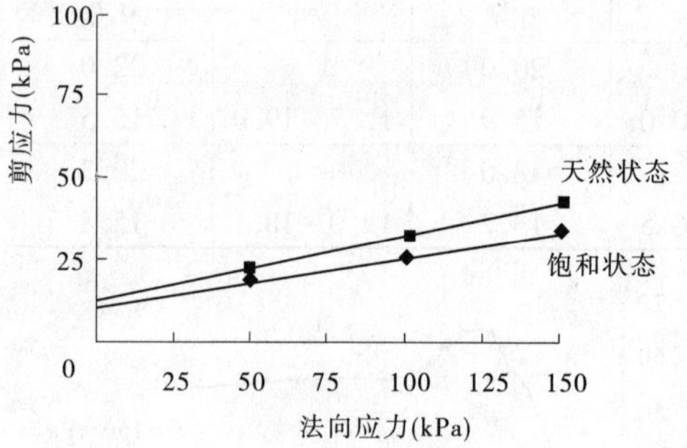

图 6-26　残坡积土剪应力—法向应力的关系曲线

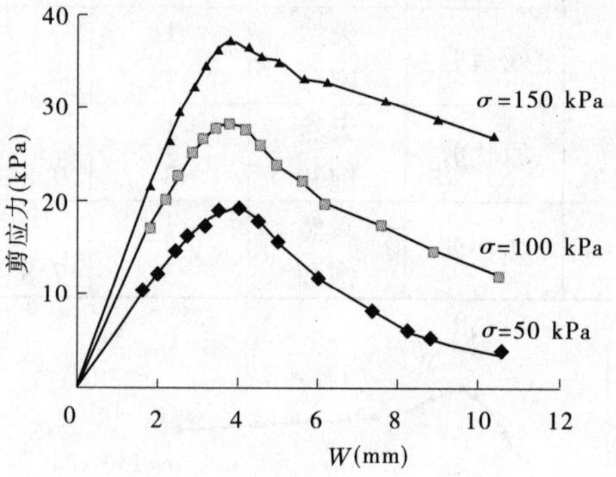

图 6-27　残坡积土不饱和状态 T1－1～T1－3 剪应力—剪切位移曲线

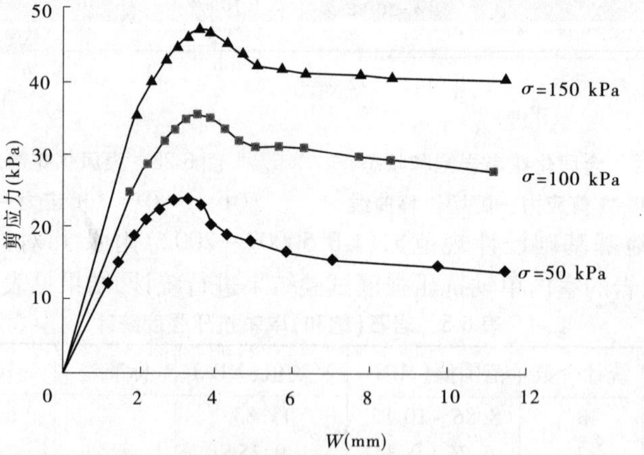

图 6-28　残坡积土天然状态 T1－1～T1－3 剪应力—剪切位移曲线

(三)地基土承载力

根据室内土工试验、原位剪切试验测试结果综合分析,得到的各层土承载力特征值 f_{ak} 及压缩模量 E_s 见表6-6;桩基础设计参数如表6-7所示。

表6-6　各层土承载力特征值及压缩模量

项目	层号			
	①	②	③	④
f_{ak}(kPa)	140	200	300	500
E_s(MPa)	6.0	10.0		

表6-7　各层土桩基础设计参数

土桩		层号			
		①	②	③	④
钻孔灌注桩	q_{sik}	20	90	100	130
	q_{pk}			3 000	5 000
人工挖孔桩	q_{sik}	15	80	90	
	q_{pk}			5 000	

注:q_{sik} 为桩的极限侧阻力标准值;q_{pk} 为桩的极限端阻力标准值。

(四)土的渗透性评价

根据场地地层分布特征结合地区经验,综合分析得出各层土的渗透系数,详见表6-8。

表6-8　土层渗透系数建议值　(单位:cm/s)

层号	①	②
建议值	$<10^{-4}$	$<10^{-4}$

(五)建筑材料腐蚀性评价

按《岩土工程勘察规范》(GB 50021—2001)划分,治理区场地环境类型为Ⅱ类。

本次勘查,取场地北部民井水样一组。据水质分析结果,治理区场地地下水水化学类型为 $HCO_3^- - Ca \cdot Mg \cdot Na$ 型水,水质良好。按《岩土工程勘察规范》(GB 50021—2001)第12.2.1~12.2.4条,判定滑坡治理区地下水对混凝土结构无腐蚀性;在干湿交替条件下对钢筋混凝土结构中的钢筋无腐蚀性、对钢结构无腐蚀性。

据邻近场地土易溶盐含量分析结果,按《岩土工程勘察规范》(GB 50021—2001)第12.2.1~12.2.4条判定:该场地土对混凝土结构及钢筋混凝土结构中钢筋均无腐蚀性。

(六)场地土类型与地震动参数

该场地土类型为中软—坚硬土,场地覆盖层厚度≥5.0 m,场地类别为Ⅱ类。

按《建筑抗震设计规范》(GB 50011—2001)新县县城抗震设防烈度为Ⅵ度,设计基本地震加速度值为0.05g,设计地震分组为第一组;场地设计特征周期为0.35 s。

(七)地震液化

据本次勘查成果,滑坡治理区范围内,表层为0.2~1.2 m厚的残坡积土,下伏地层依次为全风化、强风化、中等风化、微风化的花岗岩体,且密实度较高,无液化土层分布。因此,工程建设施工引发场地土液化的可能性小。

四、滑坡稳定性评价与推力分析

(一)滑坡变形破坏情况

1. 裂缝

滑体滑移变形过程中,在滑坡体上的后缘西侧、滑体中部、滑体前缘及东翼等部位都出现了拉张裂缝及剪裂缝,后经雨水冲刷,多数被冲填,只是在滑坡东翼、后缘西侧等部位出现的裂缝较宽、较长,虽被部分充填,但仍表露明显。其中,东翼剪裂缝走向近北北东向,长约8 m,宽20~30 cm,可见深度大于50 cm(见图5-6~图5-9)。另据访问,该裂缝实际深度远大于50 cm,主要是被后期降水挟带坡积物充填;滑坡体中段及坡体前缘有两条裂缝,其中一条呈簸箕形,长14.7 m,宽3~15 cm,深0.2~0.4 cm(可视深度),走向近东西向,平面呈锯齿状。滑体前缘的滑移,引发后部滑体在自重影响下向下滑动,继而引发滑体后部开裂,形成拉张裂缝。滑坡体后缘裂缝目前主要形成于滑体西南翼,紧密并列分布有近东西向裂缝3条。

2. 蠕滑变形

2002年汛期,滑坡体前缘东部向前推移1 m多,将坡下居民的石砌院墙推倒,挤压其东部房屋山墙歪斜;2003年汛期,滑坡体前缘东部再次滑移,将东侧房屋外的厨房彻底冲毁,东边房屋进一步倾斜。

3. 前缘隆起

滑坡体前缘地面,从2001年开始出现鼓胀隆起、翻水、涌砂,且逐年加重。经探井调查,滑坡体前缘形成反翘面,角度一般10°左右,现地面隆起高达0.2~0.3 m。

4. 醉汉林

滑坡体上分布数量不等的醉汉林。

(二)滑坡稳定性评价

根据钻探揭露及工程地质调查结果,滑坡体前缘自变形以来,前推了近1.5 m,受前缘挤压变形影响,前缘坡度变陡,并且时有岩块、土体崩落,出现塌落堆积,滑体前缘地面出现鼓胀隆起现象。

根据《工程地质手册》圆弧条分法,估算边坡的稳定安全系数F。计算公式如下:

$$F = \frac{\sum (W\cos\alpha - U_w)\tan\varphi + \sum cl}{\sum W\sin\alpha} \tag{6-1}$$

式中 F——边坡稳定安全系数;

W——土条的重量;

l——滑坡体的长度;

α——土条重量作用线与法向分力的夹角;

U_w——作用于各土条底部滑弧段上的孔隙水压力；

c、φ——滑面土体的黏聚力和内摩擦角。

根据现场原位剪切试验、室内直剪试验、现场大容积重度试验，结合地区经验，滑坡体稳定性计算参数建议值详见表6-9。滑坡体稳定性计算结果详见表6-10。

表6-9 滑坡体稳定性计算参数建议值

地层编号	岩土类别	重度 γ(kN/m^3)		黏聚力 c(kPa)		内摩擦角 φ(°)	
		天然	饱和	天然	饱和	天然	饱和
①	残坡积土	18.97	20.0	13.0	9.5	13.0	10.5
②	全风化—强风化花岗岩	19.76	22.0	20	15.9	22	16.5

表6-10 滑坡体稳定性计算结果

断面图编号	状态	使用条件		稳定安全系数 F	结果
		地震力	边坡上方地面荷载		
4—4	天然	不考虑	不考虑	1.44	稳定
	饱水	不考虑	不考虑	1.14	不稳定
	天然	不考虑	不考虑	1.19	不稳定
	饱水	不考虑	不考虑	1.07	不稳定
5—5（左）	天然	不考虑	不考虑	1.30	稳定
	饱水	不考虑	不考虑	0.96	不稳定
	天然	不考虑	不考虑	1.07	不稳定
	饱水	不考虑	不考虑	0.86	不稳定
5—5（右）	天然	不考虑	不考虑	1.29	稳定
	饱水	不考虑	不考虑	0.96	不稳定
	天然	不考虑	不考虑	1.07	不稳定
	饱水	不考虑	不考虑	0.91	不稳定
6—6	天然	不考虑	不考虑	1.35	稳定
	饱水	不考虑	不考虑	1.08	不稳定
	天然	不考虑	不考虑	1.20	不稳定
	饱水	不考虑	不考虑	1.01	不稳定

按《建筑边坡工程技术规范》(GB 50330—2002)规定，边坡稳定安全系数取1.25作为稳定性判别标准，从表6-10计算结果可以看出：该滑坡体在天然状态下，采用天然状态下现场原位剪切试验的计算参数计算时滑坡体处于稳定状态，采用残余剪切试验的计算

参数计算时滑坡体处于不稳定状态。

滑体处在饱和状态下,采用现场原位剪切和残余剪切的计算参数计算时滑坡体均处于不稳定状态。

综合以上计算结果,该滑坡体仍处于不稳定状态。汛期蠕滑速度可能加快,若遭遇强降雨或持续降雨,发生滑坡的可能性很大。

(三)滑坡推力计算与分析

滑坡体主要由残坡积层及全风化—强风化的细粒—粗粒二云花岗岩地层构成,并且残坡积层较薄,下伏全风化—强风化地层风化强烈,呈砂土状,相对均匀。因此,根据土力学原理,将该滑坡体视为匀质土体滑坡,采用条分法进行滑坡推力计算。计算公式如下:

$$E_i = KW_i\sin\alpha_i + \psi E_{i-1} - W_i\cos\alpha_i\tan\varphi_i - c_i l_i \tag{6-2}$$

式中 E_i——第 i 条块产生的支撑力;

E_{i-1}——第 $i-1$ 条块的剩余下滑力;

W_i——第 i 条块的重量;

ψ——传递系数;

α_i——第 i 条块所在滑动面的倾角;

K——滑坡推力安全系数,取 $K=1.1\sim1.25$;

c_i——滑带岩土的凝聚力;

φ_i——滑带岩土的内摩擦角;

l_i——滑体下滑部分第 i 条块所在滑面的长度。

根据勘查期间现场原位剪切试验、室内土力学工程试验所取得的指标,并结合区域工程地质经验,在安全系数 K 取值 1.15 ~ 1.25 时,计算出的滑坡体 3 个断面下滑推力值 E 见表 6-11。

表 6-11 滑坡各断面不同安全系数下的下滑推力值 E (单位:kN/m)

项目	断面								
	Ⅰ—Ⅰ			Ⅱ—Ⅱ			Ⅲ—Ⅲ		
	1.15	1.20	1.25	1.15	1.20	1.25	1.15	1.20	1.25
天 然	79.2	116.3	140.9	140.5	187.4	220.7	145.5	191.1	237.8
饱 水	199.9	236.1	267.0	288.2	349.1	403.0	345.9	399.2	457.7

第七章　治理工程设计

第一节　治理工程布置原则

滑坡治理工程的设计应遵循以下原则：

(1)以人为本、防灾减灾；

(2)治理与避让相结合；

(3)技术可行、经济合理；

(4)先设计后施工；

(5)经济效益服从减灾效益、社会效益、环境效益。

第二节　总体工程布置

新县是一个寸土寸金的山区小县城，由于受地形地貌的控制，县城人员居住相对集中。新县向阳新村滑坡地处新县县城西南部，滑坡直接威胁其下40余户100余人的生命财产安全，同时对滑坡体两侧的数十户居民也构成了严重威胁。滑坡体下的百余人已进行了搬迁，其余数十户搬迁后再进行搬迁，即使到一个新的安置点，也要重新切坡造地，极有可能形成新的崩塌、滑坡地质灾害，而且搬迁工作困难极大。

向阳新村滑坡体规模较小，但其危害巨大，而且滑坡地处新县县城内，无论人员是否搬迁，滑坡的发生都将给滑坡区周围的群众造成不良影响，也极有可能造成意想不到的灾害。因此，为尽快消除滑坡灾害隐患，本次应急治理工程选取对滑坡体进行工程应急治理的方法。主要治理手段有抗滑桩、挡土墙、削坡减载、地表水排导及生物工程等。总体工程布置见图7-1~图7-3。

一、抗滑桩

由于向阳新村滑坡体主要由表层残坡积土和全风化—强风化的花岗岩体构成，风化层多被黏性土充填，胶结程度中等——般，并且坡度较大，而下伏中等、弱风化的花岗岩密实度高，抗滑动性较好。在经过抗剪性计算后，建议在滑坡体中前部位采用合理尺寸的抗滑桩，增大抗滑力，可有效地防止滑体的下滑。

二、挡土墙

通过现场勘查和实地调查，滑坡体前缘东侧部位滑移变形明显，而前缘中部前地面变形特征显著。为消除前缘滑坡体上岩(土)体崩塌滑落物，确保滑坡体下建筑设施的安全，结合滑坡体滑移变形特征，在滑坡体上设置抗滑桩的同时，建议在滑坡体前缘设置重

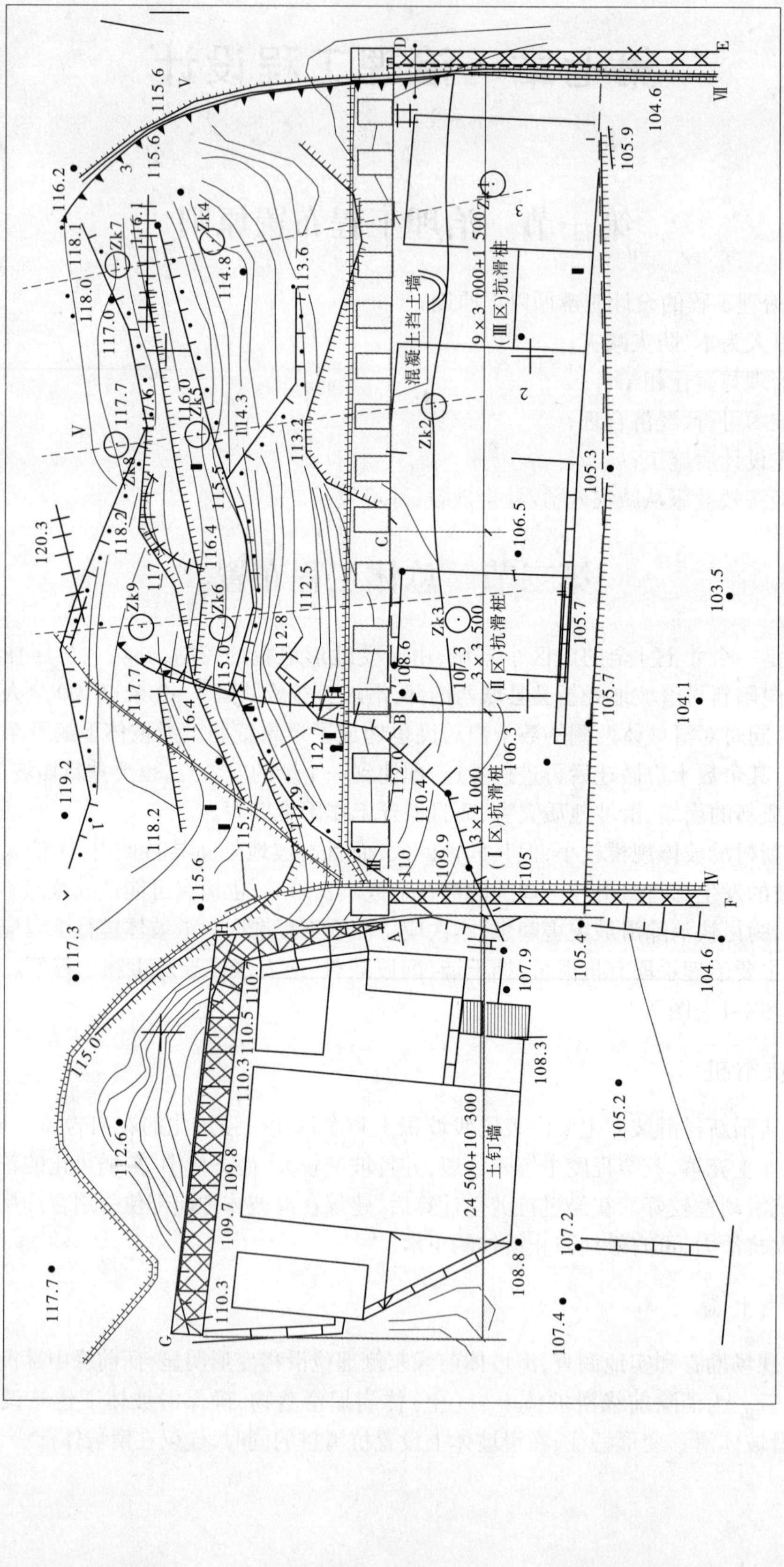

图7-1 滑坡防治工程总体平面布置图

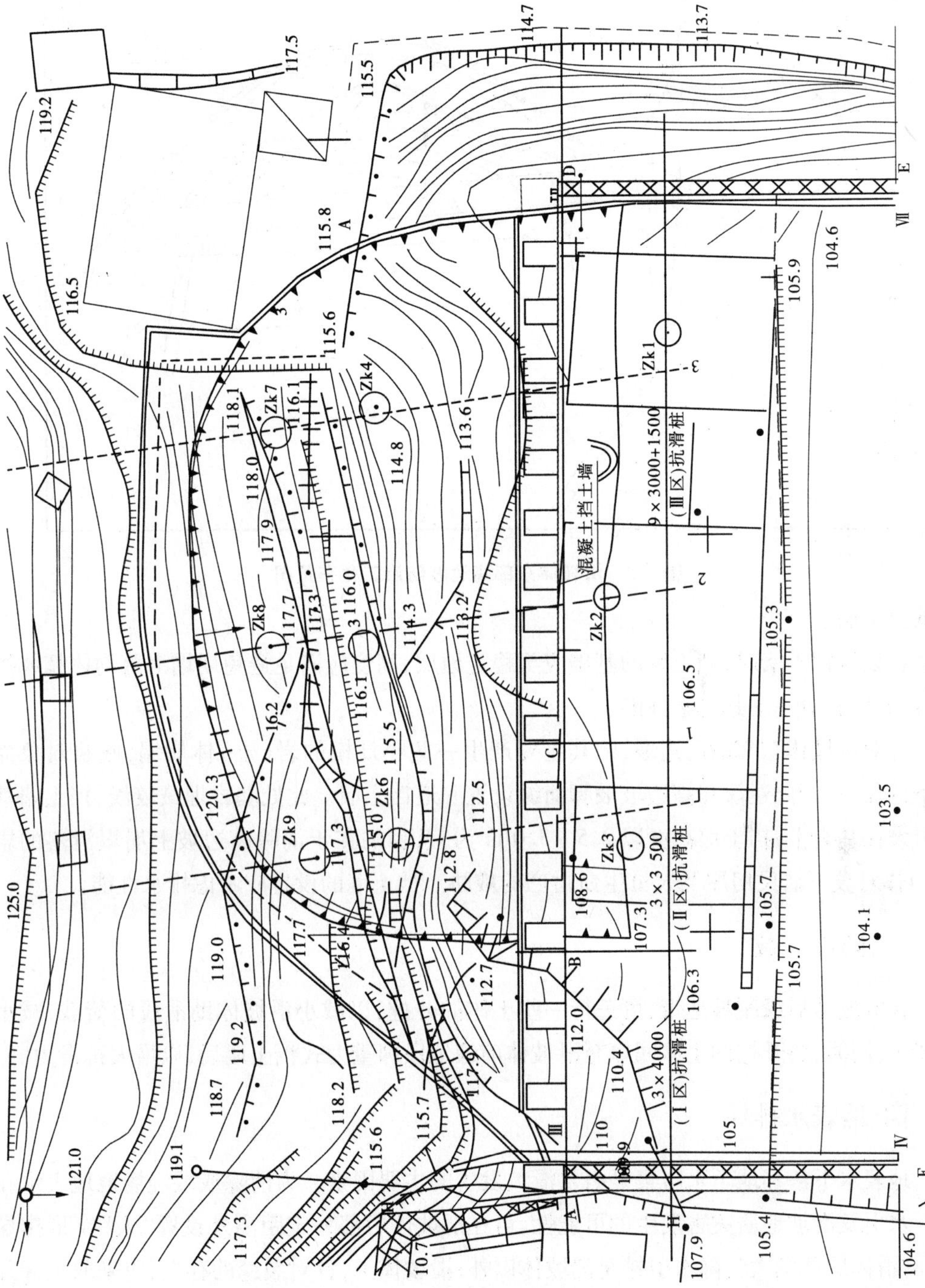

图 7-2　滑坡防治工程平面布置图

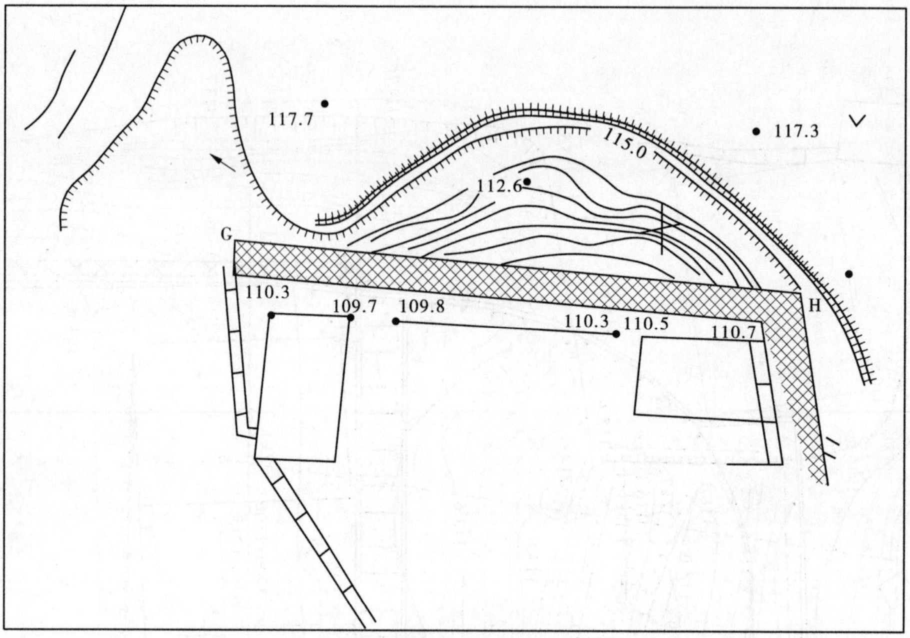

图 7-3　滑坡体东部高边坡防治工程布置图

力式挡土墙。

在设置挡土墙时，挡土墙的基础应至稳定地层，高度应满足避免崩塌滑落物体超越挡墙，同时应充分考虑其排水性能。

针对滑坡体东部的高边坡，因其主要产生一些小规模的岩（土）体崩塌，威胁对象为坡下的住户，因此建议在高边坡坡脚前缘设置一道挡土墙。此处基岩埋藏较浅，挡土墙基础可设在基岩上；挡土墙高度以 2.5 ~ 3.0 m 为宜，目的在于消除高边坡上崩塌滑落的岩（土）体对坡下居民房屋及人员生命财产的威胁。挡土墙的设置应考虑排水性能。

三、削坡减载

在滑坡体后缘缓坡地带，可进行一些土体的开挖，以减小滑坡体助滑段的荷载，减小下滑力；同时，将开挖的土体回填至滑坡体前缘地段即重力式挡土墙后，以增大抗滑力。

四、地表水排导

地表水下渗和地下水富集是引发滑坡发生的主要因素。为消除或减轻场地地表水和地下水引发滑坡地质灾害发生的可能性，可在滑坡体后部一定距离外设置“人”字形排导槽，将滑体后部的大气降水引排至滑坡体以外；滑坡体上，针对裂缝的存在，应采取填缝夯实、局部地面硬化措施，最大限度地防止坡体上地表水侵入裂缝，减小滑坡地质灾害发生的可能性。采取“截水”、“排水”、“护”、“填”等防治措施的具体方法如下。

（1）“截水”：在滑坡体后缘边界 5 m 以外的稳定地段设一道环形截水沟（或盲沟），用以拦截和旁引滑坡体上游范围内的地表水，使之不进入滑坡区；在滑坡体东部高边坡后缘5 m外也设置一道截水沟，用以排导高边坡上游大气降水，使其顺坡两侧排流，避免降水引发岩(土)体崩塌地质灾害的发生。

(2)“排水”：在滑坡区内利用自然沟谷，建成树枝状排水系统，排除滑坡区内的地表水和地下水。

(3)“护”：在坡体上种上植被或在滑坡上游严重冲刷地段筑丁坝以改变水流方向，以防地表水对滑坡坡面的冲刷。

(4)“填”：采用黏土填塞滑坡体上的裂缝，防止地表水进入滑坡体内。

五、生物工程

在治理工程完工后，应结合当地气候环境，在滑坡体上及其外围地段种植植被树木，多种植一些固土性强的树木；在高陡边坡地带，要种植草木固土，以避免水土流失。

六、滑坡监测

对滑坡的监测应从进行勘查工作时开始，至治理工程完工一年后止。

通过监测，随时了解滑坡体的变形破坏过程，确保项目勘查、设计、施工期间的人员与设备安全；治理完工后应继续监测，对不稳定边坡的范围、移动方向和速度以及地下水、爆破振动等进行监测，将取得的定量数据提供给设计部门，同时对各项防治工程系统等加固措施的受力、变形等进行测量，验证其是否达到预期的效果，如未达到即应采取补救措施。

第三节 工程设计

一、设计依据

(1)《建筑边坡工程技术规范》(GB 50330—2002)；

(2)《建筑地基基础设计规范》(GB 50007—2002)；

(3)《建筑桩基技术规范》(JGJ 94—94)；

(4)《建筑抗震设计规范》(GB 50011—2001)；

(5)《混凝土结构设计规范》(GB 50010—2002)；

(6)《支挡结构设计手册》(第2版，中国建筑工业出版社，尉希成、周美玲编著)；

(7)新县向阳新村滑坡应急整治工程岩土工程勘察报告(2005年12月)；

(8)北京理正程序(YANTU36)。

二、滑坡治理设计参数与推力计算

根据上述勘查结果，场地抗震设防烈度为Ⅵ度，在计算滑坡下滑推力时未考虑地震作用力,但考虑了连续降雨后地下水可能上升的地下水作用力。滑坡下滑推力计算参数是根据室内外试验指标、反算指标及已有区域经验综合确定的,各区段物理力学指标参数值详见表7-1。各断面下滑推力值按滑坡推力安全系数分别为1.10、1.15、1.20、1.25,计算出的下滑推力值详见表7-2。新县是一个山区县,建设用地极度紧缺,紧邻该滑坡体设计抗滑桩北侧为地方已征房建开发建设用地地段,该拟建地段地面整平标高为104.0 m(邻滑坡局部地段已挖至104.0 m),为消除因后期建设对该滑坡体所形成潜在的影响,抗滑桩桩前地面标高按104.0 m考虑。经对滑坡后缘切方和前缘反压,连续降雨地下水位上升、桩前地面标高104.0 m和滑坡推力安全系数取1.2时,计算出滑坡的各断面下滑推力值和滑坡东侧边坡推力值详见表7-3。抗滑桩区段内各类岩土物理力学指标详见表7-4。

表7-1 各区段物理力学指标参数值

区段	参数			
	黏聚力 c(kPa)	内摩擦角 φ(°)	天然重度 γ(kN/m^3)	饱和重度 γ_{sat}(kN/m^3)
牵引段	1.0(3.0)	13.0(5.0)	19.0	22.0
主滑段	14.5	16.5	19.0	22.0
抗滑段	15.0	18.0	19.0	22.0

注:括号内的数字指张开有松土充填段中值。

表7-2 滑坡各断面不同推力安全系数的下滑推力值 E

状态	断面											
	Ⅰ—Ⅰ′				Ⅱ—Ⅱ′				Ⅲ—Ⅲ′			
	1.10	1.15	1.20	1.25	1.10	1.15	1.20	1.25	1.10	1.15	1.20	1.25
天然	59.5	89.5	119.5	149.5	96.1	143.7	191.3	238.9	97.4	146.5	195.5	244.5
全饱和	170.0	204.4	238.7	273.0	245.9	299.1	352.1	405.5	292.0	348.1	404.2	460.3

注:全饱和是指连续降雨浸润线上升条件。

表7-3 各断面抗滑桩设计推力值

区段	Ⅰ区	Ⅱ区	Ⅲ区	
断面号	滑坡东侧边坡	Ⅰ—Ⅰ′	Ⅱ—Ⅱ′	Ⅲ—Ⅲ′
桩轴线水平推力 E(kN/m)	195.0	280.0	445.0	445.0

注:表中滑坡下滑力值是按滑坡推力安全系数取1.2计算的。

表 7-4　抗滑桩区段内各类岩土物理力学指标

土类	物理力学指标				
	初始弹性系数 A(MN/m^3)	地基系数的比例系数(MN/m^4)	内摩擦角 φ(°)	重度 γ(kN/m^3)	墙底与地基土摩擦系数 f
残积土	40.0	3.0	—	—	0.45
强风化花岗岩	40.0	20.0	—	—	0.50
墙背后回填土	—	—	30.0	19.0	—

三、滑坡治理设计措施

(一)防渗与截排水工程

滑坡体内存在多条张拉裂缝,地表水易下渗至滑坡体内,不仅增大滑体重量,而且降低滑面(带)土的强度,增加滑坡下滑推力,产生新的变形与滑动。为消除这一隐患,对滑坡体内的裂缝进行压浆处理,压浆处理后对裂缝挖掘 0.50 m 左右深度的沟槽,并用黏性土分层回填夯实(要求压实系数不小于 0.95),同时在滑坡周界外和滑坡体东侧民房坡面上适当位置修筑环形截排水沟,顺引地表水于滑坡体和民房后坡面以外,在滑坡体下缘支挡工程内侧设置一条截排水沟,将坡体内地表水及时导出。滑坡体内截排水沟断面图分别如图 7-4 所示,吊沟及消能池平面图和断面图分别如图 7-5、图 7-6 所示。

(二)减载反压与支挡工程

在滑坡体后缘主滑段采取切方减载,以减小滑坡下滑推力。切方后的土用于回填抗滑桩与挡土墙背后的回填土料。对滑坡前缘东侧挡土墙后的较高坡面也采取切方减载,该切方后的土料也用于抗滑桩背后的回填土料。前述两处切方不仅有减载作用,而且作用于桩背后抗滑段填料还能起到对滑坡体的反压抗滑作用。对滑坡东侧抗滑桩区即Ⅰ区以南按边坡角为 31°进行削方减压。

根据表 7-3 中的各断面抗滑桩的设计推力值,为抵消滑坡体下滑推力,在滑坡体前缘及东侧边坡设置一排抗滑桩,桩顶标高为 110.0 m,桩截面均为 2.0 m×1.5 m,由东向西分为Ⅰ、Ⅱ、Ⅲ区,其间距分别为 4.0 m、3.5 m、3.0 m,桩长分别为 15.0 m、18.0 m、20.0 m,并在抗滑桩的桩与桩之间设置钢筋混凝土挡土墙,与抗滑桩构成一个支挡体系。钢筋混凝土挡土墙厚度为 30~50 cm。

抗滑桩、桩锁口护壁及钢筋混凝土挡土墙配筋及技术要求如图 7-7~图 7-14 所示。

(三)土钉墙支护工程

因滑坡体东侧居民房后的坡面较高较陡,若连续降雨存在不稳定状态,为消除这一不稳定隐患,对该边坡采取土钉墙支护措施(GH 段);滑桩前东、西两侧开挖后边坡高度为 2.0~6.0 m(AF 段、DE 段),也采取土钉墙支护措施,并在坡面设置泄水孔。

支护参数与技术要求详见图 7-7~图 7-14。

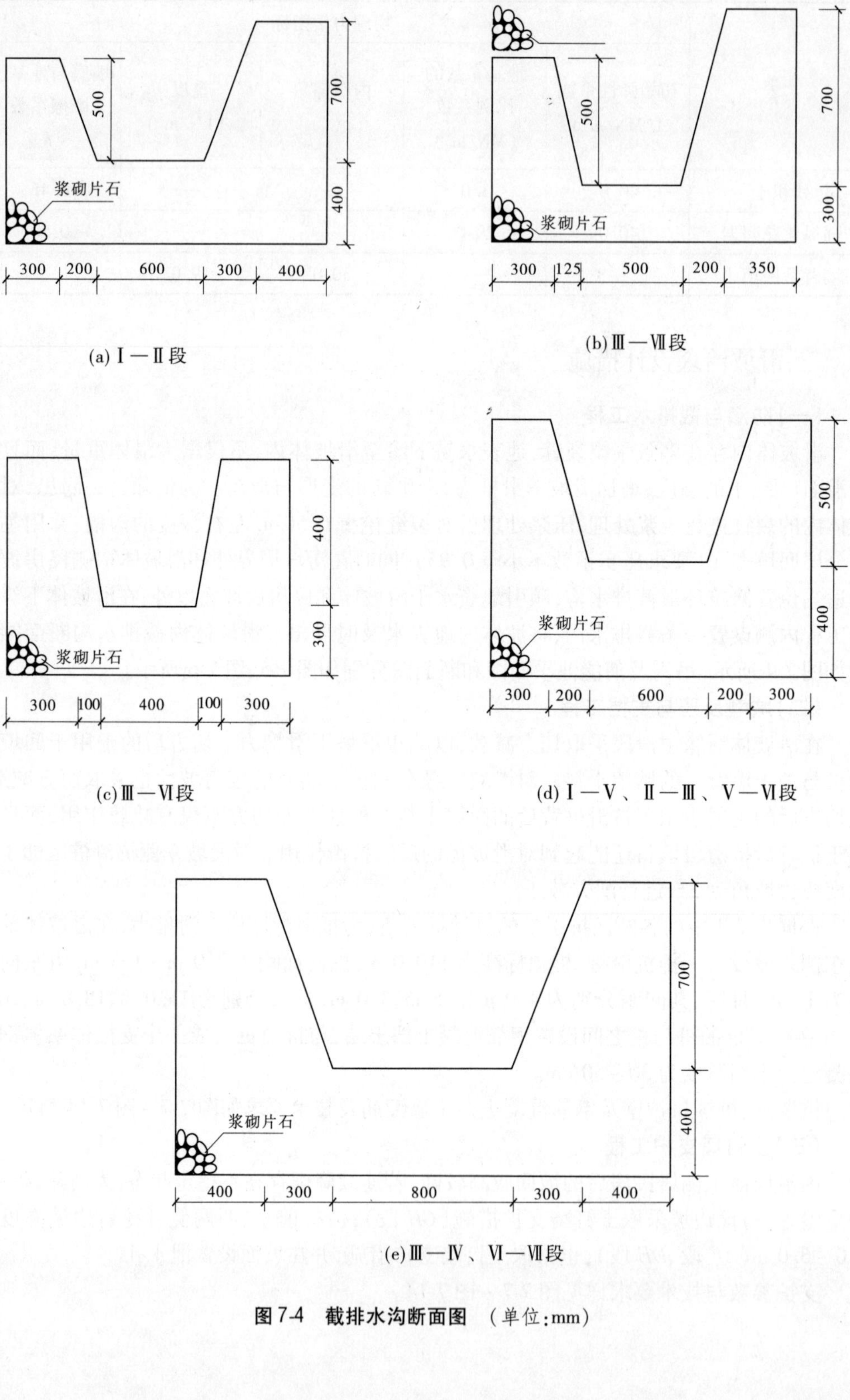

图 7-4 截排水沟断面图 （单位:mm）

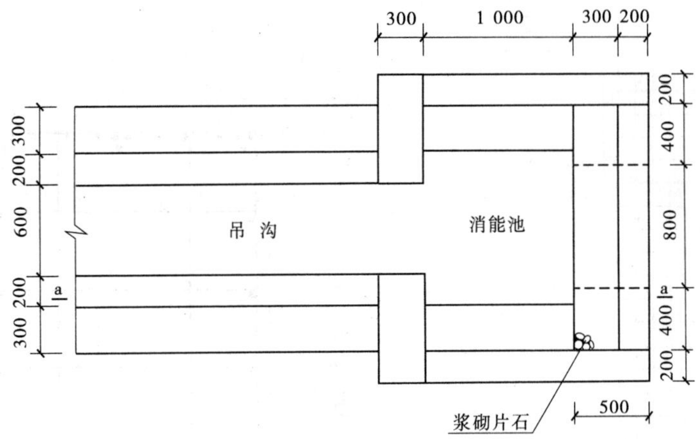

图7-5 吊沟及消能池平面图 （单位:mm）

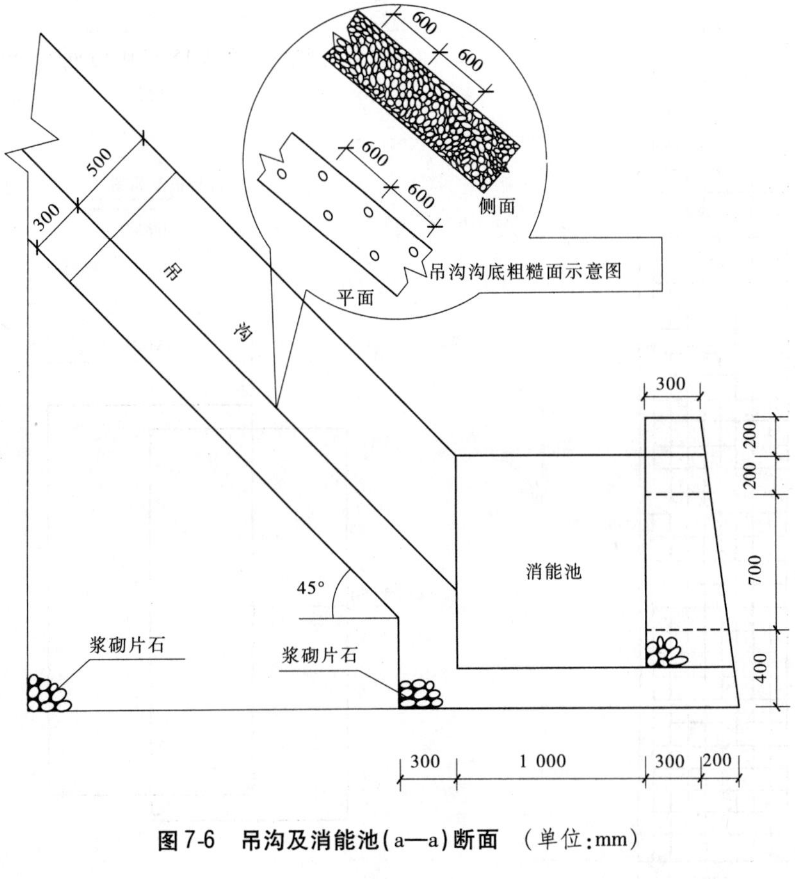

图7-6 吊沟及消能池(a—a)断面 （单位:mm）

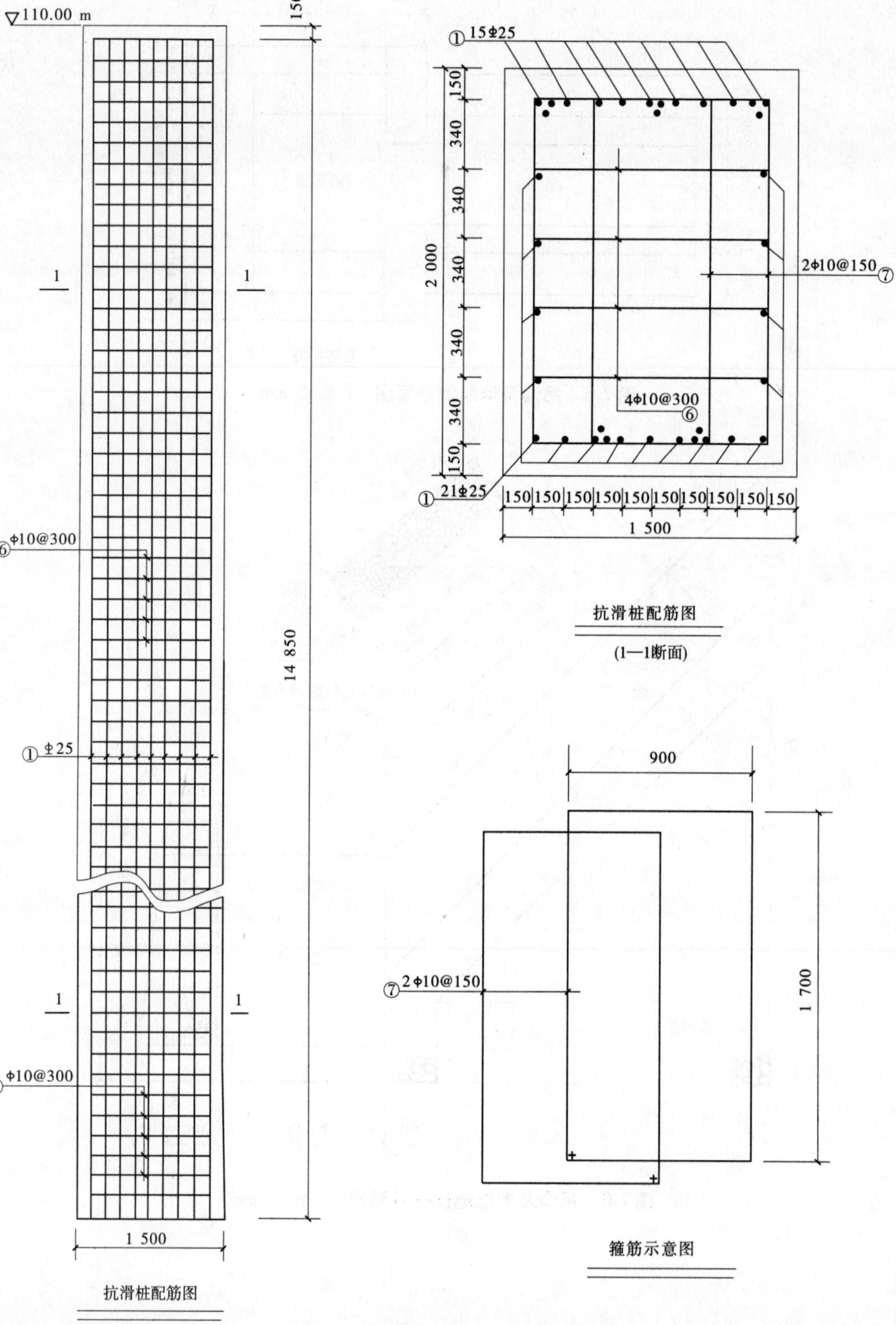

图 7-7　抗滑桩配筋图　（单位：mm）

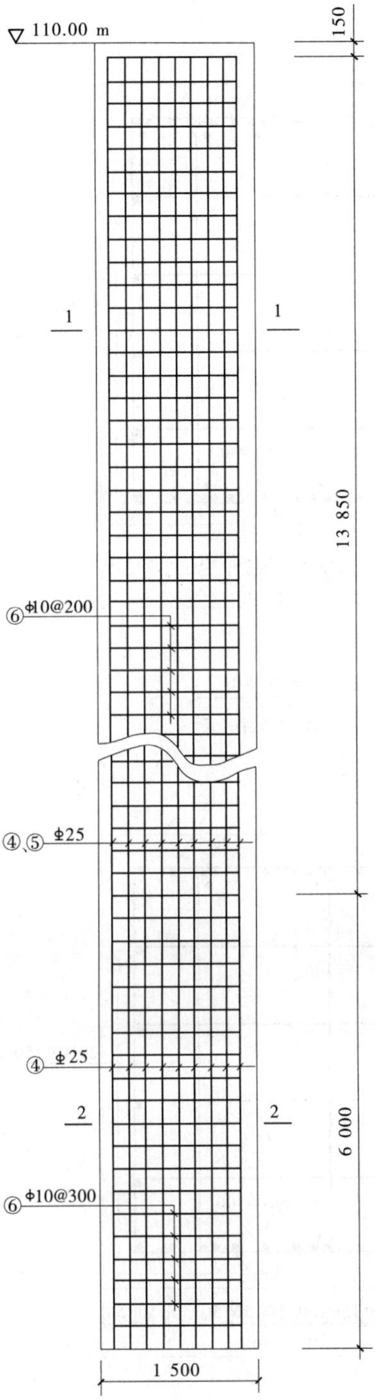

抗滑桩配筋图

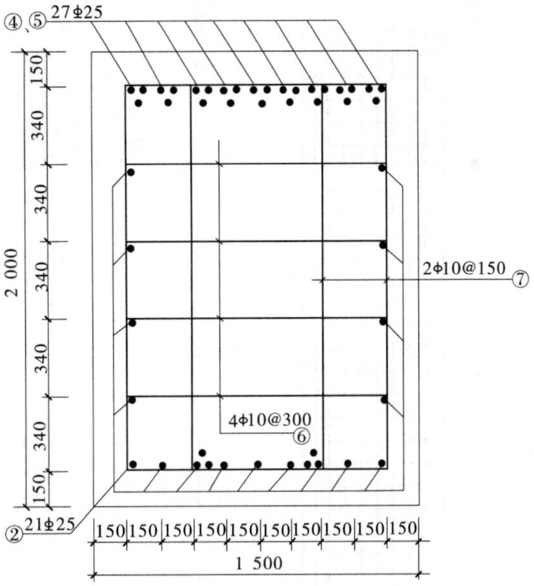

抗滑桩配筋图

(1—1断面)

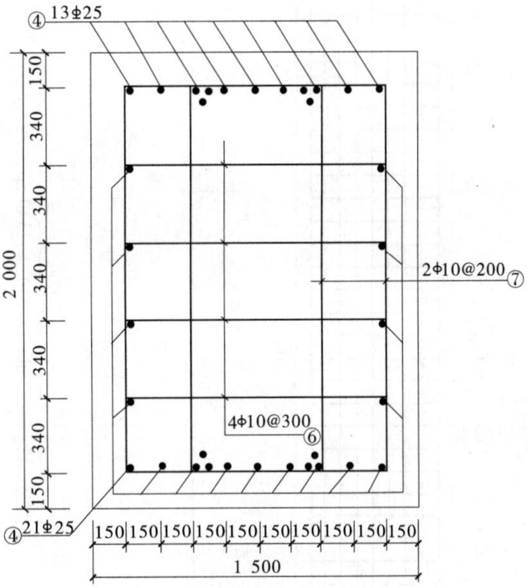

抗滑桩配筋图

(2—2断面)

续图 7-7

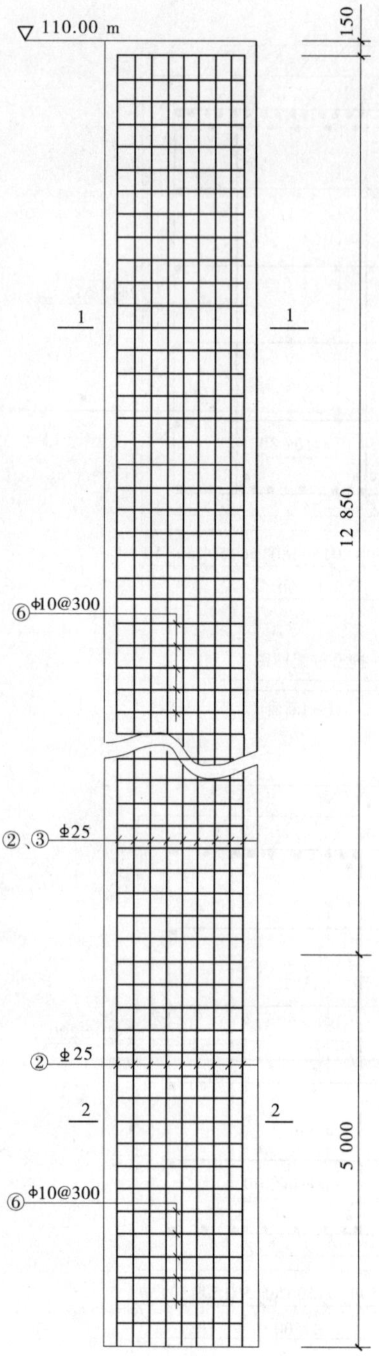

抗滑桩配筋图

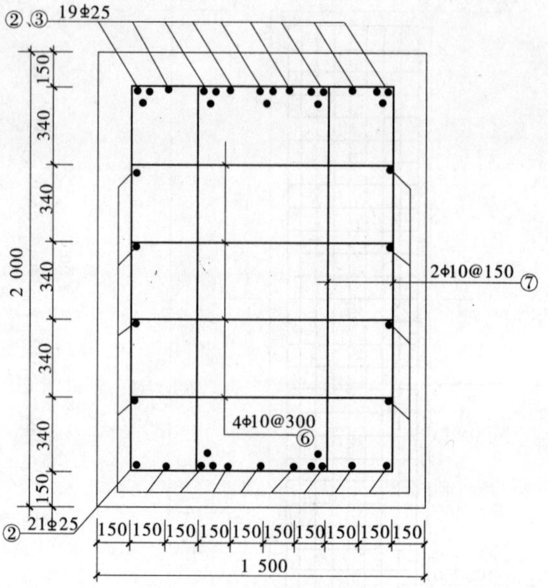

抗滑桩配筋图

(1—1断面)

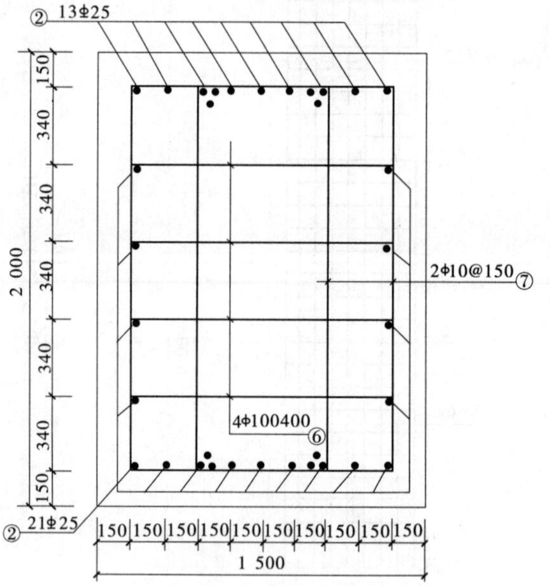

抗滑桩配筋图

(2—2断面)

续图 7-7

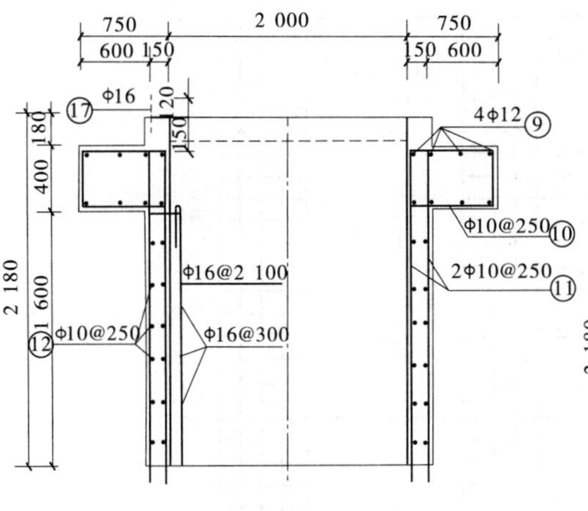

1—1断面配筋图

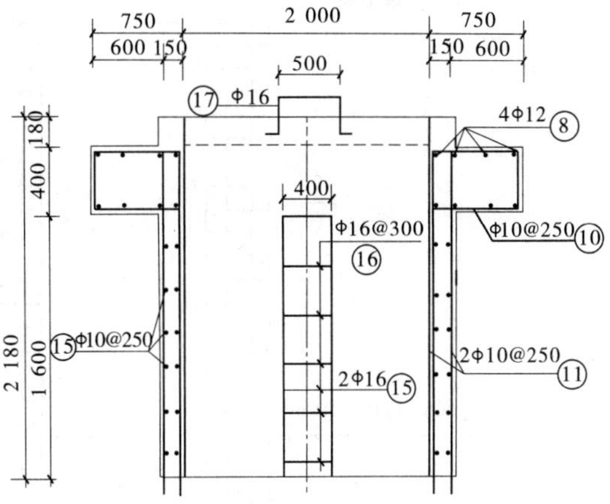

2—2断面配筋图

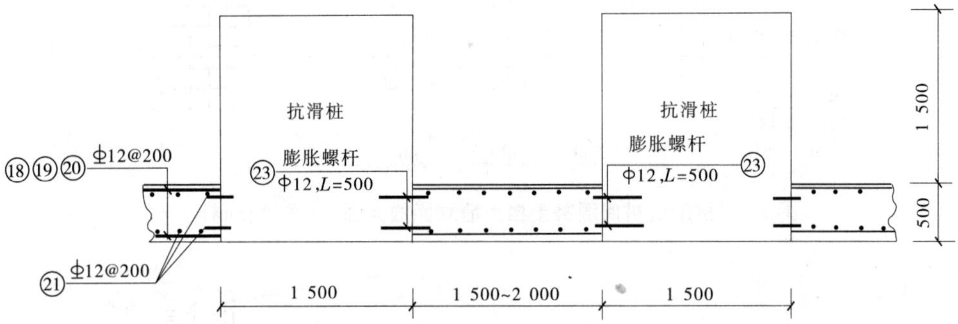

a—a断面配筋图

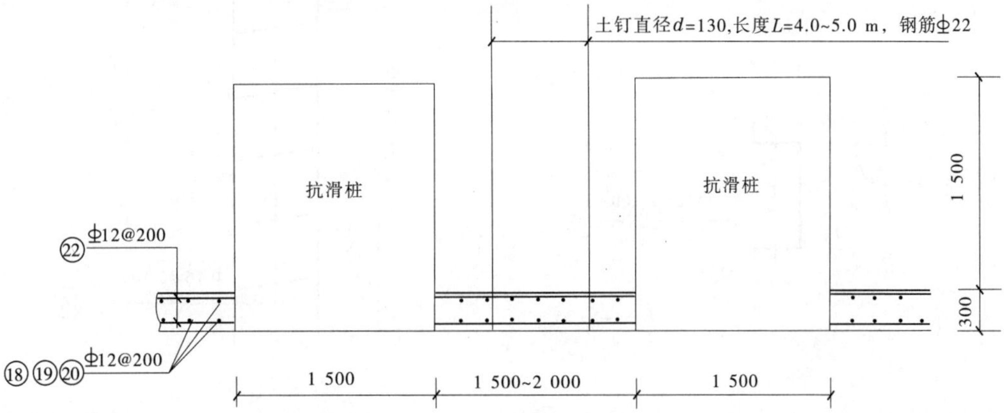

b—b断面配筋图

图 7-8　抗滑桩断面图　（单位:mm）

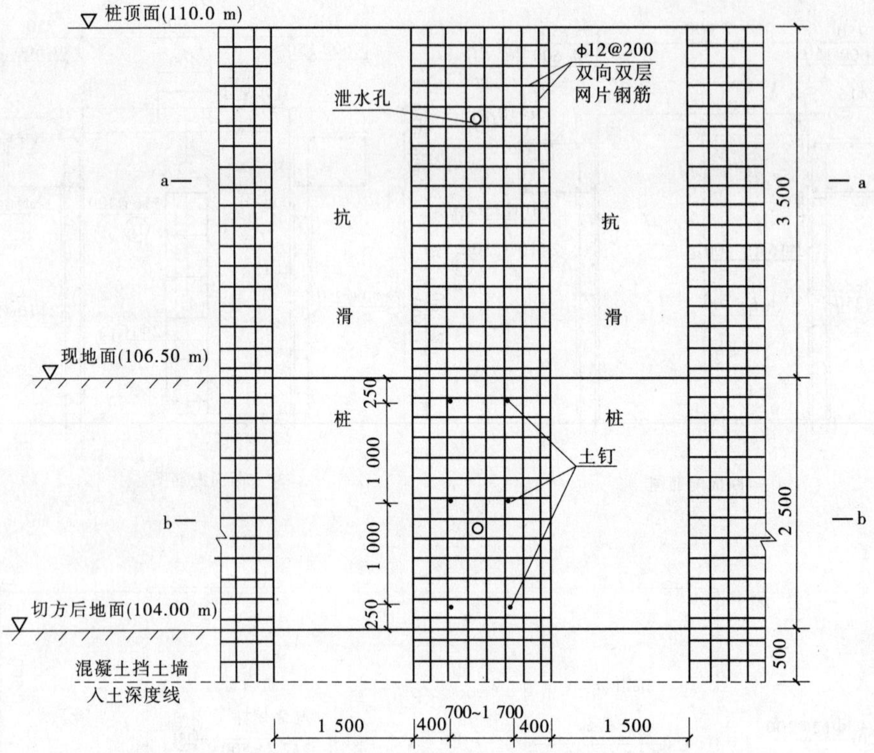

图 7-9　抗滑桩桩间混凝土挡土墙立面放大图　（单位:mm）

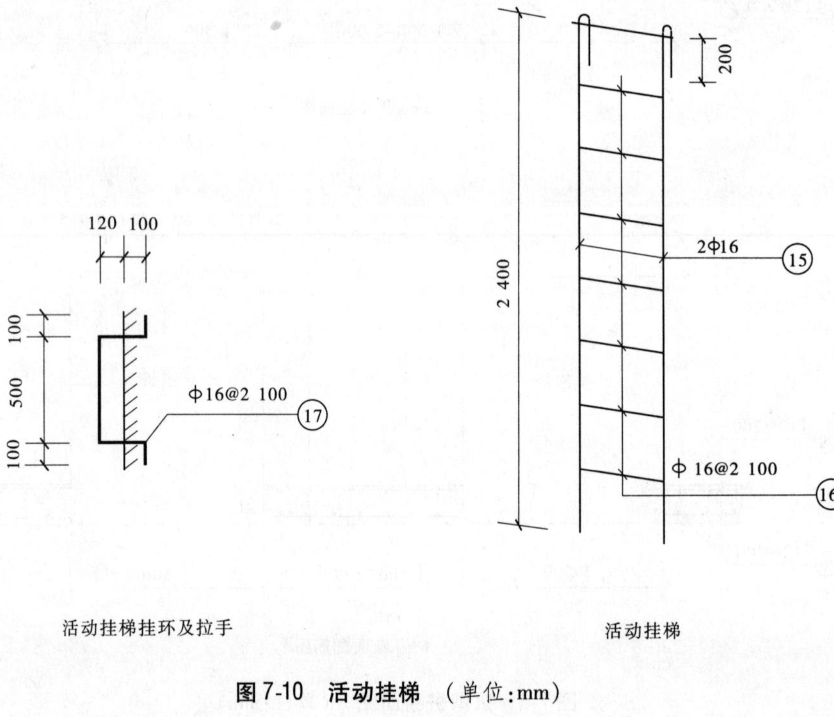

图 7-10　活动挂梯　（单位:mm）

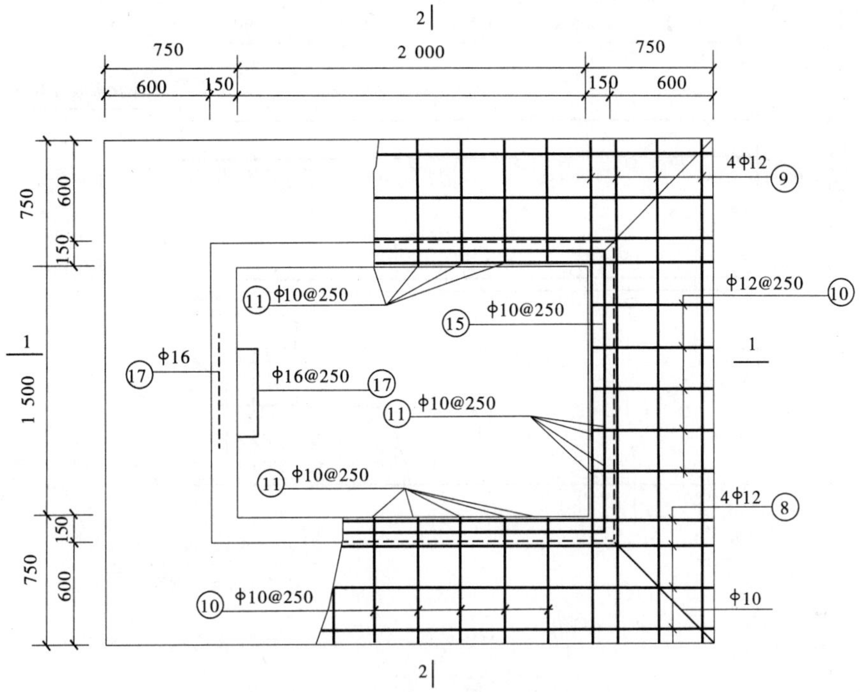

图 7-11　锁口配筋图　（单位:mm）

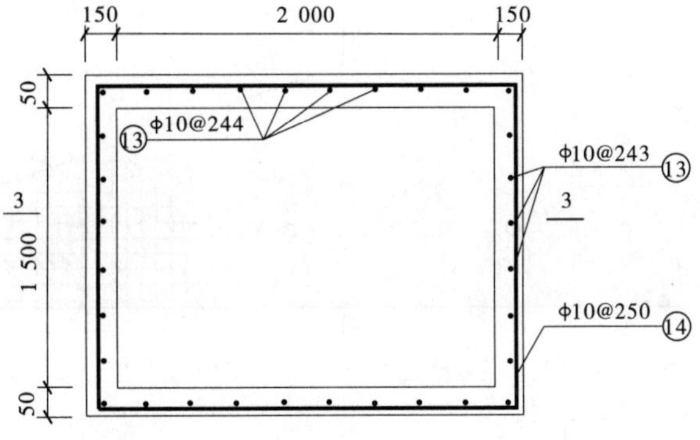

(a)护壁配筋图

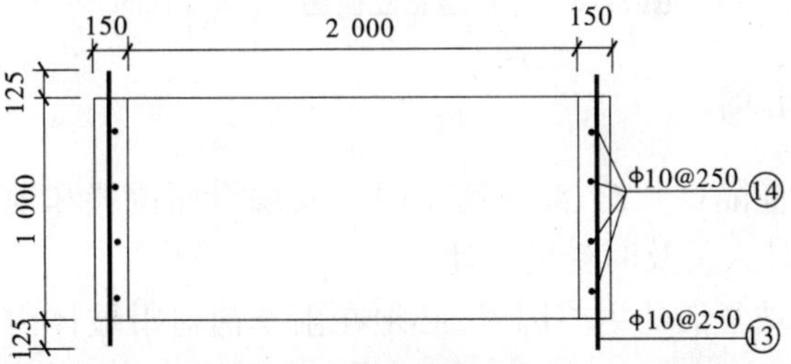

(b)3—3断面配筋图

图 7-12　护壁及断面配筋图　（单位:mm）

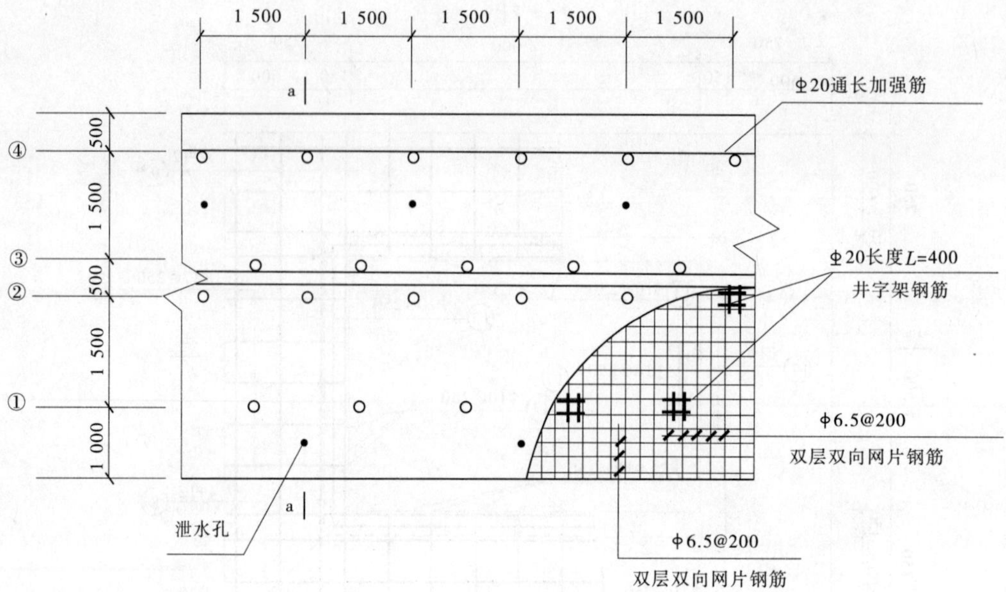

GH 段

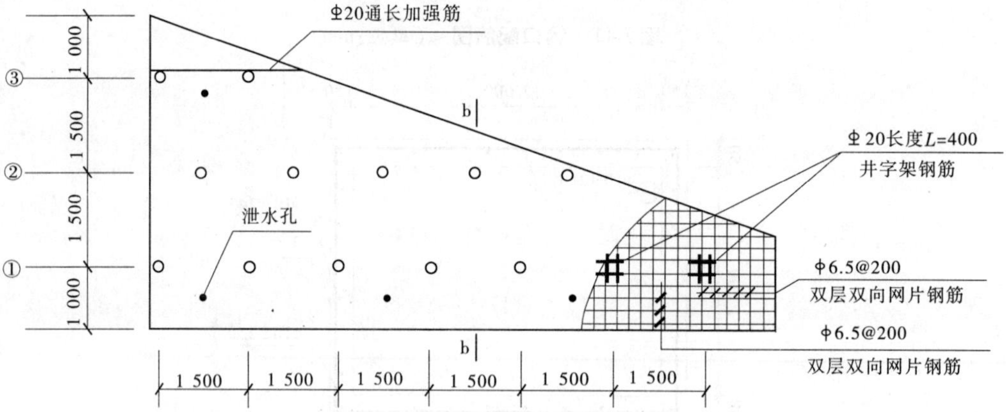

HA 段

图 7-13　土钉墙正立面图　（单位:mm）

四、施工注意事项

(1)抗滑桩施工应隔点开挖,灌注施工时若发现滑面位置和地层情况与设计有较大出入,应立即通知设计人员及时变更设计。

(2)水是诱发滑坡复活的主要因素,必须在雨季前对滑坡体内张拉裂缝进行压浆夯实处理。

(3)截排水沟工程修成后应设专人管理、养护和维修,确保工程获得应有的效果。

(4)为使滑坡体表面平整美观,对滑坡体表面应进行修平并植树种草绿化,既可防止

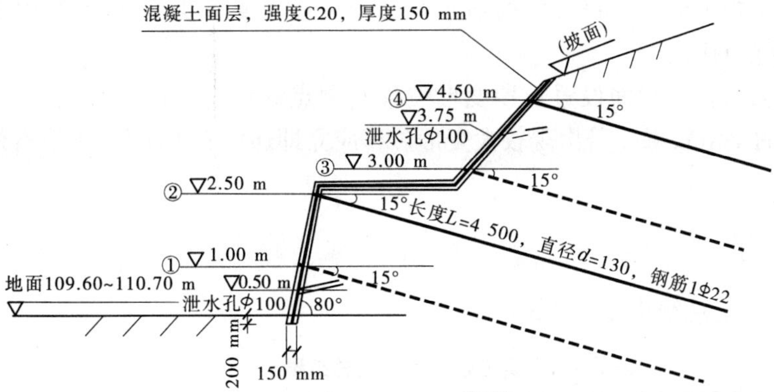

(a)a—a剖面

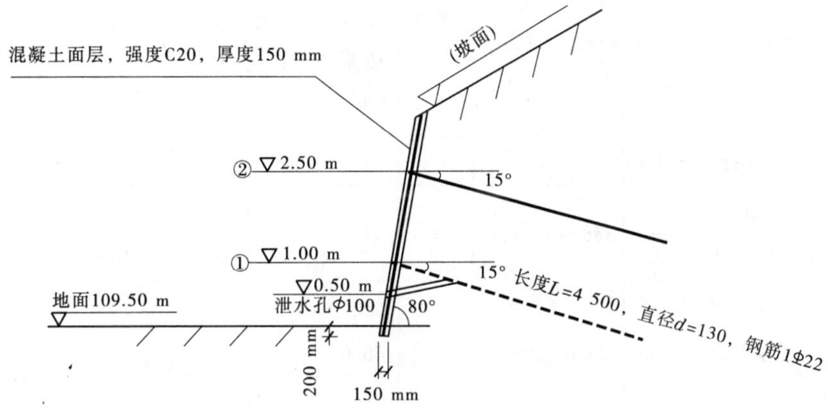

(b)b—b剖面

图7-14　土钉墙剖面图

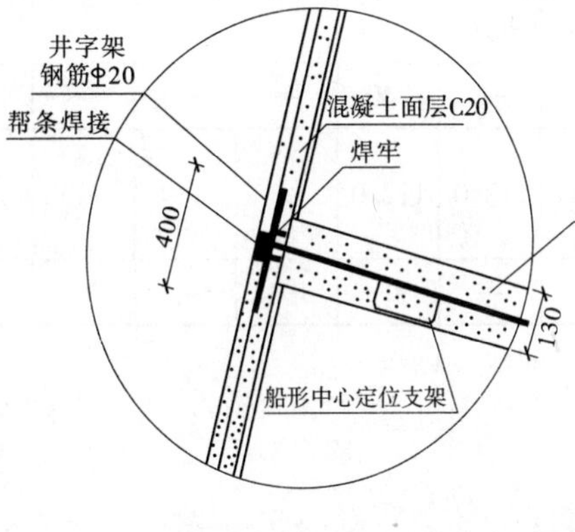

(a)土钉与网筋混凝土面层连接处放大图

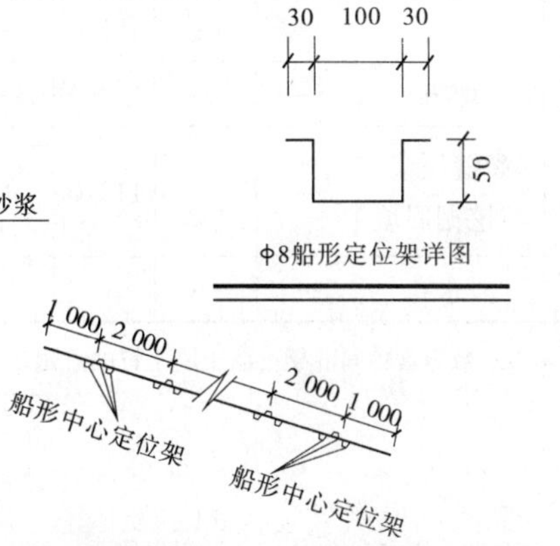

(b)船形定位架在土钉钢筋上的焊接位置

图7-15　土钉墙细部图（单位:mm）

水土流失又可防止地表水下渗带来的滑坡隐患。

(5)钢筋混凝土挡土墙与土钉墙中的泄水孔必须按技术要求执行,以便导引出连续降雨墙背后可能存在的地下水。

(6)在抗滑桩与土钉墙顶面设置长期变形位移观测点进行变形位移观测,以了解滑坡、边坡治理工程的整治效果。若出现较大变形位移应立即通知有关单位,采取有效处理措施。

五、设计工程量

主要工程工作量汇总结果见表7-5。

表7-5 主要工程工作量汇总结果

分项工程		C30混凝土(m^3)	C25混凝土(m^3)	C20混凝土(m^3)	M15浆砌片石(m^3)	M10水泥砂浆(m^3)	挖土方(m^3)	回填夯实土方(m^3)	总延米(m)	沥青麻筋(m^2)	Φ6.5钢筋网片(m^2)	钢材(t)
抗滑桩工程	桩身	897.0	—	—	—	—	—	—	—	—	—	63.6
	锁口及护壁	—	388.9	—	—	—	—	—	—	—	—	16
挡土墙工程	钢筋混凝土挡土墙	—	75.6	—	—	46.0	—	—	—	—	—	3.3
土钉墙工程		—	—	70.5	—	—	—	—	*917.0	10.0	940	3.47
附属工程	截排水沟与吊沟	—	—		261.0			—	—	—	—	—
	切方	—	—	456.0	—	—	1 807.3	—	—	—	—	—
	填方	—	—	—	—	—	—	340	—	—	—	—
	裂缝压浆与挖掘回填	—	—	112.0	—	1 000	112.0	112.0	—	—	—	—
	泄水孔	—	—	—	—	—	—	—	191	—	—	—

注:*表示数据含桩间混凝土挡土墙土钉的总延米长。

第八章　施工组织设计

第一节　施工依据

滑坡治理工程施工组织设计编制依据如下：

(1)河南省新县新集镇向阳新村滑坡应急治理工程施工图设计；

(2)《建筑边坡工程技术规范》(GB 50330—2002)；

(3)《建筑地基基础设计规范》(GB 50007—2002)；

(4)《公路工程质量检验评定标准》(JTGF 80/1—2004)；

(5)《公路桥涵施工技术规范》(JTJ 013—95)；

(6)《公路路基施工技术规范》(JTJ 033—97)；

(7)《建筑工程施工质量验收统一标准》(GB 50300—2001)；

(8)《混凝土强度检验评定标准》(GBJ 107—87)；

(9)《工程测量规范》(GB 50026—93)；

(10)《砌体工程施工质量验收规范》(GB 50203—2002)；

(11)《崩塌、滑坡、泥石流监测规范》(DZ/T 0221—2006)；

(12)《滑坡防治工程设计与施工技术规范》(DZ/T 0219—2006)；

(13)对施工现场踏勘及其周围环境调查了解的资料；

(14)建设部颁发的现行规范、施工技术规范、质量评定标准及预算定额等相关文件。

第二节　施工组织方案

一、施工顺序

该治理工程的先后施工顺序为：对于滑坡体支挡体系的施工，采取先施工抗滑桩，然后进行桩间钢筋混凝土挡土墙施工，形成强度后，再进行滑坡体后缘切方、桩间土方回填及排水系统的施工；对于土钉墙分项工程的施工，先进行削坡，待达到设计要求后进行土钉钻孔、裂缝注浆、挂网、喷射混凝土面层的施工。

二、施工方法

抗滑桩分项工程的施工采取人工分节爆破开挖，然后进行混凝土灌注，挖孔施工采取隔一孔挖一孔的施工方式，即分两个次序施工，每根抗滑桩先施工地面线以下部分，再施工地面线以上部分；钢筋混凝土挡土墙的施工采用在抗滑侧面设计的位置先钻孔，然后预埋膨胀螺栓并与挡土墙钢筋连接好，随后支模浇筑混凝土；土钉墙的施工先采用机械按放出的边坡线开挖，并配合人工修整的方式进行削坡，然后用 MGY－60 锚杆钻机钻孔、注浆、挂网后采用分层施工喷射混凝土面层的施工方法；排水系统的施工采用人工开挖基槽再砌筑 M7.5 片石成型的施工方法进行。

三、施工监测要求及应急措施

针对施工过程的安全隐患，采取切实可行的防护措施。同时，为确保滑坡处理施工的安全，应配合相关单位自行施工监测（包括对滑坡滑动监测和施工对滑坡影响的监测），随时掌握滑坡整治施工过程中的边坡动态变化，滑坡裂缝的发生和发展以及对其他工程的位移和变形的影响。应及时预报施工中出现的问题，并把获得的信息及时反馈到设计方，据此指导施工。

四、施工场地布置

施工场地布置做到通水、通电、道路通和场地平整，设置钢筋加工场和混凝土拌和站，规划抗滑桩施工区和土钉墙施工区。施工总平面布置见图 8-1。

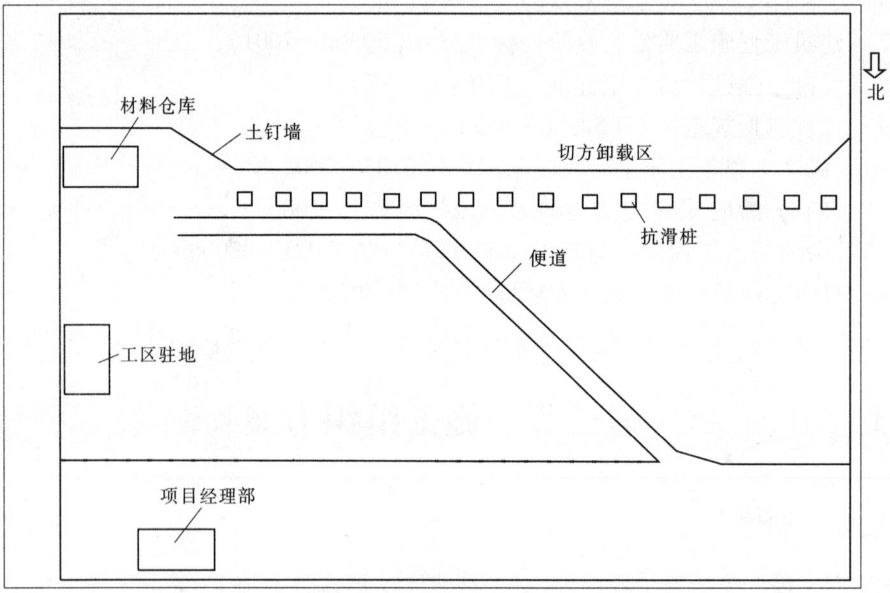

图 8-1　施工总平面布置图

第三节　施工总体部署

一、施工组织管理

该工程按照项目管理法在进场后及时成立项目经理负责制下的河南省新县新集镇向阳新村滑坡应急治理工程项目经理部。项目经理为具有一级资质的王爱华。按照精简高效的原则，负责总体生产计划安排、生产调度、材料供应、工程款结算和分配，以及对外关系和协调施工中出现的问题。项目经理部设工程技术部、质检部、计划财务部、设备材料供应部、安全保卫部和实验室等业务职能部门。根据不同施工项目的特征与现场实际情况，项目部按不同作业性质下设四个施工队，其分工为：桩基施工队负责抗滑桩和挡土墙的施工，截排水沟施工队负责浆砌片石环形截排水沟浆砌片石的施工，土钉墙施工队负责土钉钻孔、注浆和喷射混凝土面层的施工，土石方施工队负责削坡、切方、土方外运、填方和绿化的施工。项目经理部建立施工管理组织机构（见图 8-2）。

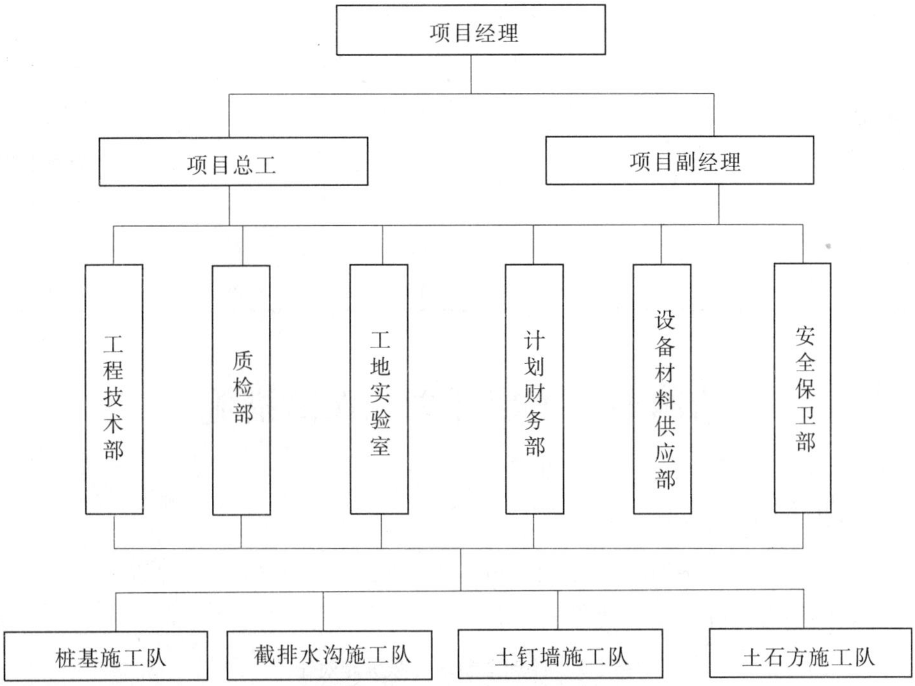

图 8-2　施工管理组织机构框图

二、主要材料供应计划

（1）开工前需联系好水泥供应厂家，确保有充足的货源，每天按时按量将水泥供应到工地。

（2）备料进场前取样做水泥和钢筋原材料等试验。

（3）根据施工组织设计的施工进度计划和施工预算中的工料分析，编制工程所需的材料用量计划，做好备料、供料和确定仓库、堆场面积及组织运输的依据。

（4）根据材料需要用量计划，做好材料的订货和采购工作，使计划得到落实。

（5）组织材料按计划进场，并做好保管工作。

（6）水泥仓库、堆料场至少储备 1 ~ 2 d 的材料用量。

三、主要施工机械设备使用计划

机械使用台班数量见表 8-1。

表 8-1　机械使用台班数量

序号	机械名称	单位	消耗台班数量		使用部位
			计划	实际	
1	挖掘机	台班	110	130	台背回填
2	空压机(12 m^3)	台班	20	30	土钉成孔
3	空压机(3 m^3)	台时	1 000	1 200	挖孔
4	8 t 自卸汽车	台班	30	40	土方外运
5	搅拌机 JZ 350	h	130	158	抗滑桩、挡土墙
6	混凝土喷射机	h	25	35	土钉墙
7	振动压路机	台班	1	3	台背回填
8	锚杆钻机	h	80	120	土钉成孔
9	洒水车	台班	70	80	桩、墙等
10	注浆机	h	40	50	裂缝压浆

第四节　工期计划及保障措施

一、工期计划

工程计划工期从 2006 年 4 月 26 日开始，至 2006 年 6 月 30 日工程竣工，计划工期为 66 天。计划工期与实际进度对比见表 8-2。

表 8-2　计划工期与实际进度对比

工程名称	4 月份			5 月份			6 月份			7 月份			8 月份			9 月份			备注
	10	20	30	10	20	31	10	20	30	10	20	31	10	20	31	10	20	30	
施工准备	—	—	—																
切方、削坡			—	—	—														
土钉墙工程			—	—	—	—	—	—	—										
抗滑桩			—	—	—	—	—	—	—										
钢筋混凝土挡土墙							—	—	—										
排水系统							—	—	—										
填方								—	—										
裂缝压浆与挖掘回填							—	—	—										
其他										—	—	—							

二、工期保障措施

(一)施工组织机构

(1)参阅以项目为核心的责、权、利关系，定岗、定人、授权，各负其责。

(2)选取优秀的管理人员组成项目经理部，对工程实行计划管理，发挥组织、协调、控制、监督和指挥职能，同进派出技术过硬、吃苦耐劳的施工队伍，确保高标准、高速度地完成本工程的施工任务。

(3)在开工前各方面的人员要落实到位，凡被选调入项目组的管理人员、专业工长随时候命，工程一开工即进驻工程现场开展工作。

(4)坚持每天一次的工作调度会，做到当天问题当天处理，并让每个生产者清楚第二天的工作，并及时布置安排。

(5)定期召开每周一次各部门负责人参加的协调会，及时协调各部门之间的关系，合理调整机械设备、物资和人力，及时解决生产中出现的问题，并积极参与协调好工程施工外部关系。

(6)建立严格工程施工日志制度，并每日详细记录工程进度、质量、设计修改等问题，以及施工过程中必须记录的有关问题。

(7)建立奖罚严明的经济责任制，每月进行一次总结。提前完成任务的，对施工人员进行奖励；未能按时完成任务的，按拖延的天数进行罚款，谁拖延谁受罚。

(二)机械设备投入

为保证工期目标的实现，对准备投放到本工程的机械设备进行全面的检修保养，以保证机械设备进场完好，正常运作，备足备用件。

(三)材料供应

开工前制定材料进场计划，特殊材料和设计指定的材料尽早落实，及时组织进场，并提前进行原材料检验工作和混凝土及砂浆的试配。

(四)施工管理

(1)在施工过程中以总工期为目标，以阶段控制为保证。将总体的工期目标分解为具体的月、旬、周计划，通过分阶段计划的落实来确保总工期的实施。

(2)坚持每月计划报表的编制、落实，以便甲方能根据报表的情况拨付工程款项，落实资金，满足施工需要。

(3)组织好劳动力队伍，合理编排班组，以便在施工高峰期组织连续的流水作业。

(4)建立健全各级责任制，实行重奖重罚。

(5)建立文明卫生管理小组，加强对食堂和住所卫生监督检查和管理，减少病员，确保正常的施工劳动力队伍。

(6)建立甲、乙双方联席例会制度，检查计划实施情况，研究解决影响工程进度的关键问题，安排下一步工作。

(五)技术措施

(1)认真、仔细熟悉图纸，确切了解工程的各项内容、技术质量指标，在此基础上认真做好图纸会审工作，通过会审把图纸中不够明确的部分以及错漏部分明确解决，以免贻误工期。

(2)进一步编制详细的施工组织设计,及时编制主要的分项施工作业计划,并向各级管理人员、工人传达交底。

(3)一定要安排好不同工种之间的交叉作业顺序。

(4)雨水是影响施工进度的一个重要因素。为此,我们特别提出了雨季施工措施,主要是做好防排水工作,以尽量减少雨水由滑裂缝渗入护坡体内。

第五节　工程质量

为确保工程质量目标在工程施工中全面实现,采取如下保证措施:

(1)制定质量目标,提高全员质量意识,实行全面质量管理。

①质量目标:各项试验检验合格率100%,单元工程一次验收合格率100%,优良率90%以上,达到优质工程标准。

②质量意识:为实现质量目标,首先要确保各级技术、施工人员对工程质量的理解和认识,重新定位,以“高标准、高质量、高起点”的要求,树立全新的质量意识和质量观念,认真做好岗前教育工作,重点培训技术人员。凡参加该工程建设的施工人员,统一组织岗前培训,以质量目标为中心,严格标准,强化培训,持证上岗。根据该工程的实际情况建立健全质量保证体系,做到人人明白、个个清楚。

③全面质量管理:以“以质量求生存,以信誉求发展”为基本宗旨,以“项目施工合格率为100%”为施工目标,在工程施工过程中,实行全面质量管理。

(2)建立严密的质量保证体系,从组织上确保质量目标的实现。

本工程在施工中,质量检查分为三级管理,即项目部质检部的质检工程师—施工队质量检查员—班组兼职质量检查员。

①质检工程师负责本工程全部质量管理工作,直接对项目总工程师及项目经理负责,行使监督权、检查权和质量否决权,具体任务为:协助总工程师领导项目部制定完善的质量保证计划、工作程序,统一质量记录和验收表格;对质量保证计划的贯彻执行定期检查和监督;审查指导各单项工程的施工方案及保证质量的技术措施是否符合规范标准和技术说明书的要求;主持质量事故的调查处理工作;收集文件,整理质量保证记录数据;负责内部质量评价,质量动态分析;负责与监理工程师联系,组织隐蔽工程、分项工程和单位工程的抽查验收;对施工处质检员提出的质检结果报告进行复核、检查,对试验、测量及施工处的施工质量及原材料进行检查、鉴定和抽查,对监理工程师发出的指令及时通知有关部门进行处理。

②施工队质量检查员职责为:负责制定完善的质量实施计划,在质检工程师指导下开展质检工作,贯彻上级的质量指针和要求;对质量计划的贯彻执行进行定期检查和监督;检查各分项工程施工方案及质量技术措施是否符合规范、标准和技术交底的要求;负责质量事故的调查,并提出处理意见;收集文件,整理质量检查记录资料;负责内部质量评价,质量动态分析;负责与质检部联系,组织隐蔽工程、分项工程和单位工程的检查和质量评定;增加班组兼职质量检查员。

(3)建立严格的质量保证制度、管理程序,确保计划目标落实。

为了确保工程质量,项目部根据工程建设的需要,建立了系统完善的质量管理制度,质量管理程序,按照认证体系的要求,认真领会设计意图,并在施工中严格执行。

①施工过程中的质量管理制度。

建立技术交底制度。工程施工由主管技术工程师向全体人员进行技术交底,讲清该项工程的设计要求、技术标准、定位方法、几何尺寸、功能作用、施工方法和注意事项等。

建立“五不施工”、“三不交接”。“五不施工”即未进行技术交底不施工,图纸及技术要求不清楚不施工,测量桩和资料未经换手复核不施工,材料无合格证或者试验不合格者不施工,上道工序不经检查签证不施工。“三不交接”即无自检记录不交接,未经专业人员验收合格不交接,施工记录不全不交接。

对工序实行严格的“三检”。“三检”即自检、互检、交接检。上道工序不合格,不准进入下道工序,确保各道工序的工程质量。

建立严格的隐蔽工程检查签证制度。凡属隐蔽工程项目,由施工队逐级进行自检,自检合格后,应会同监理工程师一起复检,检查结果填入验收表格,由双方签字。

建立测量计算数据换手复核制度。测量数据须换手复核,交项目总工程师审核后报监理工程师批准。现场测量基线、水平点及有关标志均须进行定期复测检验。

建立施工过程质量检测制度。施工过程的质量检测是对施工过程进行质量控制的具体实施,通过对施工过程的质量检测达到对质量问题及时发现、及时解决的目的,以便为验收时的质量检验打下良好的基础。

建立严格的原材料、成品和半成品现场验收制度。对采购进场的原材料及成品、半成品要由质检工程师组织进行验收。参加验收的人员由质检、技术、物资部门及施工处的人员组成。

建立健全原材料、成品、半成品的管理制度。检查合格,同意进场的原材料、成品、半成品要分类、分批堆放,并设立标本和账卡,坚持按用途保管、发放,不得混杂。对易受潮的物品做到防雨、防潮工作。

建立原材料采购制度。原材料采购须制订采购计划。采购按计划部门、技术部门提出的施工进度计划、施工图纸和技术要求制订。

工程材料和设备的采购包括以下内容:项目名称、工程使用部位、规格、数量、时间及价格要求;施工合同规定的质量规范、标准;工程技术规范的要求;运输和交货条件;质量鉴定和检查方法。

按采购计划制定书面的采购定货单,选择供货商。

建立专人进行试验送样制度。工程施工中,施工所用的原材料(砂、碎石、水泥、钢筋等)派专人按不同批量、不同规格、不同型号送往指定实验室进行试验,同时对施工中所用到的各种配合比及时试验,试验合格后方可在工程施工中使用;施工各个工序的混凝土施工时,及时制作试块,试块制取由专人进行,并进行标准养护,养护到期后及时试验,及时掌握施工的试验指标。

②在施工过程中,对保证工程质量的控制要素进行严格掌握:配备高素质的管理人员、技术人员和操作人员;配置良好的机械机具和仪器设备;选择合格的原材料,对于所有

进入现场的原材料，严格按照原材料试验程序及现场检测制度执行，严格原材料采购进货制度；选择合理的工艺参数。

③行使有效的监控手段。在施工中建立一套严密的、有效的施工控制程序，采用先进的质检仪器设备对施工全过程进行有效监控。

④严格施工中的过程检测验收制度。

施工过程主要按以下程序进行施工过程质量检测：

跟踪检测：及时进行质量检测，随时掌握质量情况，及时采取措施，实现对施工过程的信息化指导和动态控制，由施工队质检员、项目部质检工程师和监理在检测记录上共同签字。下道工序的施工，必须在跟踪检测完成并三方签字后，方能继续进行。

复检：项目部质检工程师对跟踪检测结果不满意，要进行复检。复检工作由项目部实施，在进行复检之前，项目部质检部应通知监理工程师到现场对复检工作进行监督，在复检工作完成后，如对结果满意，上述三方应在检测记录表上签字，该检测结果将与跟踪检测记录一起作为验收数据的依据。

抽检：在项目部质检工程师和监理工程师对复检结果不能满意或工作度达不到抽检规定的频率时，要进行抽检。抽检工作与结果应由质检工程师和监理工程师同时实施和签字，并与跟踪检测、复检数据一起作为验收数据的依据。

(4)施工中搞好工程技术档案资料的收集和整理工作。工程竣工前，先进行自检，并全部合格后，再进行整体工程的细致预检，全部达到验收标准后，再进行正式竣工验收。

(5)制订经济措施，对管理人员和施工班组人员进行进度和质量考核制度，实行奖优罚劣。

第六节 工程安全

一、安全目标

本项目安全目标为“三无”、“创建”。“三无”即无工伤事故，无交通事故，无质量事故。“创建”即创建文明施工工地。

二、保障措施

(1)工地设置安全生产领导小组，下设质安员，班组设兼职质安员，明确各级安全岗位责任人，健全安全管理体系。

(2)坚持三级安全教育制度，对特殊工种工人坚持持证上岗。

(3)坚持技术交底的同时进行安全技术交底，使参加操作人员明确安全操作规程和防患要领，严格遵守各种机具操作规程。

(4)按有关规定做好安全的防护，挂安全警示牌，坚持定期安全检查制度，发现事故苗头及时消除，确保安全施工。

(5)坚持防火安全教育，防火及消防材料要符合省、市防火规范。

(6)施工开始前项目安全领导小组应针对现场实际和施工组织方案，编写安全生产计划及措施,并在施工中认真落实。

(7)建立安全管理网络:项目经理部设专职安全员1名,在施工现场巡回检查,对各种不安全因素,及时提出改进意见,将不安全隐患消灭在萌芽状态之中。施工人员必须遵守操作规程,严禁违章作业,玩忽职守。作好安全教育、安全交底和安全检查,委派工地安全员专职安全检查工作。施工队再设1名兼职安全员,负责安全督促检查工作。

(8)对所有参与的施工设备进行开工前检查、检修,设备完好率达100%。

(9)设立专职安全员,负责施工中日常的安全施工检查,发现隐患,及时督促整改;建立施工安全档案。

(10)施工现场必须设置各种警示标志,保证施工安全。

(11)季节性施工措施。

①雨季施工措施。

雨季施工前,对施工现场的物料存放区域、构件存放区及临建、现场施工区域进行彻底检查,做好防雨措施。

雨季施工时,应根据当地气象信息做好防洪防汛防雷电工作,遇有暴风雨时,应暂时停止工作,切断设备电源,并疏散到安全地点,确保施工安全。

雨季施工前,要疏通整个场地的排水系统,并了解该地区的常年雨水量和积水情况,编制好详细的雨季施工措施。

进入雨季,水泥库要加强防范,地坪要高出该地区积水线30 cm。

雨季施工,室外配电板、配电箱应有防雨设施,斜道应设置防滑道,确保安全施工。

下雨施工前,就准备充足的防雨材料,并在施工期间派人昼夜值班,以防意外事情发生。

停雨恢复施工前,应由电工作好漏电测试,确保安全后方可组织施工。

②冬季施工措施。

项目部根据本地气候特点编制适合本工程的冬季施工方案。

室外日平均气温连续5 d平均低于5 ℃,混凝土拌制应采取冬季措施,并应及时做好气温突然下降的防冻措施。

配制冬季施工的水泥砂浆和浆液,应优先选用硅酸盐水泥。

施工用水使用热水时,热水采用水箱加热,水的温度控制在60 ℃左右,并用草袋及塑料布覆盖保温。

水泥现用现出库,搅拌站搭设防护棚。集料不加热,但及时防止雨雪冲洗及冰块夹杂,用水箱加热拌和用水,保证拌和水温在60 ℃左右。

(12)夜间施工,配备专职的安全员跟班作业,工作场地配备足够的安全照明,并设置安全警示灯。

施工现场要严格按照《施工现场临时用电安全技术规范》(JGJ 46)的规定,加强现场用电管理。现场专职安全员和电工每天不少于一次、项目每周不少于二次的检查,对存在的问题要及时整改、落实责任。高温季节,极易发生火灾,施工现场加强对易燃易爆物品管理,严格执行消防制度、动火审批及监护制度,按照不同条件,合理配备灭火器材,消除火灾隐患。

三、安全生产纪律

(1)进入施工现场,必须遵守安全生产规章制度。

(2)进入施工区,必须戴安全帽。

(3)禁止在施工现场喝酒。

(4)现场内不准赤脚,不准穿拖鞋和高跟鞋。

(5)高空作业严禁穿硬底鞋和带钉易滑鞋。

(6)非有关人员不准进入危险区域。

(7)未经施工负责人批准,不准任意拆除架设设施及安全装置。

(8)不准在未有防护措施的楼梯口、基坑边等处探头、探身。

(9)不准从高处向下抛掷任何零配件、物件和材料。

四、安全生产技术措施

(1)安全“三宝”的使用。

①进入施工现场必须戴好安全帽,并系好帽带以防脱落。

②悬空作业时应采取相应的安全措施。

(2)施工用电。

①用电线路架高符合规范规定,线路采用“三相五线”。

②现场施工用电所铺地下电缆要作明显标志,注意保护,避免破坏。

③每台机械都有专用开关,开关箱中装设触电、漏电保护装置。

④用电设备按规定接地,熔丝搭配合理。电源开关设掣箱,加门锁,要设漏电保护装置,施工机械要做好接地保护,接地电阻要经测试,要一机一闸一漏保一制箱。

⑤严禁随地拖线和直接挂在钢筋上。

(3)施工机械。

①所有动力设备要有接零接地保护装置及漏电保护装置。

②机械设备、用电设施必须专人操作,严禁非专门操作人员擅自操作,特殊工种坚持持证上岗。

(4)施工人员安全防护。

①参加施工人员要经过安全培训,并经考核合格持证上岗。

②施工人员必须遵守现场纪律和国家法令、法规规定的要求,必须服从项目经理部的综合管理。

③施工人员高空作业禁止赤脚、穿拖鞋、硬底鞋和打赤膊施工。

④施工人员不得任意拆除现场一切安全防护设施,如机械护壳、安全网、安全围栏、外架拉接点、警示信号等。如因工作需要,必须经项目负责人同意方可。

⑤施工人员工作前不许饮酒,进入施工现场不准嬉笑打闹。

第七节　施工环境保护、水土保持和文物保护等措施和方案

在施工中将严格执行《中华人民共和国环境保护法》及《中华人民共和国水土保持法》和《中华人民共和国文物保护法》的有关要求，严格遵守国家和地方所有控制环境污染的法律和法规，采取行之有效的措施来保护施工区域环境。

(1)设立环保、水土保持和文物保护小组，规定有一定专业水平的项目部办公室主任管理，对施工区域周围环境、临近的设施及居民作合理保护，并积极主动与当地环保和水土保持部门联系，定期汇报，取得他们对工作的支持。

(2)加强对全体职工和民工的环保、水土保持、文物保护思想教育，重视环保和文明施工。

(3)设置污水、泥浆处理系统，防止污水及泥浆直接排入稻田、池塘等。

(4)施工现场附近，应设置废水处理池和泥浆处理池。

(5)施工和生活区的废物及垃圾集中放置、集中处理。

(6)施工中采取有效措施，确保当地的道路不受污染，松散性材料在运输途中采取措施防止材料沿途撒漏，并遮盖防止扬尘。施工碾压、堆放、拌和或筛分的细粒材料，适当洒水，减少粉尘污染。

(7)通过采取措施或改进施工方法，使施工噪音降至符合环境标准。

(8)施工过程中产生的废渣、废液运往业主指定的废弃场。

(9)加强对施工机械的维修保养，遇到漏油、漏水的情况，机械必须修好后方可参与施工，废油回收后集中存放、统一处理。

(10)当施工过程中发现有文物时，施工管理人员应马上保护好施工现场，停止施工，及时向上级部门和项目经理汇报情况，后由上级部门或项目经理及时向业主报告。

第八节　文明施工保证措施及创建文明工地的规划

一、对工作人员的要求

(1)所有驻地管理人员和现场施工人员一律穿戴整齐、佩证上岗。

(2)施工现场专设安全员，其工作任务包括健康保护、安全、质量措施的落实与管理及个人安全防护的检查。督促现场人员严格执行各种制度及履行工作岗位职责。

(3)加强对全体员工的文明施工教育，严格遵守当地规章制度，遵章守法。与其他施工单位和当地群众建立良好的关系，融洽相处。

(4)材料堆放、场地布置井然有序。

二、施工现场管理

(1)生产生活设施，应符合防火、防风、防爆、防震的要求。

(2)项目部设立卫生防护机构,配备一定数量的医务人员及常用医疗器械和药物。加强生产区及施工区域的日常卫生管理,饮用清洁水,防止传染病。

(3)所有施工场地及办公室、仓库均悬挂统一标准的警示牌、技术要求牌、操作规程牌等标识。

(4)对施工场地设置安全施工围栏。

(5)材料堆放场地应分设隔离,地面适当硬化,材料堆放区设立材料、产品标识码牌。对于怕湿、易变质材料要进行特殊管理,符合存放要求。

(6)施工中采取有效措施,确保当地的道路不受污染,松散性材料在运输途中采取措施防止材料沿途撒漏,并遮盖防止扬尘。施工碾压、堆放、拌和或筛分的细粒材料,适当洒水,减少粉尘污染。

(7)各种岗位均应建立交接班制度。

第九节　劳动卫生保障措施

(1)加强对安全防护用品佩戴使用的检查,确保劳动保护措施的真正落实。合理安排饮食,特别是要保证充足、卫生的饮用水。要切实抓好食堂卫生,防止食物中毒。要改善务工人员的生活,施工现场员工集体宿舍应当符合卫生标准,有防蝇灭鼠措施,防止传播性疾病发生。

(2)项目部设立卫生防护机构,配备一定数量的医务人员及常用医疗器械和药物。加强生产区及施工区域的日常卫生管理,饮用清洁水,防止传染病。

第九章　工程施工

第一节　工程量完成情况

工程完成工程量统计如下。

一、抗滑桩

抗滑桩 16 根，其中桩长 15 m 3 根、18 m 3 根、20 m 10 根，桩总长 299 延米，混凝土灌注量为 944.97 m^3；锁口及护壁混凝土数量为 388.9 m^3，钢筋加工及安装数量为 82.2 t。

二、土钉墙

土钉墙施工面积为 470 m^2，喷射混凝土方量为 76.5 m^3；土钉注浆量为 51 m^3，钢筋加工及安装数量为 3.86 t。

三、挡土墙

挡土墙施工面积为 214.5 m^2，浇筑混凝土数量为 75.9 m^3，钢筋加工及安装数量为 4.1 t。

四、截排水沟

截排水沟施工长度为 210 m，完成浆砌片石数量为 273 m^3。

五、挖填方

挖除混凝土 537.4 m^3，挖方为 2 468.4 m^3，填方为 756 m^3。

六、裂缝压浆与回填

裂缝压浆量为 1 056 m^3，挖方为 118.2 m^3，填方为 118.2 m^3。

七、泄水孔

完成泄水孔总长为 213 延米。

八、绿化

完成绿化面积为 2 000 m^2，植树 151 棵，撒播草籽 1 500 m^2，树种主要为垂榆、桂花、红叶李、腊梅等。

河南新县新集镇向阳新村滑坡应急治理工程工程量汇总见表 9-1。

表 9-1　河南新县新集镇向阳新村滑坡应急治理工程工程量汇总

分项工程		C30 混凝土 (m^3)	C25 混凝土 (m^3)	C20 混凝土 (m^3)	M15 浆砌片石 (m^3)	M10 水泥砂浆 (m^3)	挖土方 (m^3)	回填夯实 (m^3)	总延米 (m)	沥青麻架 (m^2)	φ6.5 钢筋网片 (m^2)	钢材 (t)	备注
抗滑桩工程	桩身	944.97										65.5	绿化：植树 151 棵，撒草籽 1 500 m^2，绿化面积 2 000 m^2
	锁口及护壁		388.9									16.7	
挡土墙工程	钢筋混凝土挡土墙		75.9									4.1	
土钉墙工程				76.5		51			995	10.85	1 020	3.86	
附属工程	截排水沟与吊沟				273								
	挖方			537.4			2 468.4						
	填方							756					
	裂缝压浆与挖掘回填					1 056	118.2	118.2					
	泄水孔								213				

第二节　各分项工程施工

一、削坡、切方

削坡、切方的目的在于减少滑坡体后缘的荷载，对位于北西侧的较陡边坡，为减载挖至设计标高，首先对需削坡和切方的部位进行测量、放线，打上标记桩，并洒出施工线，然后用挖掘机进行切方，挖除的土方除留部分作为回填土方外，余用自卸汽车运至指定地点，切方应按照断面自上而下，依据设计边坡分层进行，并防止因开挖不当引起的边坡失稳崩塌，切方过程中及时排出挖除段的水分。

削坡时采用 1 m^3 反铲挖掘机配合风镐开挖，以保证达到设计的边坡，削坡过程中密切注意地质情况的变化，并注重对土体水分的疏干，以免影响边坡稳定。削坡、切方施工工艺框图见图 9-1。

二、抗滑桩

（一）施工顺序

抗滑桩工程的施工采用人工爆破开挖，然后进行护壁、安装钢筋笼及混凝土灌注，挖

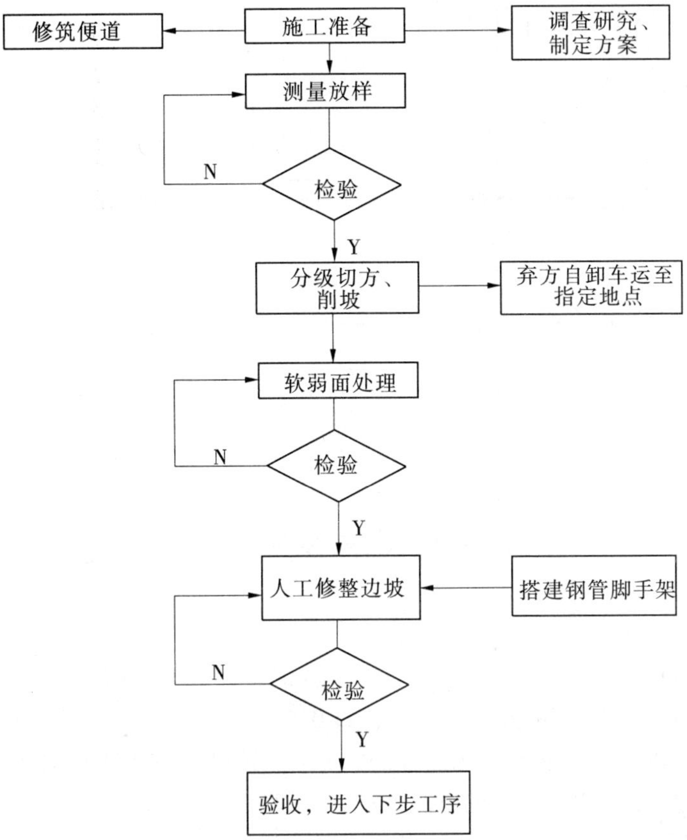

图 9-1　切方、削坡施工工艺框图

孔采用间隔的方式进行。

(二)施工方案

1. 施工准备

(1)测定桩位,平整场地。

①使用全站仪、水准仪等测量仪器,对测量控制点进行复核检查,经复核检查各桩点的坐标参数准确无误后,建立施工区测量控制网,并对抗滑桩的开挖轴线、高程进行定位。根据各条桩的断面尺寸,标定抗滑桩的孔口轮廓线,并在互相垂直的引出线上埋设测量标记点,具体位置见图 9-2。

②根据现场的地形地貌平整施工场地,以便于安装井架及铺设出渣轨道。桩区地表建立截排水及防护设施,对堑顶坡土清刷减载。雨季施工,孔口搭设雨篷。

(2)安装井架。为便于出渣,井架采用三角铁焊接拼制成龙门架,每个孔口安装 1 台 3 t 卷扬机作为提升牵引设备。

(3)出渣。第一节护壁(锁口)混凝土灌注完成后在孔口的外侧修筑便道,以便于用手推车运输出渣。

(4)备好各工序所需的机具器材和井下排水、通风、照明设施,并设置滑坡变形位移监测标志。

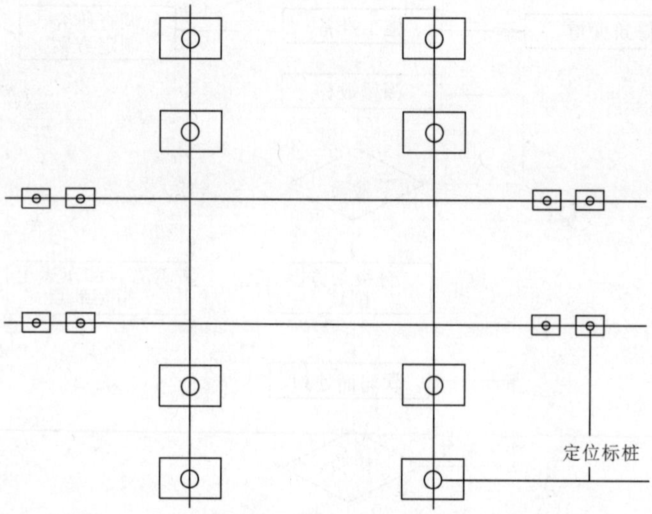

图 9-2　抗滑桩定位示意图

2. 桩身开挖

(1)孔口部分。

根据桩身孔口段土质情况将孔口挖到 1 m 深时,绑扎锁口配筋,可立模灌注壁厚 15 cm 的第一节钢筋混凝土护壁,此节护壁在孔口 0.5 ~ 1.0 m 高度范围内加厚至 50 cm,这部分称为锁口,用以防止下节井壁开挖时孔口沉陷。锁口顶面平整,并略高于原地面。

(2)桩孔掘进,采取边挖边护的方法。

一般每节挖深 1 m 左右后,沿孔壁立模灌注一节钢筋混凝土护壁成矩形框架。上下节护壁间留 25 cm 左右的空隙以灌注下节护壁混凝土,护壁与围岩接触良好,护壁后的桩孔应保持垂直、光滑。护壁混凝土内要加上Ⅰ级钢筋制成的网片,以保证护壁强度。开挖过程中要作好施工记录,并作好施工段内地质情况描述。

(3)桩身开挖的安全措施。

①爆破。爆破采用浅眼松动爆破方法,即利用电雷管毫秒微差起爆法,以减小对孔壁及周围环境的影响,并在炮眼位置加强支护,禁止大药量大范围的爆破和多孔同时起爆的情况发生。爆破结束后要用鼓风机往孔内送风 15 min 以上,确认无害时方可下井作业,孔内施工人员上方 2 m 处要设置挡土板以遮挡上方落土。

②通风及照明。当孔深超过 8 m 时,使用鼓风机往孔内送风,孔内照明采用不高于 36 V 的 100 W 的低压灯。

(4)桩孔检查。

桩在开挖过程中注意孔径、孔斜及平面位置以保证挖孔质量。开孔时,在孔口护壁上作上标记点,作为孔深检验基点。

(三)钢筋笼的制作安放

在钢筋笼的加工制作过程,做到笼顺直、尺寸准确,钢筋笼直径、主筋间距及箍筋间距保护层的误差符合规范和设计要求,主筋接头数量在同一截面处的钢筋接头不大于主筋数量的 25%。相邻主筋接头位置沿纵向错开的距离不小于 45d,同时避开岩石与土结合部位或滑动面。

钢筋笼吊装采用 QY－16 汽吊起吊入孔，起吊采用三点两吊，一吊使钢筋笼平稳离开地面，二吊使钢筋笼离开地面一定高度后再收紧一端钢丝绳，使之竖起并对准孔中心，平稳放入孔内，下完一节再焊一节，上下节对正焊直，钢筋笼在吊装过程中不能碰撞孔壁，以免钢筋笼变形。

钢筋笼入孔后，在纵横两个方向上牢固定位，钢筋笼的四周绑上混凝土垫块，以保证钢筋主筋的保护层厚度。

挖孔桩挖孔示意图见图 9-3。

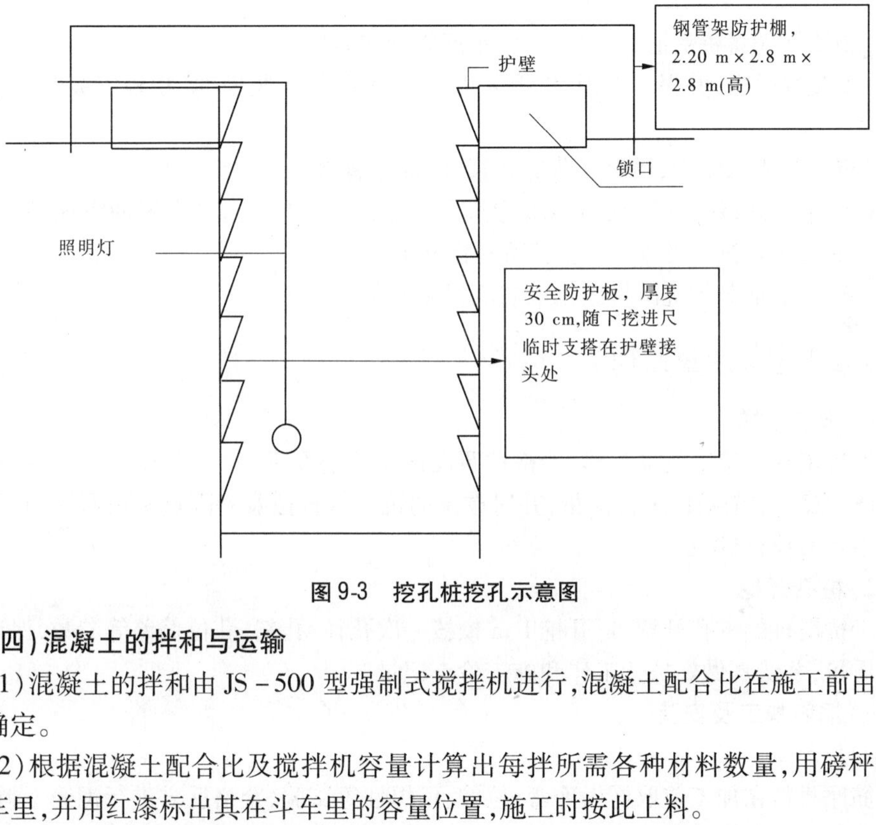

图 9-3　挖孔桩挖孔示意图

（四）混凝土的拌和与运输

（1）混凝土的拌和由 JS－500 型强制式搅拌机进行，混凝土配合比在施工前由实验室试验确定。

（2）根据混凝土配合比及搅拌机容量计算出每拌所需各种材料数量，用磅秤称出倒在斗车里，并用红漆标出其在斗车里的容量位置，施工时按此上料。

（3）拌和时要先在搅拌机内加上该拌混凝土所需水量，再加入集料，最后加入水泥，混合料搅拌均匀，搅拌时间控制在 2 min 以上。

（4）混凝土的运输任务由小型自卸车承担，因距离浇筑现场较近，运输过程中不用考虑混凝土水分散失情况，运输时行车平稳，避免强烈振动。

（五）混凝土的浇筑

抗滑桩混凝土的浇筑分孔内混凝土的浇筑和地面线以上混凝土的浇筑两个部分。

1. 孔内混凝土的浇筑

（1）浇筑前要先设置串筒，串筒底端距孔底高度不大于 1.5 m，浇筑过程均要保证串筒下口距混凝土面高差不大于 1.5 m，并在串筒每 10 m 高度位置设置减速板，以免混凝土在滑落过程中离析。

(2)抽干孔内水分,然后在孔底撒薄层拌和均匀不含水分的水泥砂混合料。

(3)将拌和均匀的混凝土倒入溜槽,分层厚控制在 30 ~ 50 cm,采用直径为 70 mm 的插入式振动棒进行捣实,振动棒快插慢拔,由四周向中间进行,振捣时眼观混凝土表面基本无气泡冒出和无明显下沉方可拔出振动棒。振动棒两次插入的间距在振动棒的作业半径范围内,在振捣上层混凝土时振动棒插入下层混凝土 5 cm,保证上下层混凝土结合均匀。

(4)串筒下端每次堆积的混凝土高度不要大于 1.0 m,摊平后方可振捣。

(5)浇筑完成后要用草袋将桩头进行覆盖,在混凝土初凝后,洒水湿润,灌注过程要留置试件。

2. 地面线以上混凝土的浇筑

(1)施工前先将桩头混凝土凿毛,将钢筋骨架安装好。

(2)安装好模板,并固定牢固,模板采用定型钢模,内涂脱模剂(模板安装前要注意将桩头清洗干净)。

(3)将桩头洒水湿润,撒上一薄层砂浆,设置好溜槽。

溜槽洒水湿润,然后进行混凝土的浇筑,混凝土浇筑工作由吊车辅助完成,其他同孔内混凝土的浇筑。抗滑桩施工工艺流程见图 9-4。

地面线以上部分的抗滑桩施工工艺流程见图 9-5。

三、施工中的质量监控

(一)施工放样

抗滑桩工程的施工放样工作,严格按照设计及规范要求进行,在施工中,由主测人员使用 NTS - 322 型全站仪进行测量,并对放出的抗滑桩桩位及基准点采用木桩固定,以便在施工中及时校核桩位。

(二)桩孔开挖

对于抗滑桩的桩孔开挖,每开挖 1 m 校核一次孔径、孔斜、孔位偏差等参数,保证桩孔的开挖质量,并认真做好护壁工作和施工检查记录。

(三)钢筋加工及安装

1. 钢筋加工

钢筋原材料在加工前取样做冷弯、拉伸、可焊性等试验,合格后方进行钢筋下料。

钢筋的加工严格按设计及规范要求进行,需要焊接的钢筋采用双面搭接焊的形式进行搭接,搭接完成按规定频率每 300 个同规格、同钢种的接头随机抽取试件一组,送样检验,合格后方进行下步施工,并对每个接头检查其焊缝厚度、宽度、长度,不合格的重新施焊,以保证焊接质量。钢筋电弧焊接接头尺寸偏差见表 9-2。

2. 钢筋安装

箍筋应与主筋垂直,箍筋弯钩的叠合处,沿桩高方向交错布置,并设置在箍筋与桩角竖向钢筋交接点上。

在模板与钢筋间设置垫块,垫块与钢筋扎紧,并互相错开。非焊接钢筋骨架的多层钢筋之间,应用短钢筋支撑,保证位置准确。钢筋混凝土保护层的厚度允许误差,对于柱为 ±5 mm,对于板为 ±3 mm。

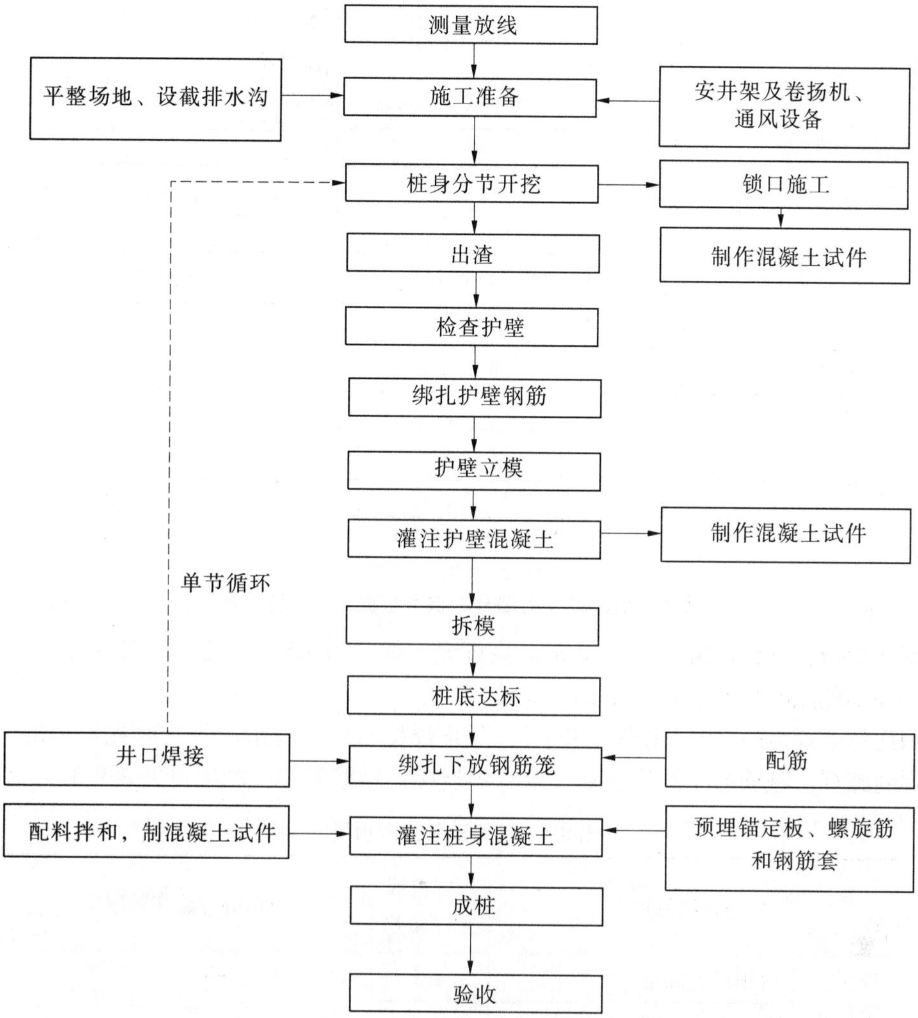

图 9-4　抗滑桩施工工艺流程

表 9-2　钢筋电弧焊接接头尺寸偏差

名称	单位	搭接焊
接头处弯折	(°)	4
接头处钢筋轴线的偏移		0.1d
焊缝厚度		+0.05d
焊缝宽度		+0.1d
焊缝长度		−0.5d
横向咬边深度		0.5d
外观检查		(1)焊缝表面要平整,不得有较大的凹陷及焊瘤 (2)接头处不得有裂缝 (3)焊缝上不得有夹渣、气孔出现
批量送检规定	个	300

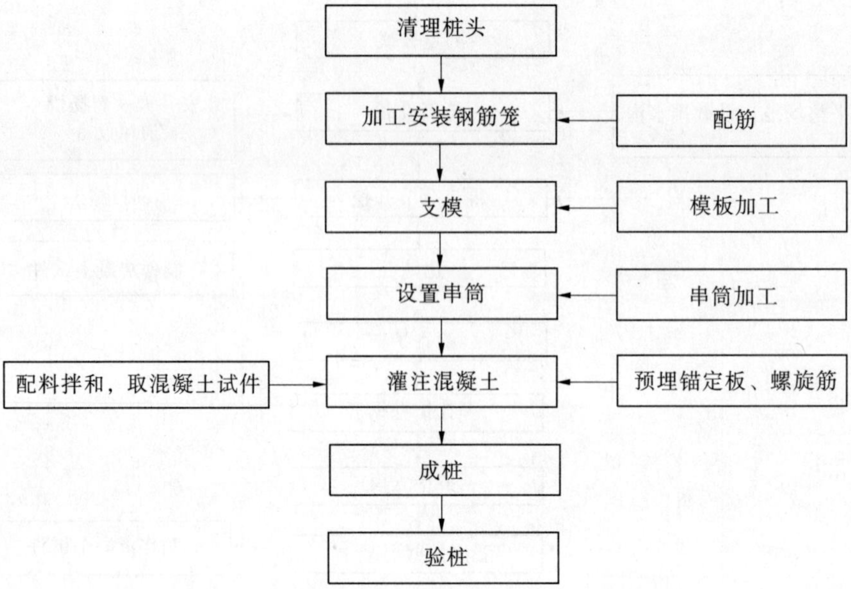

图9-5　地面线以上部分的抗滑桩施工工艺流程图

钢筋骨架长度允许偏差为±10 mm,高度允许偏差为±5 mm,受力钢筋间距允许偏差为±5 mm,箍筋间距允许偏差为±10 mm。

钢筋骨架焊接时,应先用楔形卡卡住,防止焊接时局部变形。焊接时先焊两端,然后进行焊缝施焊。箍筋与主筋连接处要求点焊连接。钢筋安装实测项目见表9-3。

表9-3　钢筋安装实测项目

<table>
<tr><th>项次</th><th colspan="3">检查项目</th><th>规定值或允许偏差</th><th>检查方法和频率</th><th>权值</th></tr>
<tr><td rowspan="4">1</td><td rowspan="4">受力钢筋间距(mm)</td><td colspan="2">两排以上排距</td><td>±5</td><td rowspan="4">尺量:每构件检查两个断面</td><td rowspan="4">3</td></tr>
<tr><td rowspan="2">同排</td><td>梁、板、拱肋</td><td>±10</td></tr>
<tr><td>基础、锚碇、墩台、柱</td><td>±20</td></tr>
<tr><td colspan="2">灌注桩</td><td>±20</td></tr>
<tr><td>2</td><td colspan="3">箍筋、横向水平钢筋、螺旋筋间距(mm)</td><td>±10</td><td>尺量:每构件检查5~10个间距</td><td>2</td></tr>
<tr><td rowspan="2">3</td><td rowspan="2">钢筋骨架尺寸(mm)</td><td colspan="2">长</td><td>±10</td><td rowspan="2">尺量:按骨架总数30%抽查</td><td rowspan="2">1</td></tr>
<tr><td colspan="2">宽、高或直径</td><td>±5</td></tr>
<tr><td>4</td><td colspan="3">弯起钢筋位置(mm)</td><td>±20</td><td>尺量:每骨架抽查30%</td><td>2</td></tr>
<tr><td rowspan="3">5</td><td rowspan="3">保护层厚度(mm)</td><td colspan="2">柱、梁、拱肋</td><td>±5</td><td rowspan="3">尺量:每构件按模板周边检查8处</td><td rowspan="3">3</td></tr>
<tr><td colspan="2">基础、锚碇、墩台</td><td>±10</td></tr>
<tr><td colspan="2">板</td><td>±3</td></tr>
</table>

(四)混凝土施工

混凝土施工时,对混凝土的坍落度每台班至少检查两次,制作混凝土试件一组,检查混凝土的搅拌质量;在混凝土振捣时,采用分层振捣,分层厚度为 30 cm,采用直径为 70 mm 的插入式振动棒进行捣实,振动棒快插慢拔,由四周向中间进行,振捣时眼观混凝土表面基本无气泡冒出和无明显下沉方可拔出振动棒。振动棒两次插入的间距在振动棒的作业半径范围内,在振捣上层混凝土时振动棒插入下层混凝土 5 cm,保证上下层混凝土结合均匀,混凝土终凝后及时洒水养护,待混凝土强度达到设计强度 75% 以上时拆除模板,洒水养护。

四、挡土墙

为加强对滑坡体的整体防御能力,本工程在抗滑桩间设钢筋混凝土挡土墙,其施工方案如下。

(一)施工顺序

钢筋混凝土挡土墙的施工顺序为:基槽开挖→钢筋安装→模板支护→混凝土浇筑→填土、夯实。

(二)施工方案

1. 基槽开挖

基槽开挖在抗滑桩混凝土强度达到设计强度的 75% 以上时进行,开挖采用人工配合风镐开挖,基底要密实,以保证其承载力,挡土墙下端入土深为 50 cm。

2. 钢筋网加工与安装

根据设计要求,先绑好钢筋网片,其尺寸要符合规范要求,并注意预埋件的位置,对设置土钉的地方要提前埋置好,钢筋网按设计位置固定牢固,防止在浇筑混凝土时移位。

3. 模板支护

按照测量放线位置安装墙体模板,模板采用胶竹板,内涂脱模剂,用脚手架固定牢固、在内侧墙体顶面位置画红漆线,以便控制顶面高程。

4. 混凝土的浇筑

混凝土必须按配合比规范上料,搅拌均匀,离析、泌水的混凝土不得入模,混凝土要分层振捣,分层厚度为 30 cm,振至无气泡冒出且混凝土表面无明显下沉,拔出振动棒。

混凝土强度达到设计强度 75% 以上时拆除模板,洒水养护。

混凝土浇筑过程中要留置试件。

5. 泄水管

挡土墙上设置泄水管,泄水管水平间距为 3 ~ 4 m,采用 PVC 管,管径为 100 mm,壁厚为 3 mm,管壁上钻 3 ~ 5 mm 的小孔。孔隙率大于 7%,外缠土工布。放置时出口向下按 3% ~ 5% 坡度倾斜。

6. 填土、夯实

填土要采用透水性材料，用电蛙夯分层夯实，分层厚为 20 cm，压实度达到 95% 以上。

7. 注意事项

挡土墙在施工过程中注意排水和防水，填土分层夯实，每层厚度控制在 20 cm 以下。

钢筋混凝土挡土墙施工工艺流程见图 9-6。

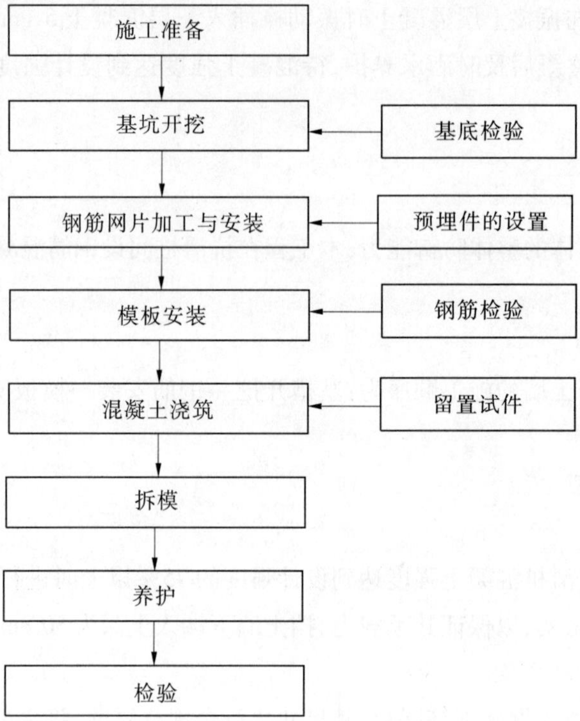

图 9-6　钢筋混凝土挡土墙施工工艺流程

五、土钉墙

(一) 施工顺序

土钉墙的施工顺序为：削坡→设置施工平台→成孔→设置土钉→灌浆→下层钢筋网的铺设→喷射第一层混凝土→上层钢筋网的铺设→喷射第二层混凝土→养护→检验。

(二) 施工方案

1. 削坡

根据设计用人工配合挖掘机、风镐进行，施工中严格按预先定出的边坡线进行，削坡结束其表面不得有浮着的松土渣。

2. 设置施工平台

在施工土钉钻进时，根据土钉成孔的高度，采用钢管搭架和架顶平铺木板等设置施工平台，并随设计要求升降施工平台。施工平台呈井字形，左右两侧用侧撑，后面用斜撑，保证了 MGY－60 锚杆钻机成孔时的稳定。土钉施工平台的设置效果见图 9-7。

图 9-7　土钉施工平台的设置效果

3. 成孔

采用 MGY－60 型锚杆钻机成孔，其孔径有 120 mm 和 130 mm 两种，间距为 2.0 m 和 1.5 m。根据钻孔要求，锚杆钻机基座调平后，将钻头调整为向下方倾斜 15°角，再开始实施钻进作业。钻进过程中要控制好钻进速度和钻进方向，以免钻孔偏斜，影响土钉施工质量，钻孔结束后，及时用空压机通过橡皮管往孔底送风消除孔内浮渣。

4. 设置土钉

土钉采用Φ 22 钢筋，其定位要准确，定位时用定位筋准确定位，其与面层钢筋网连接处用帮条焊接的方式进行，帮条长度为 40 cm，焊接要牢固。土钉长度偏差为 ±30 mm，距孔底为 30～50 mm。

5. 灌浆

土钉孔在锚杆放入后采用封口压力注浆的方式灌注 M15 砂浆。注浆管采用直径为 50 mm 橡皮管与土钉绑扎在一块放入孔内，距孔底为 100 mm 左右，以便土钉与岩壁结合紧密，充填砂浆用砂为粗砂，砂浆要搅拌均匀，用泵灌注至孔口返出砂浆与泵入砂浆颜色相同（压力达到 0.8 MPa）时停止，在施工过程中要留置砂浆试件。压浆前要将孔内残留松动杂土清除干净，中途停止超过 30 min 时，应用水或稀灰浆来润滑注浆管路。注浆浆液为水泥砂浆，灰砂比为 1∶2，水灰比宜为 0.38～0.45。

6. 挂网

土钉全部施工完成后，即实施挂网，钢筋网按设计要求制作，并与土钉焊接在一起，焊接长度为 40 cm。挂网分两步进行：第一步为铺设第一层钢筋网片，第二步为在第一层钢筋网被混凝土覆盖后铺设第二层钢筋网片。网片铺设要满足规范和设计要求，保护层厚度不小于 20 mm。

7. 喷射混凝土面层

1）设置收缩缝和厚度控制桩

在喷射混凝土面层时设置收缩缝，收缩缝沿水平方向每隔 15 m 设置一道，缝宽 20 mm，缝间填沥青浸渗的木条。厚度控制桩每隔 1 m 左右设置一个，采用钢筋进行控制，以露出岩面的长度为喷射厚度的标志。

2)混凝土拌和、运输

混凝土采用C20级砾石混凝土,粗集料粒径不大于1.5 cm,集料与水泥比为(4.0~4.5):1,施工中严格按配合比上料,拌和均匀,没有离析泌水现象发生。运输采用斗车,运输过程中注意水分的流失及避免振动过大。

3)喷射施工

喷射采用混凝土喷射机进行,喷射前要先对喷射面洒水湿润,喷射连续进行。混凝土喷射面层分两层进行施工,层厚控制在8 cm左右。喷射要分段进行,同一分段内喷射顺序为从下方往上方连续进行,施工上层时要在下层混凝土强度达到设计强度的75%以上方能进行,喷射层表面要平顺、密实,钢筋和锚杆不外露。喷射时,喷头与受喷面要垂直,距离控制在0.6~1.0 m。

4)养护

待混凝土喷射完毕2 h后对混凝土进行养护,养护用水淋湿,不得猛冲。

(三)施工中的质量监控

(1)土钉钢筋采用Φ22钢筋,准确定位,土钉长度偏差控制指标为±30 mm,距离孔底距离为30~50 mm。

(2)土钉孔内灌浆时,砂浆要搅拌均匀,灌浆机的压力达到0.6~0.8 MPa时停止,在施工过程中留置试件,及时送检。

(3)挂网分两步进行:第一步为铺设第一层钢筋网片,第二步为在第一层钢筋网被混凝土覆盖后铺设第二层钢筋网片。网片铺设要满足规范和设计要求,保护层厚度为不小于20 mm。

(4)混凝土面层喷射。对喷射所用的砂、砾石进行筛分,保证粒料的均匀性,严格按配合比进行上料,保证喷射混凝土的质量。

(5)养护。采用高压水枪定期进行喷雾养护,保证混凝土表面处于湿润状态。

土钉墙施工工艺流程如图9-8所示。

六、截排水沟

在边坡与山体交界外侧及坡顶、坡脚处设置截排水沟和吊沟、消能池,其施工方案如下所述。

(一)基坑开挖

用人工配合风镐进行开挖,其尺寸和沟底高程要按设计进行,基底处理密实,不得有浮土等物存在。

(二)砌筑

截排水沟采用M15砂浆砌筑,砂浆要拌和均匀,石块强度及尺寸要符合规范要求。对于石质基底在砌筑前先洒水湿润再铺一层砂浆,以利黏合;对于土质基底可直接铺设,

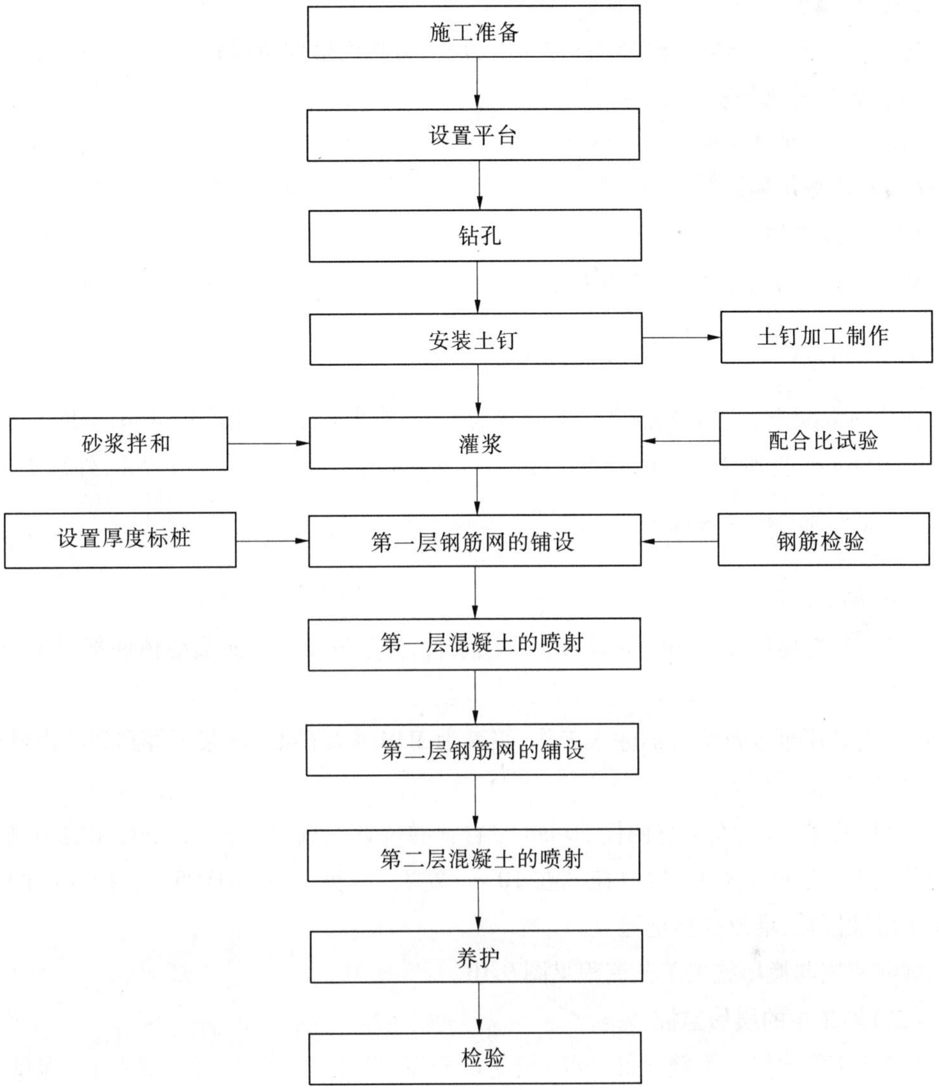

图 9-8　土钉墙施工工艺流程

石缝间用砂浆填满捣实，砌筑过程中在软硬石交界处或每隔 15 m 设置沉降缝，缝宽2 cm，内夹浸了沥青的木条。砌筑吊沟每隔 1 m 左右设置一道消能台，以减轻水流冲击能的作用。

（三）抹面

砌筑完成后，用 M15 砂浆对砌体抹面，抹面前先对砌体洒水湿润，清除杂物，抹面层厚 2 cm 左右，抹面保持有棱有角。

（四）养护

养护采用草袋覆盖的方式进行，草袋上洒水湿润。养护要在砂浆初凝后进行，养护期宜为 7 ~ 14 d，养护期避免碰撞、振动或承重。

(五)回填土方

边沟砂浆强度达到设计强度的85%时,用土方将沟槽周边填实。

(六)砌体外观检验

(1)砂浆应填塞密实;

(2)抹面要平顺。

(七)施工工艺

截排水沟施工工艺流程见图9-9。

七、泄水管

在喷射混凝土面层上和挡土墙上设置泄水管,泄水管水平间距3~4 m,采用PVC管,管径为100 mm,壁厚为3 mm,管壁上钻3~5 mm的小孔。孔隙率大于7%,外缠土工布。

八、裂缝压浆与换填

(一)施工顺序

(1)在裂缝体内每隔50 cm设置一道注浆管,注浆管要伸入到裂缝体底部以上10 cm左右位置。

(2)用高压泵进行浆液的注入工作,浆液为M10水泥砂浆,压浆要等到裂缝内砂浆灌满后方可停止。

(3)压浆结束后,在裂缝两侧50 cm左右宽的位置挖掘出0.50 m左右深的沟槽。其中用黏性土分层回填夯实,层厚控制在10 cm左右,压实度不小于95%。挖除后的弃土方运出滑坡区域,堆放在指定地点。

裂缝压浆与换填施工工艺流程见图9-10。

(二)施工中的质量监控

(1)注浆管要深入裂缝底部,间距按5 m布置,其底端1 m长加工成花管,保证注浆注入裂缝内。

(2)裂缝注浆先注清水,再注M10水泥砂浆,灰砂比为1:2,压浆使裂缝内砂浆灌满,孔口压力为1.1 MPa方可停止压浆,及时留置砂浆试件。

(3)压浆结束,在裂缝两侧50 cm左右宽的位置宽挖掘0.50 m深的沟槽。用黏性土分层回填夯实度,层厚控制在10 cm左右,压实度不小于95%。保证回填土的压实效果。

九、绿化

绿化在滑坡体上进行统一规划,按纵横每2 m间距植树,其余撒播草籽(四季青)。树种主要为垂榆、桂花、红叶李、腊梅等。种植后使用高压水车喷洒灌溉,保证树木草籽的成活率。

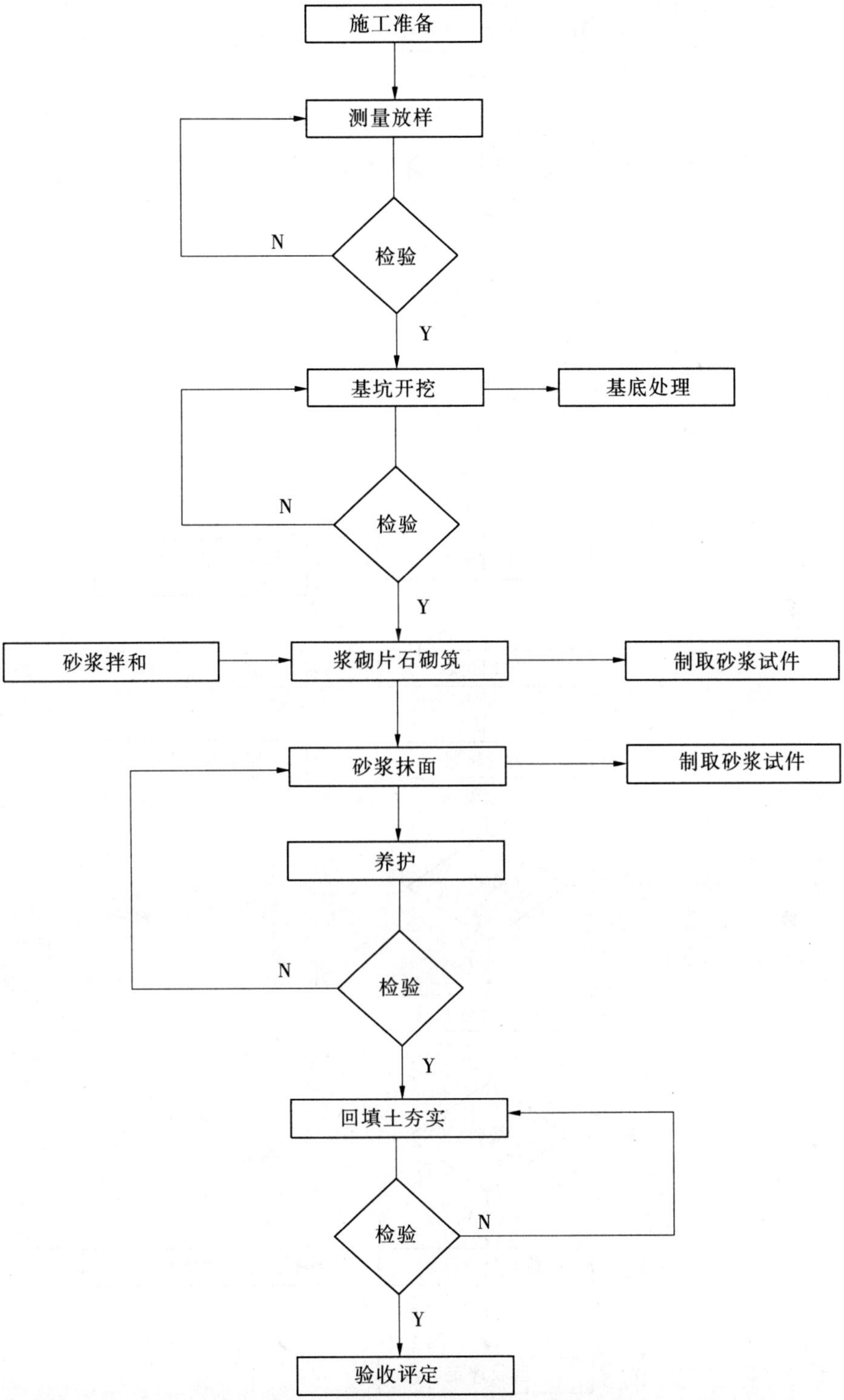

图9-9　截排水沟施工工艺流程

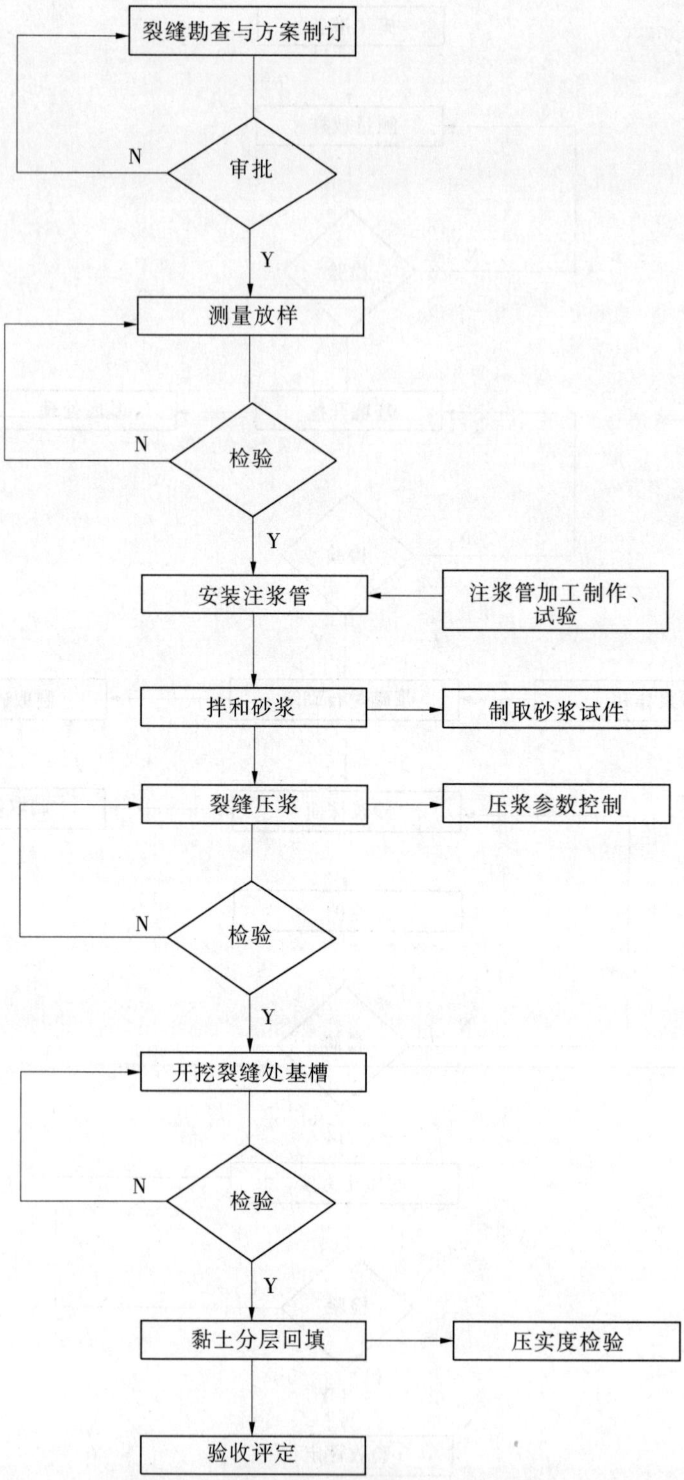

图 9-10　裂缝压浆与换填施工工艺流程

第三节　施工过程中滑坡体稳定性监测

一、监测的准备工作

鉴于对滑坡危害性的认识，项目部认真做好对滑坡体稳定性的监测工作。自 2006 年 4 月 26 日开始施工，项目部派专人监测滑坡体的裂缝变化，监测过程贯穿各个工序的施工，发现滑坡体出现裂缝立即上报，并作好记录。

二、滑坡体刚出现裂缝的监测情况及记录

4 月 27 ~ 28 日采用挖掘机进行场地平整时，滑坡体未出现裂缝；4 月 29 日，检测人员在滑坡体西南角监测到细小裂缝，裂缝宽度为 1 mm，监测人员及时上报项目部。4 月 30 日，监测人员在滑坡体西南角监测到裂缝最宽处变为 2 cm，并且裂缝不断延伸，项目部将此情况上报设计单位和承担单位。设计单位和承担单位要求：将抗滑桩桩位向北移动 3 m，桩长不变，桩顶提高 50 cm，分两次分批进行施工；对出现裂缝的滑坡体一侧，采用卸土减载和薄膜覆盖预防措施；派监测人员 24 h 不间断监测。5 月 1 日，监测人员监测到裂缝最宽处为 6. 8 cm，但裂缝变化趋势较缓。5 月 2 日，监测人员监测裂缝变化很小，用尺量没有变化。

三、监测点的埋设

5 月 3 日，为便于观测和记录裂缝宽度变化，监测人员设置裂缝监测点，设置如下：在滑坡体裂缝两边各设一点，用混凝土埋设钢筋作标记为 *A*、*B*，量得 *AB* 间距为 92. 5 cm。滑坡体裂缝监测点布设见图 9-11。监测点设置后裂缝变化的监测及记录见表 9-4。

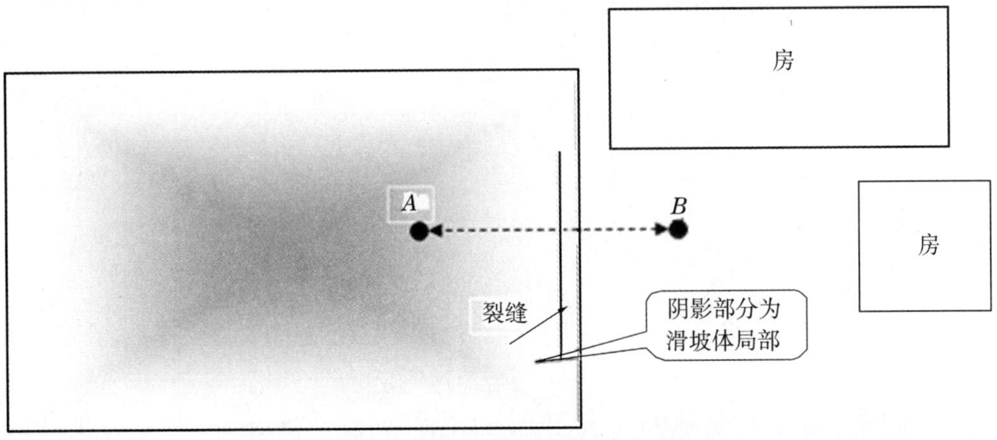

图 9-11　滑坡体裂缝监测点布设图

表9-4 监测点设置后裂缝变化的监测及记录

观测时间(2006年)	观测次数	监测手段	观测记录(*AB*)	监测人	备注
5月3日	6	用尺量	92.5 cm	杨文刚	
5月4日	6	用尺量	92.5 cm	杨文刚	
5月5日	6	用尺量	92.5 cm	杨文刚	
5月6日	6	用尺量	92.5 cm	杨文刚	
5月7日	6	用尺量	92.5 cm	杨文刚	
5月8日	6	用尺量	92.5 cm	杨文刚	
5月9日	6	用尺量	92.5 cm	杨文刚	
5月10日	4	用尺量	92.5 cm	杨文刚	
5月11~31日	20	用尺量	92.5 cm	杨文刚	
6月1~30日	30	用尺量	92.5 cm	杨文刚	
7月1~31日	31	用尺量	92.5 cm	杨文刚	
8月1~31日	31	用尺量	92.5 cm	杨文刚	

四、监测结论

通过滑坡治理工程裂缝监测工作,观测到裂缝的位移变化及滑动趋势,及时做好了防范措施,保障了施工安全。同时,也为今后同类工程施工提供监测借鉴,施工前及时做好监测工作,设置监测观察点,派专人监测,记录数据,发现问题及时上报,做出相应的措施,启动安全应急预案。

第十章　工程监理

第一节　监理工作依据

根据工程建设监理合同中建设单位授予的监理职责与权限,依据项目建设批准文件、施工承建合同文件、设计文件以及国家和部颁发的有关规程、规范开展监理工作,主要技术规范及相关手册如下:

(1)《建设工程监理规范》(GB 50319—2000);

(2)《建筑边坡工程技术规范》(GB 50007—2002);

(3)《建筑桩基技术规范》(JGJ 94—94);

(4)《混凝土结构设计规范》(GB 50016—2002);

(5)《岩土工程监理手册》(中国建筑工业出版社,林宗元主编);

(6)《建筑地基基础工程施工质量验收规范》(GB 50202—2002);

(7)《支挡结构设计手册》(第2版,中国建筑工业出版社,尉希成、周美玲编著)。

第二节　监理工作目标及监理工作程序

一、监理工作目标

监理工作目标主要对施工质量目标、施工进度目标、施工成本目标和合同管理目标等作到严格控制,采取组织管理、技术经济和合同管理等方面的措施,按照工程合同、国家的有关法规以及技术标准(以上表述的有关规范、有关行业以及地方标准)和设计要求,与承建单位进行紧密协作、相互配合,通过科学、认真、勤奋、高效的工作方法认真履行监理职责,协调质量、进度和投资的关系,促使工程施工承建合同得到全面履行和工程监理工作目标得到实现。

(1)单元工程质量达到合格以上标准,工程项目施工质量监理力求达到优良标准。

(2)工程进度控制在规定的合同工期内。

(3)以设计工程量(含变更工程量)、上级审定批准的概算和合同造价为投资控制总目标。

(4)竣工资料达到认真、齐全、系统,满足档案部门的归档要求。

二、监理工作程序

作为河南省首批地质灾害治理项目,监理工作程序十分重要。只有严格控制施工过程,才能保证工程质量目标具体实现。建立过程中对施工的全过程进行了严格的监控,对每道工序、分项工程、分部工程和单位工程分别进行了监督、检查和验收,使工程质量的形成处于受控状态。认真把握住施工过程中活动脉搏,及时发现问题和解决问题。在施工过程中进行全方位的监督、检查与控制,其中不仅涉及最终产品的检查、验收,而且涉及施工过程的各环节中间产品的监督、检查与验收。本项目的监理工作程序,结合了这次项目的具体情况,在勘查报告、设计图纸和施工单位提供的施工组织设计的基础上,结合有关规范、灾害治理手册、法律法规进行严谨的编制,并根据有关专家的经验数据统计和实际监理工作中积累的经验,制作出该项目的监理工作程序,如图10-1所示。

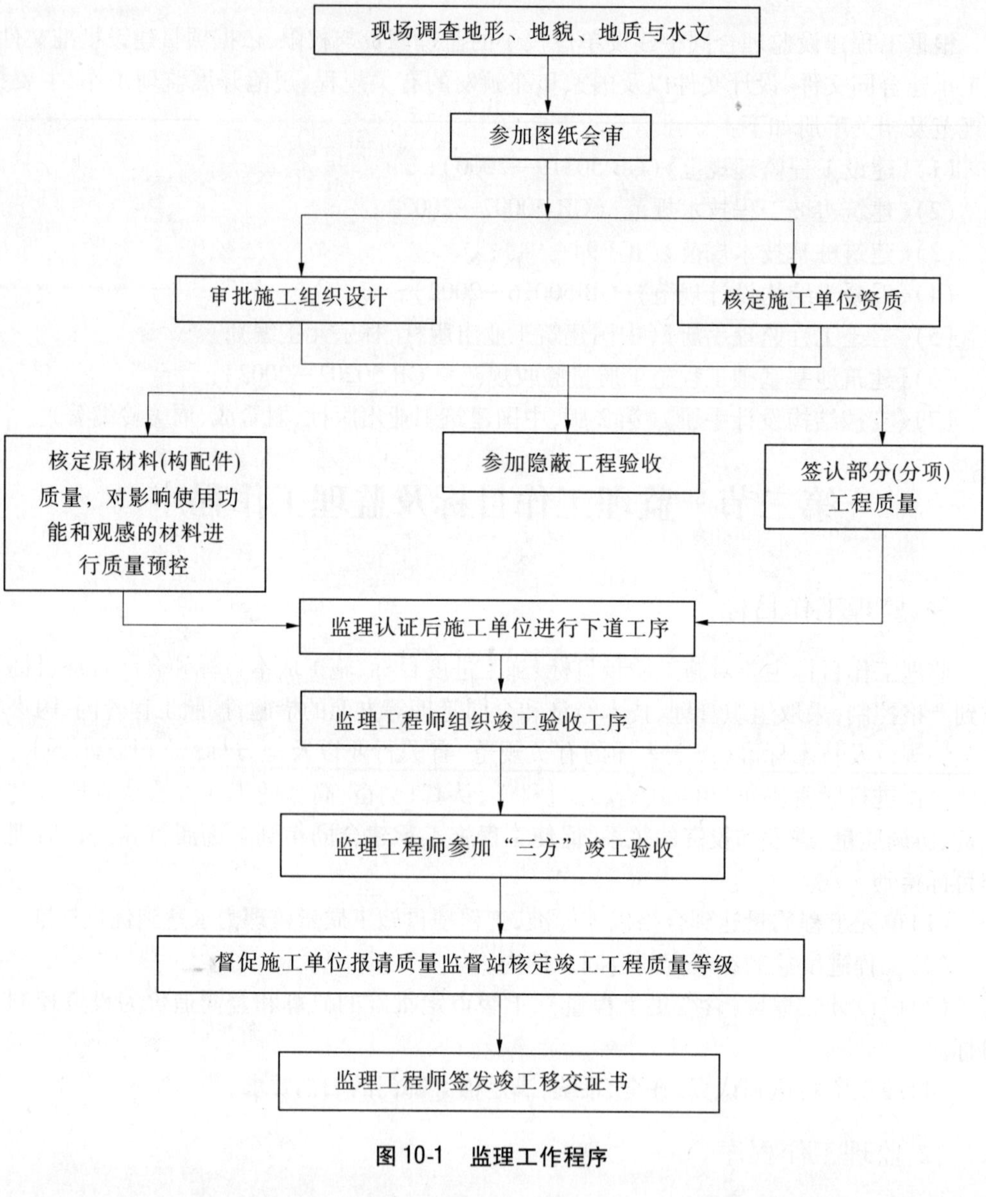

图10-1 监理工作程序

第三节　监理规划及监理工作制度

一、监理规划

监理规划是监理工作的行为纲领，是监理工作的指导性文件。根据委托监理合同的内容和要求，针对监理工程建设项目的实际情况，认真编制了监理规划。明确了监理工作范围、权限、责任、义务、监理工作目标以及监理人员的职责，规定了"三控制"的工作内容，强调了施工质量控制以"单元工程为基础，工序控制为手段"的标准化、程序化和量化管理。建立了施工质量控制制度，严格施工过程质量控制。要求现场监理工作人员各司其职，按照监理实施细则进行质量控制，发现问题及时纠正，发挥事前控制和事中控制的作用，将问题消灭在萌芽状态。对每一工序和每一单元工程进行严格的质量检查验收，对不合格的工序或单元工程责令其整改或者返工，直到合格为止。

二、监理工作制度

针对项目监理的特点，为确保建设监理工作的顺利进行，按规范化、标准化、科学管理的原则，建立了较完善的监理控制体系，制订了一系列监理工作制度。

(一)监理机构组织管理工作

建立了组织机构，制订了各级监理人员职责及权限、监理人员考核办法、监理工程师执业守则等。

(二)施工阶段项目监理工作制度

施工阶段项目监理工作制度主要包括：设计交底和图纸会审制度，施工组织设计审查制度，开工报告审批制度，工程材料、半成品质量检验制度，设计变更审核制度，隐蔽工程检查验收制度，工程质量监督管理制度，工程质量检验制度，工程质量事故处理制度，工程质量保证体系和安全保证体系审查制度，现场协调会及会议纪要签发制度，单位工程与分部工程审查验收制度，施工进度控制制度等。

(三)监理机构内部工作制度

监理机构内部工作制度主要有：建立组织工作会议制度、文件审批制度、监理日记制度、监理信息、月报制度、资料管理制度等。针对各个分项工程，监理部还制订了各项规章制度，在每个分项工程开工之前，监理部制定《监理实施细则》，规定了各个分项工程的专业技术、管理和目标控制的具体要求。由于建立了完善的监理工作制度，保证了项目建设监理管理工作的规范化、程序化、制度化，保证了项目监理工作目标的实现。

第四节　监理工作内容及组织机构

一、监理工作内容

本工程监理工作内容主要为：工程施工的质量、进度控制，组织协调建设有关方面的关系,施工安全、工程技术档案及建设单位委托的其他监理工作。

二、监理组织机构

根据工程的特点,组建了现场监理机构,对本工程进行了总体的监理。监理部门严密进行分工,对每个分项工程都指派人员对其监督。

第五节 施工质量控制

一、施工质量控制目标与方法

(一)施工质量控制目标

工程质量控制的总目标是确保施工质量达到合格标准,力争达到优良标准,通过施工质量保证体系和监理质量控制体系来达到工程质量控制目标。在施工过程中,要求施工单位认真执行工序质量“三检制”。对工程项目施工,监理实施以事前控制、事中控制和事后检查为主要内容的全过程、全方位的质量控制,并特别注重原材料和中间产品的检测、施工工序现场跟踪旁站监理和单元工程施工质量验收控制等方面。

(二)施工质量控制方法

在施工质量的控制方面,采用见证、旁站监理、巡视、平行检验等方法,使用时具体视工程项目的重要程度和施工现场情况确定采用的方法。对于重要部位(如抗滑桩、挡土墙等)和容易产生质量通病的工序设置质量控制点,采用目测法、测量法、试验法等,加强这些部位的质量控制。充分掌握施工单位三大员(即施工员、质检员、安全员)的情况,根据各自的弱点采取针对性的防范措施,以防发生重大过失,给工程带来不必要的损失。促使施工过程中施工单位施工员、质检员、安全员到位,逐步强化以施工单位“三检制”为基础工程质量检验制度,改变施工质量只靠监理工程师管理的被动局面,提高工程质量一次报验合格率。用辩证的观点正确对待和处理工程建设中遇到的问题,用实事求是的工作态度去处理合同中发生的矛盾。施工质量监理作业流程见图 10-2。

在监理过程中,按照施工质量监理作业流程来控制施工的整个过程,对于达不到合格要求的分项工程不予签字,要求进行返工。在每一步、每一个环节上都严格按照程序进行,由监理工程师审批以后,才允许进行下一道工序。

二、施工质量控制的主要内容

把严格控制工程质量作为中心工作来抓,严格监督检查施工单位的质量保证体系、质检机构与质检规章制度的建立与健全,并牢记“百年大计,质量第一”宗旨,增强施工单位施工人员的质量意识。督促和检查施工单位的“三检制”的执行情况,坚持监理终检验收程序。对于不符合质量标准的施工行为,监理工程师下达违规警告书和“返工指令”,并拒绝计量签证。工程质量实行全过程控制,包括开工前的施工准备情况检查,施工过程中各道工序检查和施工后跟踪检查。督促检查施工单位严格按照有关技术规范、规程、设计图纸、设计文件、批准的施工组织进行施工。对于一般工程部位和工序,监理工程师进行

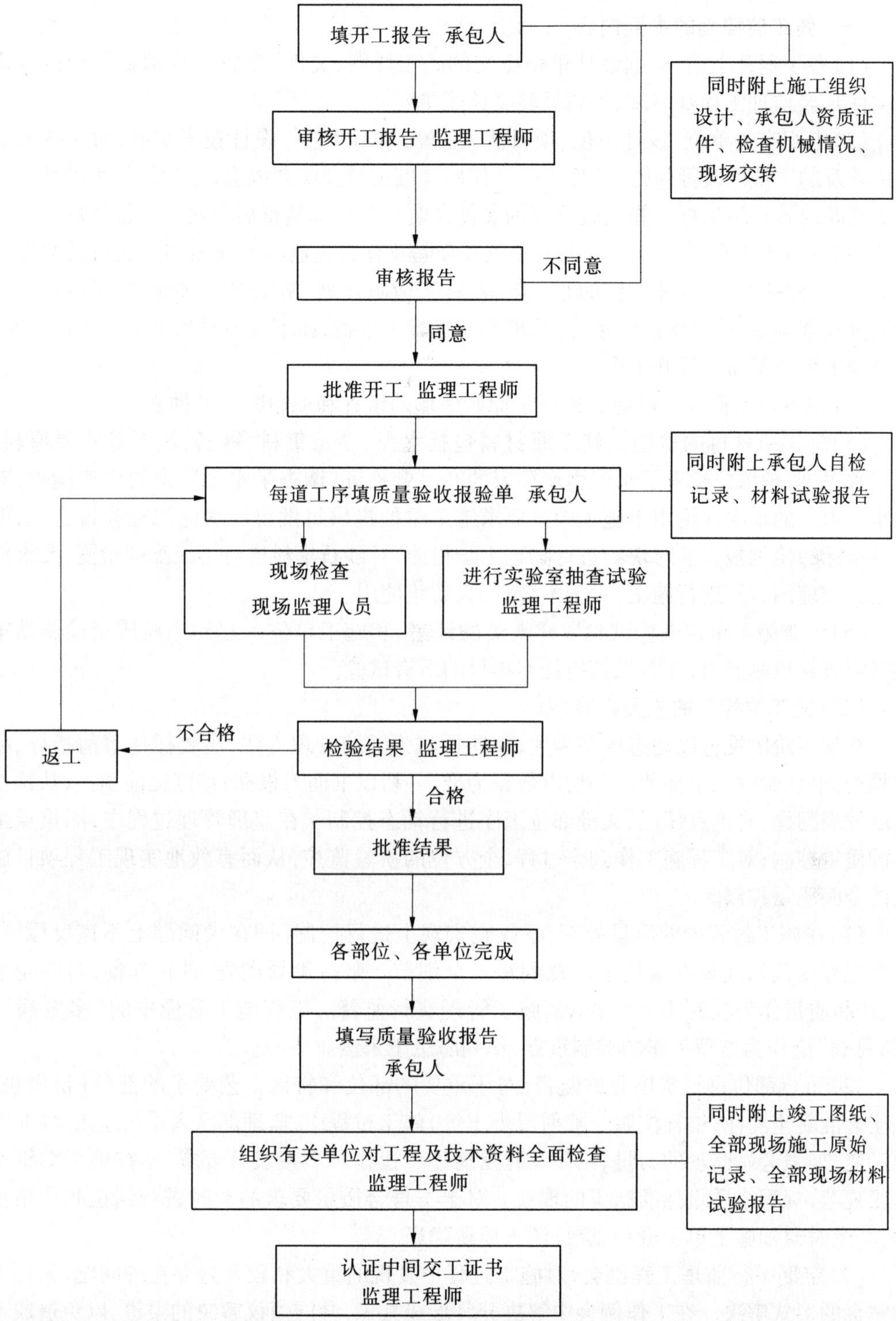

图 10-2　施工质量监理作业流程

不定时、不定点抽查;对于工程关键部位及工序,进行现场质量跟踪,签证把关。

(一)施工前控制的主要内容

(1)在工程开工前,根据设计单位提交的施工详图、文件(含施工技术要求和设计说明文件),经监理工程师审阅、签章后转交施工单位。

(2)组织有关单位(设计单位、项目法人、施工单位)进行设计技术交底,对于技术交底中涉及的图纸修改等问题,监理工程师作出详细记录并编制成会议纪要,作为设计单位作出修改或补充的依据。修改或补充的文件经监理工程师签章后交施工单位使用。

(3)在分部工程开工前7 d,施工单位按合同及有关规范的要求编制切实可行的施工组织设计,包括单位、分部工程的开工申请、施工措施计划、施工技术保证、全面质量管理和安全检查制度、质量保证体系等,监理部门进行了审批,在审查通过后下发开工许可证,由监理工程师发布工程开工令。

(4)在单位工程开工以前先进行了原始地形的审查和原始断面的抽查。

(5)施工原材料的检验。施工原材料包括水泥、砂石集料、钢筋、块石等主要原材。对于水泥,监理单位检查了水泥生产厂家的产品合格证,调查了水泥厂家的生产能力,对于小厂生产的水泥杜绝用于施工中。要求施工单位提供每批出厂水泥的检验报告、水泥各项指标的检测报告。对块石进行物理力学检测,对砂石集料进行了级配的检测,要求使用级配合理的砂石进行施工,对于不合理的,禁止使用。

(6)审查施工单位现场试验取样人员的证书,和施工单位一起到当地质量检测站审查其资质和检测能力,并委托其担任本项目的所有试验。

(二)施工中控制的主要内容

在施工阶段推行以动态控制为主、事前预防为辅的管理方法,主要抓住事前指导、事中检查、事后验收三个环节。一切以数据为准,一切以书面为根据,作好提前预控,从预控角度发现问题,对重点部位、关键部位工序进行动态控制。在监理管理过程中,抓重点部位的质量控制,对工程施工作到全过程、全方位的质量监控,从而有效地实现工程项目施工的全面质量控制。

(1)在施工过程中的质量控制,不仅在宏观上进行控制(即在大问题上不违反原则,符合规程规范),还要在微观上注意到每一个细节。坚持策划在先,预控在前,将安全生产、产品质量作为控制重点,对工程施工管理实行监督。工程施工管理中的"多发病"、"常见病"应作为监理工作的控制重点,作到防患于未然。

(2)重点部位进行现场旁站监督,对于重要的部位和特殊工艺要求的部位(抗滑桩、挡土墙混凝土灌注,锚杆注浆与喷射混凝土等)施工过程中,监理部派人进行全天24 h跟班旁监,加强旁站监理的力量,以便及时发现违章操作和不按设计要求、不按施工图纸或施工规范、规程或质量标准施工的现象。对于不符合质量要求的及时进行纠正和严格控制,并及时通知施工单位进行整改,消灭质量隐患。

(3)定期举行监理工程例会,对施工过程中发现的重大和较普遍存在的问题,采用工地例会的形式解决。在工作例会中解决分歧形成共识,共同商议解决的渠道,以免造成不必要的损失。

(4)定期检查施工单位直接影响工程质量的计量设备的技术情况。在施工过程中,施工单位对已批准的施工组织设计进行调整、补充或变动时，由监理工程师审查、认证后才能实施。

针对本工程的情况，监理部划分为五个分项工程，即土钉墙施工质量控制、抗滑桩施工质量控制、排水沟质量控制、土方切方质量控制、注浆压浆质量控制。

三、抗滑桩施工质量控制

为保证工程质量，确保人民生命和财产安全，抗滑桩的施工质量控制是非常重要的，因此在实施监理过程中，制订了有关抗滑桩分项工程的施工全过程质量控制。针对所设置的质量控制点，事先分析在施工过程中可能产生的事故隐患而提出相应的对策，采取质量预控措施，以避免在施工过程中发生质量事故。针对本工程的具体情况制订了抗滑桩施工全过程的质量控制（见图 10-3）、抗滑桩质量因素的全面控制（见图 10-4）和抗滑桩施工质量监理工作流程（见图 10-5）。

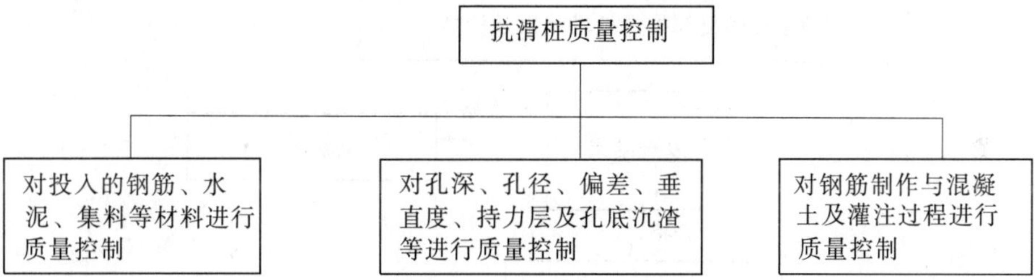

图 10-3　抗滑桩施工全过程的质量控制

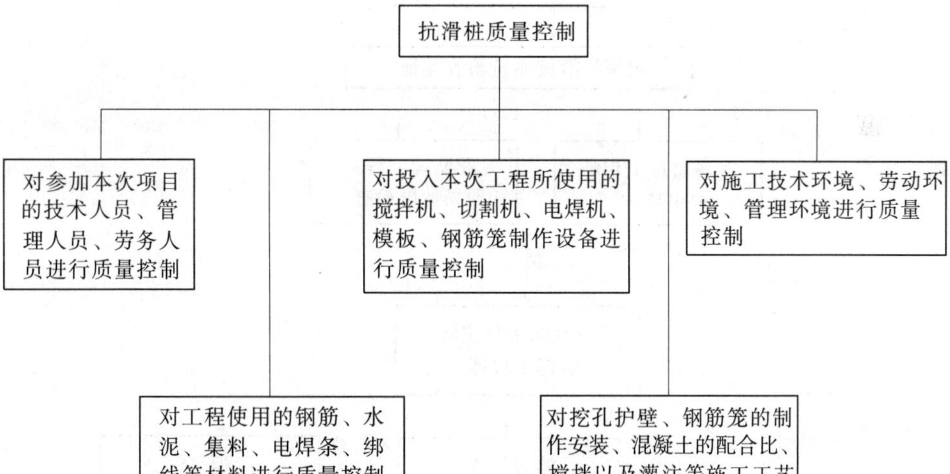

图 10-4　抗滑桩质量因素的全面控制

（一）施工质量预控措施

1. 挖孔及灌注质量预控

（1）在施工过程中，监理人员进行跟班监理，认真作好监理施工记录。

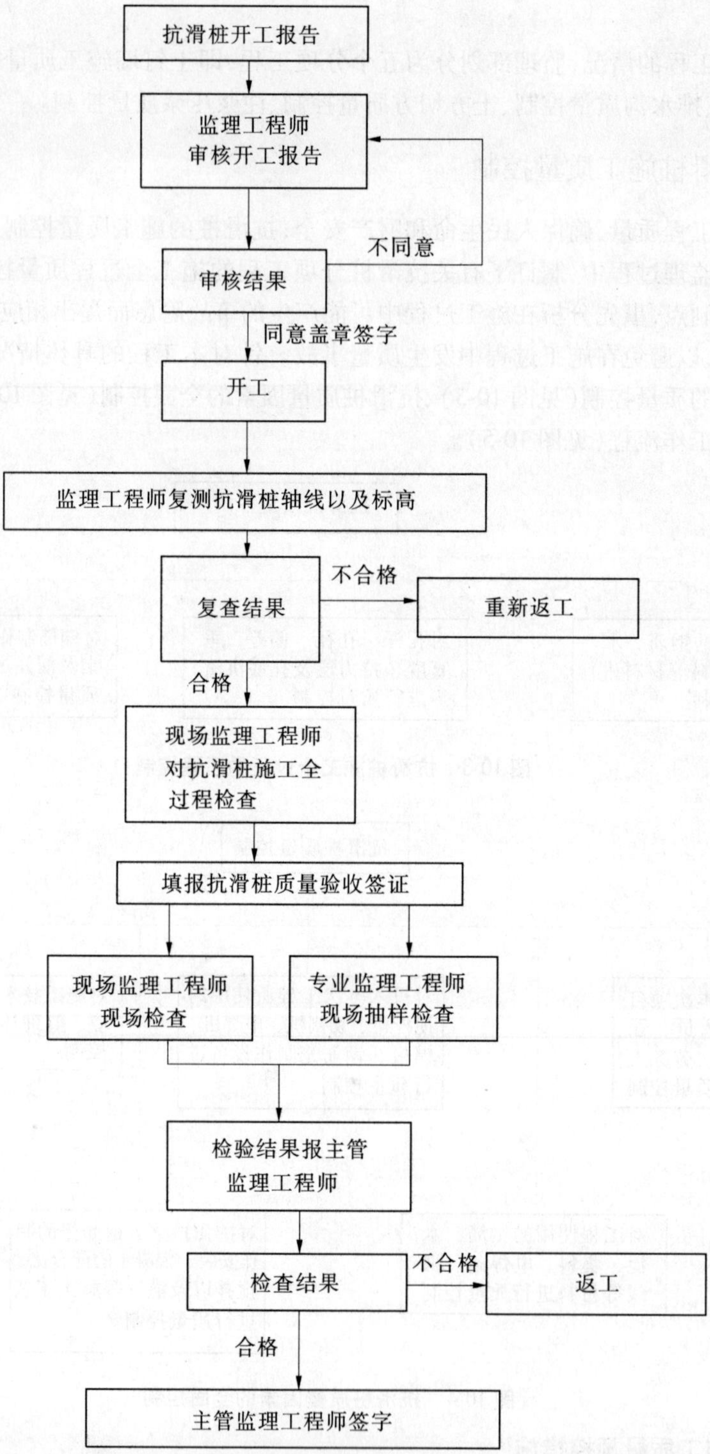

图 10-5 抗滑桩施工质量监理工作流程

(2)在挖孔过程中监理工程师按桩孔4个固定控制点(对角线方向)不断地检查中心位置及桩径尺寸。

(3)随时抽查混凝土原材料质量,混凝土配合比由新县质量技术监督站实验室通过试验提供,并经监理人员审查同意后正式使用。

(4)监理人员对每个孔的桩顶及钢筋笼标高进行检查,在必要的时候亲自复测。

(5)在混凝土灌注之前,监理工程师对每个桩孔内的沉渣认真检查,命令施工人员进行清除。

(6)定期检查抗滑桩成孔记录表和灌注混凝土记录表。

(7)针对孔内渗水和风化岩石造成的塌孔现象,随时采取有效的措施进行处理,要求施工期间尽量多做护壁,防止塌孔。

(8)及时与承建方和设计方进行联系和沟通,针对施工期间有些问题共同商议补救措施。

2. 钢筋加工质量预控

(1)检查焊工的合格证,对于一些没有证件的焊工做到禁止上岗。

(2)工程中所涉及的各种型号的Ⅰ级和Ⅱ级钢筋具备出厂合格证和材料报告单。

(3)焊工在焊接前,对所有涉及的钢筋进行力学试验,试验合格后才进行使用。

(4)监理工程师在施工单位的自检基础上,进行了焊接质量的抽检工作,对质量有怀疑时,要求抽样复查其机械性能。

(5)监理工程师在检查焊接质量的同时,检查焊条的型号。其所有焊条为天津金桥焊条,型号为ϕ4.0 mm×400 mm,符合GB/T 5117—1995E4303。

(二)施工准备监理

1. 研究设计文件

研究设计方案和有关的设计文件,如抗滑桩平面布置图、桩体结构施工图。

2. 审查技术资质

(1)施工单位的技术资质是地质灾害治理综合甲级。

(2)施工过程中对分包的施工单位经过审查后,才进入施工现场。

3. 材料监控

(1)工程中所需要的钢筋、水泥、电焊条等材料都具有产品合格证。

(2)对钢筋、水泥、砂石等材料在开工以前进行了复试。

(3)在施工过程中对使用的钢筋、水泥等材料进行了抽样检查。

4. 审查施工方案

(1)监理工程师在开工以前,对施工单位提交的施工组织设计进行了审查和审批。

(2)审查施工进度计划及绘制施工进度图表。

(3)审查施工准备工作,包括技术准备、现场准备、机械设备及材料准备,在审核后才能开工。

(4)提交材料需用量计划及施工人员数量计划,同时绘制分项工程的施工平面图。

5. 审查新材料和新技术的应用

在施工过程中所涉及的新材料和新技术,审核其试验报告及技术鉴定书后才使用。

没有试验或鉴定的新材料、新技术等不得在施工过程中应用。

6. 审查施工机械设备性能

对影响工程质量的搅拌机、切割机、电焊机、模板等施工机械和设备，在经过审核施工单位提供的技术说明和实测报告后才能使用。对不能保证质量要求的机械和设备禁止在施工过程中使用。

(三)施工材料监理

工程材料监理作为施工质量控制的重要环节，监理部的态度认真负责。为了保证不经检验和检验不合格的材料不投入使用，作到了工程材料严格把关，认真履行报验手续，积极参与物资定货，对供应商的资质、信誉和能力进行考察，严把材料进场关。在整个施工过程中共抽查试验 16 组，全部合格，认真作到了材料的质量把关，从而保证了工程的质量。具体控制方面如下所述。

1. 钢筋

(1)钢筋的等级、钢种和直径必须符合设计要求，钢筋的质量必须符合国家的标准，不同种类的钢筋分开堆放。

(2)钢筋进厂经过检查，具备正式的出厂合格证。

(3)进场后的钢筋，在监理工程师的监督下，进行现场取样，做材质的复试和物理试验，合格后才能使用。

钢筋机械性能及冷弯检验报告见表 10-1。

表 10-1　钢筋机械性能及冷弯检验报告

级别	规格(mm)	屈服点(MPa)	抗拉强度(MPa)	伸长率(%)	冷弯结果($a=22$ mm, $d=3a$, 180°)
HRB335	25	375	570	22.5	完好
HRB335	25	365	570	21.0	完好
Q235	10	305	485	33.0	完好

注：a 为钢筋直径，d 为弯心直径。

材料经过新县建设工程质量检测室的试验，合格后才用于工程。

(4)钢筋的堆放选择在较平和较高处，防止与酸、盐、油类放在一起，防止钢筋锈蚀和污染，发现有颗粒状和片状老锈斑者禁止使用。

(5)作好防雨措施，要求雨天用雨布把钢筋保护好，防止锈蚀。

工程中所用的钢筋主筋为Ⅱ级 25 号螺纹钢筋、箍筋采用Ⅰ级 10 号圆钢，见钢材机械性能及冷弯检验报告，经过新县建设工程质量检测室的检测全部合格。

2. 水泥

(1)水泥的技术指标和龄期强度应符合国家标准常用水泥的技术指标，常用水泥指标见表 10-2。

表10-2　常用水泥指标

项目	技术指标
氧化镁含量	在熟料中不得超过5%，若水泥经压蒸安定性试验合格，可放宽至6%
三氧化硫含量	矿渣水泥不得超过4%，其余品种的水泥不得超过3.5%
烧失量	旋窑厂水泥不得大于5.0%，立窑厂水泥不得大于7.0%
细度	0.08 mm方孔筛的筛余量不得超过12%
凝结时间	初凝时间不得早于45 min，终凝时间不得迟于12 h
安定性	用沸煮法检查必须合格

根据以上指标，对水泥作了有关质量的检测，检测结果见表10-3。

表10-3　水泥检测结果

<table>
<tr><th rowspan="2">项目</th><th rowspan="2">标准稠度用水量（%）</th><th colspan="2">凝结时间</th><th rowspan="2">细度（%）不超过</th><th rowspan="2" colspan="2">3 d抗折强度（MPa）</th><th rowspan="2" colspan="2">3 d抗压强度（MPa）</th><th rowspan="2">安定性</th></tr>
<tr><th>初凝时间</th><th>终凝时间</th></tr>
<tr><td>标准值</td><td></td><td>不早于45 min</td><td>不迟于10 h</td><td>10</td><td colspan="2">≥2.5</td><td colspan="2">≥11.0</td><td>合格</td></tr>
<tr><td rowspan="6">实测值</td><td rowspan="6">28.0</td><td rowspan="6">2 h 40 min</td><td rowspan="6">5 h 30 min</td><td rowspan="6">5.2</td><td rowspan="2">3.30</td><td rowspan="6">3.3</td><td>13.4</td><td rowspan="6">13.2</td><td rowspan="6">合格</td></tr>
<tr><td>12.8</td></tr>
<tr><td rowspan="2">3.40</td><td>13.0</td></tr>
<tr><td>12.4</td></tr>
<tr><td rowspan="2">3.30</td><td>13.5</td></tr>
<tr><td>13.8</td></tr>
<tr><td>结论</td><td colspan="9">该批普通硅酸盐水泥按GB 175—1999标准检验安定性、凝结时间、3 d强度、细度合格</td></tr>
</table>

(2)水泥进场必须具有正式出厂合格证和材质试验报告，进场后分批进行材质复试，按照有关的规定从中取样，进行复试。

(3)按照不同等级、品种、出厂日期分别验收并分别堆放，严禁不同厂家、不同强度等级水泥混杂使用在同一根桩中。本工程所有水泥均为湖北大冶生产的华祥牌普通硅酸盐强度等级为32.5的水泥。

(4)出厂日期超过3个月或对质量有怀疑时，应取样复测合格后才能使用。本工程水泥未出现类似现象。列举水泥的生产批号为060420。

3.粗细集料

(1)混凝土粗集料选用连接级配的坚硬碎石，要求质量标准应符合建设部标准。

(2)根据设计要求粗集料的粒径不大于40 mm。

(3)细集料选取级配合理、质地坚硬、颗粒整洁的天然中粗砂，质量标准应符合有关的规范要求，砂中的有害物质符合规范。

(4)粗集料中的硫化物和硫酸盐含量不宜大于1%。

(5)进场后的粗集料应有产品正式合格证,进场后分批进行材质复试,禁止有杂质和泥土混入堆放。

4. 水

搅拌混凝土和砂浆以及养护所需水应用洁净的水和天然水,对于工业废水和 pH 值小于 4 的酸性水、含硫酸盐量超过 1% 的水,以及含有对凝结和硬化有害的杂质或油脂、糖类等水均不能应用。

(四)施工过程监理

施工过程监理是施工监理工作的重点,在开工前召开挖孔桩施工班、灌注班、钢筋加工班等班长以及主要成员的会议,由项目总工按照施工组织设计进行技术交底,监理工程师按照监理实施细则进行监理交底,使全体施工人员明确施工工艺流程,明确每道工序的质量标准和质量保证措施,明确监理内容和要求,特别是对于一些关键部位和关键环节要严格把关,必须由监理人员进行验收签证以后,才能进行下一道工序的施工,未经签证的不得进入下一道工序等。

1. 桩位监控

(1)监理工程师和施工方技术人员一起,用全站仪、水准仪等测量仪器,对设计单位提供的抗滑桩位进行测量放线,对桩位的开挖轴线和高程进行定位,根据各条桩的断面尺寸,标定桩体的井口轮廓线,并在桩位 4 个角点引出的引线上埋设测量标记点,控制桩体开挖偏差。

(2)施工单位提供其测量记录,根据记录尺寸和设计图纸,监理工程师按桩孔的 4 个固定控制点不断检查桩孔中心位置以及桩径,检查审核无误后,签字进入下一道工序。

2. 护壁监控

(1)按照设计要求,护壁混凝土强度等级为 C25。

(2)在支护第一个模板时,要求在地表处加锁口,其配筋按照设计要求进行施工,监理工程师用钢尺对每一个锁口模板进行了测量,对钢筋的绑扎进行了校核,确认无误后才允许进行混凝土的灌注。

(3)护壁与护壁之间应加挂筋,且上下两模混凝土搭接量为 50 mm,护壁之间留 25 mm 的空间,用于灌注混凝土,要求混凝土捣实。

(4)根据地层的情况,在完整的岩石面内,不必要设置护壁。

(5)在每一个护壁施工完毕后,在监理工程师的监督下,施工方都要进行检查和校核,用铅重锤对每个护壁进行垂直控制,防止桩体倾斜。

3. 钢筋笼制作与安装控制

(1)对所进入现场的各种钢筋进行了合格证和材质化验单的检查和对照,由监理工程师认可后使用。

(2)钢筋笼制作规格严格按照设计图纸要求施工,钢筋笼宜分节制作,每节长度视成笼整体刚度、来料钢筋长度及起吊设备的有效高度合理确定,其制作允许偏差符合规范要求,主筋间距、箍筋间距、钢筋笼直径、钢筋笼总长偏差符合规范。

(3)钢筋笼焊接要求参见《钢筋焊接及验收规程》(JGJ 18—2003),主筋要求每 300

个焊接点做一组拉伸和焊接冷弯试验，具体参见《钢筋焊接接头试验方法标准》(JGJ/T 27—2001)，在同一个面上的接头数量不大于主筋数量的50%。

(4)钢筋笼在制作、搬运及起吊时要确保笼子挺直、牢固、不变形，安装入孔时保持垂直状态，避免碰撞孔壁，其偏差符合设计要求。

(5)钢筋笼属于隐蔽工程，钢筋笼制作规格和焊接质量进行验收合格后才能入孔。

(6)在钢筋笼下入孔内以后，监理工程师下孔进行了检查，对一些关键部位，如底面钢筋的保护处要求垫混凝土垫块，保证钢筋笼与四周孔壁的间距、测量箍筋之间的间距等，符合规范和设计要求后，才允许进行混凝土的灌注工作。

4. 桩体混凝土灌注监测

(1)混凝土灌注前监理工程师会同施工单位主要负责人对孔底的沉渣、孔径、孔深及垂直度等进行了认真的检查，递交和签署检查记录后才允许灌注混凝土。

(2)混凝土配合比必须根据设计要求，并由有资质的单位提供，按照实际用的材料到质检部门做配合比试验，配合比报告提交监理部认可后才能使用。

(3)禁止混凝土从搅拌机内直接流入孔内，要求施工方制作串筒进行灌注，直径不大于30 cm，导管的下端距离混凝土面不大于2 m，满足要求，监理检查合格后才允许灌注。

(4)混凝土的拌制。拌制混凝土以前，在监理工程师的监督下，要求用磅对所用的材料按照配合比的要求进行称重，倒入搅拌机成料斗，作好明确的标记后，控制其用量，要求允许的偏差水泥为+2%，粗细集料为+3%。根据情况对水量进行现场的调整，保证水灰比和坍落度符合设计要求。

(5)混凝土的灌注。混凝土的灌注工作分为锁口以下孔内部分和上面模板灌注。在混凝土灌注期间，监理工程师进行了旁站，严格监督和控制施工过程的质量问题，要求施工方连续灌注分层捣实，每次混凝土的堆积高度不准超过1 m，并不定时地下井内进行监督和指导，直到满意为止。在监理部的监督下，进行现场取样，要求每50 m^3 混凝土不少于一组试块，按照要求施工方取样为井下两组和井上一组。对于井上部分的灌注，施工方在模板安装完毕，监理部门进行校核无误后，才允许进行灌注。在振捣时要求振捣均匀，有浆体析出为止。

(6)混凝土的养护工作。由于天气炎热，在养护方面进行严格的控制。监理部门要求施工方采取措施，每2 h洒水养护，并用塑料薄膜和水泥袋子对桩头和桩体进行遮盖，控制其温度和水分，防止太阳暴晒。

(五)工程质量事故的处理

避免工程事故的发生是监理部门和施工部门的目标，在施工过程中，质量事故有时是不可避免的，为了能够得到及时有效的处理，监理部门制订了有效的处理办法和措施，争取避免质量事故的发生。停工复工程序见图10-6，工程质量事故处理程序见图10-7。

1. 工程停工程序

在施工过程中，针对以下几种情况，给予停工，并处理。

(1)施工过程中出现异常情况，施工方未采取改进措施或改进措施不力的，未达到质量要求者。

(2)钢筋及混凝土隐蔽作业未经监理工程师检查同意而进行下道工序者。

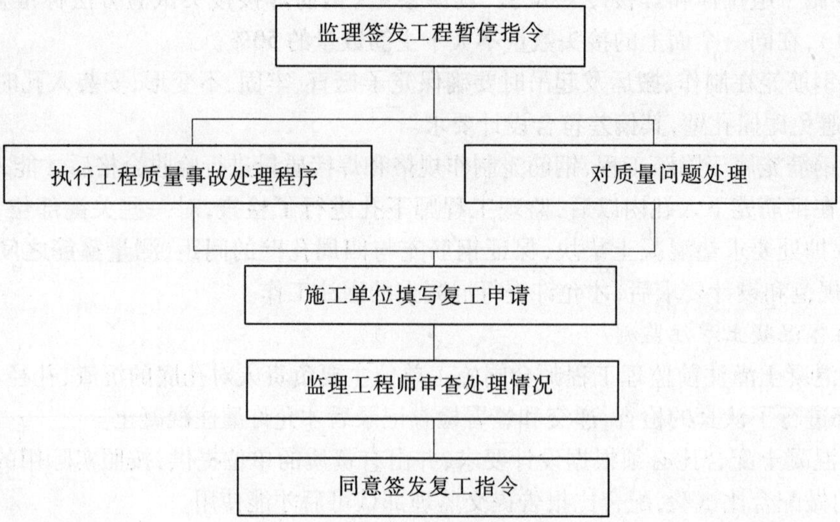

图 10-6　停工复工程序

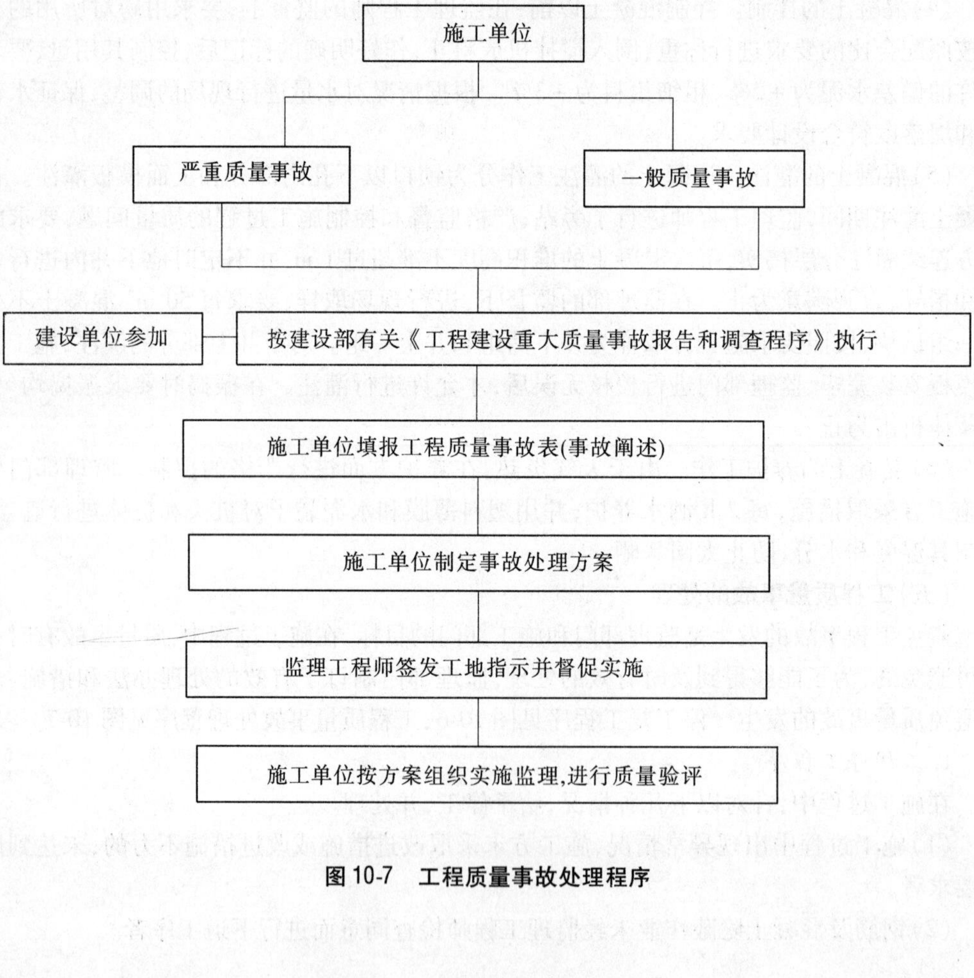

图 10-7　工程质量事故处理程序

(3)对已经发生的质量事故未进行有效处理改进而继续施工者。

(4)擅自变更设计图纸进行施工的。

(5)使用没有质量合格证的钢筋、水泥等材料的。

(6)未经技术资质审查的分包单位施工人员进入现场施工者。

2. 质量事故处理程序

(1)责成事故责任方及时写出事故报告并提出处理方案,经审批后,监督其实施。

(2)对于重大的施工质量事故,应在事故发生后 24 h 之内发出监理通知单,通知承建商,并向有关主管部门报告,以便及时组织有关单位共同研究处理。

(3)及时填写工程质量事故和处理记录及工程质量事故报告表。

施工过程中,在监理工程师的监督下,没有出现质量事故,施工单位严格按照图纸和施工组织方案进行施工,对于施工过程中出现的一些细小问题,及时上报,并及时做出整改措施,把问题消灭在萌芽状态,争取创优良工程。

(六)施工安全监控

1. 孔内的通风

挖孔过程中如果遇到缺氧情况,监理部门要求施工方及时采用空压机、吹风机等通风设备进行送氧,其风量要求不小于 25 L/s。

2. 电气设备

施工现场内的一切电源、电路的安装和拆除必须由持电工证的电工操作,电器必须严格接地、接零和使用漏电保护器,各孔用电必须分闸,严禁一闸多用,孔上电缆必须架空 2 m 以上,严禁拖地和埋压土中,孔内电缆必须有防湿、防潮、防断等保护措施,照明应采用安全的下井作业灯。

3. 人员上下孔安全

孔内必须设置应急爬梯,供人员上下孔使用的工具必须确保安全可靠。

4. 孔下作业安全保护

孔内作业必须配戴安全帽,孔口要清洁。提升时不得碰撞已经挖好的孔壁,并随时检查提升设备的可靠性,下孔时,孔上要留人,保证安全作业。

5. 孔口防护

挖出的土方应及时运走,机动车不得在挖孔附近通行,对挖孔较深和已经挖好暂不能灌注混凝土的孔要加盖防护。危险地段设防护拦和标志,夜间作业要设标志灯。

在安全问题上根据以上几种情况,进行监督和控制,针对发现的安全问题,监理工程师要求施工方进行整改,杜绝安全事故的发生,争创平安工程。

四、土钉墙施工质量控制

(一)锚杆土钉墙施工准备的监控

(1)对土钉墙施工区的建筑物等进行了拆除,其中包括两间民房和鸡棚等。

(2)对农户家里面的地下水管线进行了改线,并采取了一定的预防措施。

(3)对设备进行了检查,空气压缩机和空钻机等设备进行了调试后才进行施工。

(4)对注浆工艺措施进行技术交底,对其设备进行了监督检查。

(5)对土钉墙原材料的品种、质量和规格型号分别进行了质量检查,对相应的质检报告进行了审核。

(二)锚杆与土钉墙工程材料的监控

在锚固过程中对于材料的质量要求按照《建筑边坡工程技术规范》(GB 50330—2002)的有关标准,分别从以下方面进行了控制:

(1)材料出厂合格证检查;

(2)材料现场抽样检查;

(3)锚杆浆体和混凝土的配合试验、强度等级检查。

其中水泥采用华祥普通硅酸盐水泥,产地湖北大冶,强度等级为32.5级;砂石采用当地生产的产品,采用粒径为0.5~1.0 cm,其颗粒级配符合有关的规定。

(4)水中要求不含有影响水泥正常凝结和硬化的有害物质。

(5)锚杆杆体材料选用高强精轧螺纹钢筋,直径为22 mm,其力学性能符合国家有关的技术标准和规范,经过检验合格后才允许使用。钢筋机械性能及冷弯检验报告见表10-1。

(6)锚杆的加工,根据设计要求,在钢筋上焊接船形定位架,设计要求用Φ8的钢筋,由于用量比较少,经过监理部门的同意后,改用Φ10的钢筋。

(三)施工的监控

1.施工准备

在施工前,要求施工方递交分项施工方案,监理部门审核后,同意进行施工,并签分项开工报告。

2.削坡监控

削坡过程中,在监理部门的监督下,一起对*GH*和*HA*段进行了测量放线,并递交测量记录经批准同意后,才允许进行施工。削坡采用人工和机械结合的方式进行施工,在坡脚和坡顶要求设置标志桩,清除其范围内的杂土。在完毕之后,监理部门进行了测量验收,要求其坡脚倾斜度达到设计要求,坡面的平整度符合规范的要求后,批准下一道工序。

3.施工放线监控

在平整的坡面上进行放线,要求施工方用标记标示出每一个土钉和泄水孔的具体位置,其误差控制在10 cm之内。在放线结束后,监理部门进行了抽查,孔位符合设计要求,同意施工。

4.成孔监控

成孔采用锚杆钻机,在开孔之前,首先检查了钻机平台的平整度和钻杆与水平面的夹角,要求施工方在钻杆上作好标记,控制好深度,在钻进的过程中控制钻进速度和方向,对一些不合格的孔要求重新进行施工。

钻孔质量控制符合下列规定:

(1)孔深允许偏差为+50 mm;

(2)孔径允许偏差为+5 mm;

(3)孔距允许偏差为+100 mm;

(4)成孔倾角偏差为+5°。

根据以上的要求，在每一个钻孔成孔之后，要求施工单位认真作好施工记录，详细记录每一个孔的施工情况。根据记录情况，监理部进行了检查和验收，其偏差均控制在规范允许的范围之内，成孔合格后，允许进行下一道工序的施工。

5. 土钉安装的监控

土钉设计为Φ22钢筋制作成在钢筋上焊接船形定位架，按照设计要求，对焊接间距进行控制，在每一个杆件下孔之前，监理工程师都进行了测量，防止杆件偏位。在杆件端部设置井字架钢筋，与钢筋网片连接，采用绑条焊接的方式，要求焊接牢固。土钉长度偏差为+30 mm，距孔底30 cm左右。

6. 灌注砂浆的监控

首先进行了原材料的检验，施工方进行水泥和砂的检验，在报告结果出来合格后，才允许进行施工；并要求进行配合比试验，根据M15砂浆的配合比要求，在原有的基础上进行调比，达到合格为止。

在注浆前对所有的孔进行了细致的检查，由于钻孔已经提前施工完毕，对孔内的残留和松动的杂土清除干净，要求在注浆过程中管路畅通。开始或中途停止超过30 min时，要求用水或者稀水泥浆润滑管路后，再进行注浆，防止里面注入水泥结块。

在注浆时，注浆管插至距孔底100 mm左右的距离进行控制，以便使砂浆在各个部位都能与岩壁结合。要求在孔口部位设置止浆塞，使浆体能够完全填充。

在施工的过程中，对压力进行了控制，要求压力至少达到0.5 MPa，注入的砂浆注满溢出为止，对达不到的孔进行了二次注浆。要求在施工过程中对注浆量、注浆时间、注浆压力进行严格控制和记录，记录结果递交监理部门。

注浆时砂浆的比例，灰砂比为1∶1～1∶2，水灰比控制在0.38～0.45，按照注浆的台班和方量对砂浆进行取样试验。

7. 挂网监控

在注浆完毕后，要求对土钉墙进行挂钢筋网片施工。网片的控制，首先在施工前要求施工方对钢筋进行原材试验，在试验结果出来合格后，由监理部批准进行绑扎钢筋网片。

钢筋网片的制作，要求严格按照设计要求进行制作，其间距为20 cm，在绑扎完毕后，监理部门对其进行了抽样检查，其间距符合设计的要求。在第一层钢筋网片绑扎完毕后，进行了井字架钢筋的焊接，把第一层钢筋网片紧紧地控制在土钉墙之上。焊接完毕后，监理进行抽查，要求焊接牢固，采用绑条焊接。第二层钢筋网片在第一层混凝土喷射完毕后进行绑扎，其质量控制和第一层一样，按照设计和有关规范进行，误差控制在一定的范围之内。

8. 混凝土的喷射监控

(1)在混凝土喷射前，要求所有的准备工作就绪，监理部对施工方申报分项开工计划进行了进一步审查后，才允许开工。包括专业技术人员的考核、设备的试运行完好、喷射混凝土操作平台的搭建，这些都具备以后，监理部门才审批开工计划。

(2)墙面的控制。在喷射之前，监理部门对墙面进行了检查。分别就网片的绑扎间距、井字架筋的焊接和标示桩等进行了检查，要求施工方在施工过程中，控制其厚度，喷射厚度遮掩标示桩。在混凝土喷射面*GH*段和*HA*段设置伸缩缝，按照设计要求，伸缩缝采用沥青浸泡过的木条夹板做成,提前安装在交接面处。

(3)混凝土搅拌和运输监控。在喷射之前,监理部门严格进行控制。要求质检站提前确定喷射混凝土的配合比,并在喷射过程中适当调整。根据施工发现,采用石子:砂:水泥=1:1:1的比例,混凝土的强度要求不低于设计要求,并要求做混凝土试块。运输方面,搅拌机出料口直接对准喷射机,避免了用斗车运输过程中出现的离析现象,节约了施工时间,提高了效率。

(4)喷射施工控制。喷射作业分段进行,在同一个分段内喷射自下而上进行,一次喷射厚度要求不小于40 mm,根据设计第一层喷射掩盖钢筋网片。喷射混凝土时,要求喷头与受喷墙体面保持垂直,距离控制在0.6~1.0 m。在喷射第一层混凝土后,进行第二层钢筋网片的绑扎,喷射过程和第一层一样进行控制,最终要求表面平顺、密实,效果美观。

9.养护监控

由于气温较高,为防止出现裂缝,要求施工方认真对待养护工作,在喷射过程结束后2 h进行喷水养护,以后养护时间要求不高于3 h,喷水养护要做到全面覆盖。

在整个施工过程中,监理部门按照制订的有关细则,对土钉墙分项工程进行了严格的监控。对于在施工过程中出现的问题,监理工程师及时要求整改,提出整改方案,进行施工。整个工程始终处于受控状态,达到了控制的目的。

五、挡土墙施工质量控制

(一)挡土墙施工准备的监控

1.施工人员的准备监控

在施工前,要求施工方提供劳动力计划网络图,施工过程中的技术人员和工人要保证满足工程的需要。

2.施工设备的监控

在施工前,对施工方提供的施工设备表进行了审批。要求在施工中用的搅拌机、振动棒、电焊机等有关机械运行正常,严禁在施工过程中出现故障,影响施工进度。

3.材料监控

对于工程所用到的材料要提前运到现场,在监理工程师的见证下,到当地质检部门进行质量检验,对于不合格的材料,禁止在工程中使用。钢筋的焊接、原材料、砂、石、水泥等要求施工方提前进行试验,在结果没有出来之前禁止在工程中使用。

4.工程质量监控

审查其质量保证措施、安全保证措施和文明施工措施,要求严格按照有关步骤进行施工,加强质量管理,层层把关,确保工程质量目标的实现。

(二)挡土墙施工过程的监控

1.测量放线监控

在施工过程中,首先要开挖挡土墙工作面。在开挖之前,先对其进行了测量放线,按照设计要求挡土墙下部厚30 cm,上部厚50 cm,并且每一个挡土墙上还有3个泄水孔。因此,对于其标高的控制非常重要,在放线过程中,施工方测量以后,监理部对其进行了复测和校核,均合格。

2. 基坑开挖的监控

根据测量放线的标高和数据，对开挖进行控制。在开挖之前要求抗滑桩的混凝土强度达到设计强度的70%以上后进行，以免影响桩体的强度。在机械开挖完毕后，要求人工进行修整，保证工作面的平整合格后，才能进入下一道工序。根据设计要求，挡土墙下部入土 50 cm，对其进行了严格的控制。在施工完毕后，监理部门进行了测量验收，对于不合格的地方，要求进行了整改。

3. 锚杆的施工监控

根据设计要求，下部挡土墙采用锚杆与其连接，并起到固定挡土墙的作用。因此，在本部分的锚杆施工过程中，和土钉墙施工的控制方法一样对其进行了控制，对钻孔、加工锚杆、注浆、焊接井字架等施工过程严格进行监控，在施工完毕验收合格后，才进入下一道工序。

4. 钢筋的安装监控

绑扎之前进行了钢筋的焊接和原材料试验，符合规范要求以后才允许使用。根据设计要求，钢筋的绑扎按照设计要求间距 20 cm 进行控制，绑扎完毕后，监理部进行了测量抽查，其绑扎间距误差在规范控制的范围之内。然后进行井字架钢筋的焊接，要求井字架钢筋与锚杆焊接牢固，并压到钢筋网片上，与下部分挡土墙连接。

5. 模板的安装监控

钢筋绑扎完毕后，进行模板的安装。按照挡土墙下部的放线位置，进行模板的安装。内部虚土处的部分要求用木板隔开，以免在灌注混凝土期间，杂土流入模板里面。模板安装完毕后，监理部进行了检查，垂直度和间距符合设计的要求。模板之间的空隙要求进行封堵，以免出现漏浆。

6. 混凝土灌注的监控

在混凝土灌注期间，监理部派人进行了监控。对混凝土的配合比、搅拌均匀度、振动程度进行控制，要求振动厚度不超过 30 cm，并振动均匀。拌和期间对水灰比进行控制，并在现场进行混凝土坍落度试验，符合质检站提供的坍落度标准。

7. 桩间挡土墙施工监控

对于上半部分挡土墙施工控制和下半部分一样，分别对钢筋的安装、模板的安装、混凝土灌注等进行控制，关键部位是连接处的膨胀螺杆，在安装之前，首先检查了其膨胀螺杆的质量，符合设计要求。钻孔的间距和安装分别进行控制，要求安装后固定在抗滑桩内牢固，并使上面的螺丝拧紧，漏出来的部分与挡土墙内的钢筋焊接牢固。在各道工序进行完毕后，监理部进行了抽查，合格后才允许进行浇筑混凝土。

8. 泄水孔的控制

在施工期间，根据设计要求设置泄水孔。泄水孔的制作和土钉墙部分一样，采用直径为 10 cm、长度为 1 m 的 PVC 管，透水孔部分用土工布绑扎结实。关键是在放置部位，要求位置准确，每一排在安装后，监理人员用线绳进行校核，要求横向和竖向在一条直线上，外观看起来美观大方。

对于挡土墙的施工，关键部位是下半部分的锚杆的连接和上半部分的膨胀螺杆的连接。在这几方面的控制，监理部进行了严格的把关，要求连接牢固。对于不合格的部分要求重新施工，认真把握好质量的监控工作，确保工程的质量。

六、土方切方回填施工质量控制

土方切方回填施工质量控制包括切方减载施工质量控制和台背回填两部分,两者是在抗滑桩和挡土墙施工完毕后进行的。

土方切方回填施工分机械作业和人工修整坡面。在开挖过程中,监理工程师督促施工单位在设计断面上用全站仪控制各开挖轮廓点,水准仪控制高程,保证机械开挖后坡面平整、自然。坡面开挖轮廓点的控制依据设计控制坐标点,结合山坡和抗滑桩的实际走向,依据抗滑桩和坡面上排水沟线形平顺、视觉效果良好的原则,征得双方都同意后,才实施放样,进行开挖。

桩体后面的回填土方要求清除草皮、树根和杂物,表面无腐殖土,土料粒径应符合规范要求。

回填土根据施工组织设计进行夯实,要求每一层的压实系数不低于95%,夯实厚度控制在20 cm之内。特别是对于桩体部位排水沟处,要多夯几遍,以保证排水沟的质量。在泄水孔处用细砂填入,以便桩体内部渗水能够及时排除。

施工单位和监理单位按照有关施工质量的要求,对本分项工程进行了施工自检和监理抽检,检测项目主要是坡面平整度和夯实度,从检测结果看,达到了设计的要求,工程完工后未发生塌陷等工程质量事故。

七、注浆压浆施工质量控制

由于滑坡体内存在多条张拉裂缝,连续降雨会存在不稳定的状态,所以对裂缝采取压浆处理并对裂缝部位采用黏土夯填进行处理。另外,对于回填的土体,水泥浆填充其空隙,起到密实的作用。

在施工质量的控制方面,主要是注浆孔的布置和注浆期间压力的控制。在注浆之前,审查了施工组织设计、施工方法和施工工序,并要求在施工过程中严格遵循监理程序,确保施工质量。

施工单位提交了注浆钻孔的布置平面图,结合现场的实际情况和图纸要求,确定滑坡体内裂缝的位置。根据设计,监理工程师对位置进行了确认,在注浆过程中,采用M10水泥砂浆,压浆要求裂缝内砂浆灌满后为止,并且裂缝冒浆。结合以前的施工经验,在施工过程中,对一些不满意的地方进行了指导,最终在施工质量方面,经过双方的努力,达到了施工的效果。

八、截排水沟施工质量控制

截排水沟施工主要是在滑移段的周边设置,使水能够及时排出,以减少雨水对滑移段的影响。

监理工程师对截排水沟的施工质量控制主要从测量放样、人工清理沟槽、浆砌石砌筑三方面进行旁站监理。施工单位测量放样,根据设计图纸的要求,完毕后经监理工程师认可后,对沟槽实施分段开挖,开挖断面经施工单位“三检”和监理工程师的抽检合格后,才允许施工单位进行砌石作业。

砌石施工过程中,首先现场监理检查水泥和石料的材质,并要求石料不含泥垢,冲洗干净,其强度达到设计的要求,禁止使用风化碎石,对于不合格的石料和水泥坚决清除出场。其次,督促施工单位按合同技术要求的砌筑施工工艺施工。监理工程师通过对砂浆拌和、浆砌石砌筑、结构表面平整度和垂直度、结构分段分缝的设置、砂浆抹面等采取巡查、旁站、跟踪、测量检验等措施督促施工单位按章施工,并按报监理批准的设计配合比配制水泥砂浆。砌筑采用铺浆法,先铺浆后砌筑;石块分层卧砌,上下错缝、内外搭砌,砌立稳定,砂浆填塞饱满。发现存在质量问题,责令施工单位立即整改,直至合格。截排水沟浆砌石的施工质量,经施工单位自检和监理部门的抽检最终合格。

九、滑坡体绿化效果

为了使滑坡体表面平整美观,对滑坡体表面进行修平并植树种草绿化。监理部按照指示,要求施工方在施工完毕后进行了滑坡体的绿化,在滑坡体上种植了垂榆、桂花、红叶李、腊梅等树木,并撒上了四季青草籽,有效地防止水土流失和地表水下渗带来的滑坡隐患,达到了预期效果。

第六节 施工进度控制

一、施工进度控制方法

(一)审查批准施工进度计划

在每一个单位工程、分部工程开工前,要求施工单位随同施工组织设计,向监理部报送施工进度计划。监理工程师对施工进度计划进行审查批准,主要内容包括以下方面:

(1)施工布置、施工组织、施工方案与施工技术措施对工程质量、合同工期的影响;

(2)施工进度计划对实现合同工期和阶段性工期目标的相应性与符合性;

(3)重要工程项目的进展及各个施工环节逻辑关系的合理性;

(4)施工资源(包括技术工人组合、施工设备、施工材料与供应条件等)投入的保障及其合理性;

(5)对建设单位提供条件(包括设计供图、工程用地、资金支付等)要求的保障及合理性。

(二)加强施工进展情况的检查与协调

督促施工单位按照批准的施工进度计划,合理安排施工进展,确保施工资源的投入,做好施工组织与准备,作到按章作业、均衡施工、文明施工,避免出现突击抢工、赶工的局面;督促施工单位建立工程进度管理机构,设立进度管理负责人,做好生产调度、施工进度安排与调整等各项工作,切实作到以安全生产促工程进度、以工程质量促工程进度,根据工程的进度,逐月、逐旬检查施工准备、施工条件和工程进度计划的实施情况,及时发现、协调和解决影响工程进度的外部条件和干扰因素,促进工程施工的顺利进行。

(三)及时调整工程进度计划

由于非施工单位的责任或原因(如天气影响等)导致施工进度计划在执行过程中必须进行实质性修改时,监理工程师按照施工合同文件的有关规定对施工单位重新上报的施工进度计划进行审核批准,合理地延长施工工期,并上报建设单位批准。

二、施工进度控制情况

新县滑坡应急治理工程经过建设方和各有关单位的共同努力,克服了时间紧、任务重、干扰因素多等不利条件。由于本工程自身的独特性,抗滑桩在施工工程中分批进行施工,工期方面略显滞后,其他分项工程基本上按照工程进度进行施工。另外少数受天气、外界因素等影响,也存在工期滞后。各个单位工程的开完工时间见表10-4。

表10-4　计划与实际工程进度

序号	项目名称	单位工程名称	计划开工日期	计划完工日期	实际开工日期	实际完工日期
1	新县滑坡应急治理工程	抗滑桩施工	2006年5月2日	2006年6月3日	2006年5月2日	2006年7月2日
2		土钉墙施工	2006年5月1日	2006年6月3日	2006年4月19日	2006年7月18日
3		挡土墙施工	2006年5月5日	2006年7月3日	2006年7月6日	2006年7月25日
4		土石方施工	2006年6月1日	2006年6月20日	2006年7月26日	2006年8月1日
5		裂缝压浆施工	2006年6月1日	2006年7月3日	2006年7月27日	2006年8月1日
6		截排水沟施工	2006年5月5日	2006年7月3日	2006年7月24日	2006年8月2日

在工程进度控制过程中,由于工作面的开展不能同时进行,存在着先后,在一部分分项工程施工完毕后才能进行下一个分项工程的施工,因此计划开工和实际开工、计划完工与实际完工之间存在差异,在进度安排方面只能按照工程施工的先后顺序进行。计划与实际工程进度见表10-4。

第七节　监理效果

一、质量控制评价

河南省新县新集镇向阳新村滑坡应急治理工程是河南省首批地质灾害专项资金治理项目,也是一项功在当代、利在千秋的民心工程,受到省财政厅、国土资源厅、环境监测院和地方政府的高度重视和当地人民的广泛关注。作为监理单位,应把建好本工程当做一项政治任务来对待,在施工过程中,始终把工程的质量放在工程建设的首要位置,不断强化工程质量意识,严格控制工程施工质量,狠抓了事前控制,工程施工质量始终处于受控状态。

在施工过程中,对各个分项单位工程都做到了严格的质量控制,如对抗滑桩的质量控制是本工程的重点,在施工过程中质量控制分别作到施工测量放线控制、挖孔的施工记录以及验收质量评定、原材料的质量评定、钢筋焊接的质量评定、钢筋笼制作的质量评定,在都合格的情况下,才允许进行混凝土的灌注工作。在灌注过程中,混凝土的配合比控制、混凝土的振捣控制、锁口以上模板安装质量评定、锁口处接桩部位的质量控制、桩体外观效果方面的控制等,这些细节的控制分别在施工过程中进行全面的严格把关,使得最后的工程质量得到保证。其他分项工程一样,施工质量满足有关规程、规范和设计文件的要求。

通过工程建设方和施工方的共同努力和艰苦奋战,最终克服各种困难,圆满地完成了工程施工任务,消除了地质灾害的隐患,给当地人民的生活带来了安全感。相信本工程在今后会取得良好的社会效益和经济效益。

二、进度控制评价

工程的施工工期短、任务重,由于气候的影响,雨季来临比较早,再加上受周边环境的严重干扰,施工困难很大。经过施工方的加大投入和当地政府的大力支持,本工程各个分项工程基本在施工计划规定的工期内完成施工任务,少数单位工程的工期略有滞后。

三、投资控制评价

关于投资的控制,不仅要控制好现场的变更,同时更应严格控制工程量签证工作。在工程建设过程中,监理工程师按照工程投资控制程序和投资控制的有关规定严格进行管理,对施工单位提出的设计变更要求,监理部本着客观、实事求是的态度提出处理意见,报请代表处转设计部门进行处理,然后根据设计变更的要求严格控制施工单位去实施,各种工程量必须在单位工程合格后才给予签证,从而使工程投资能够得到有效的控制。

第八节　滑坡治理工程效益分析

通过对滑坡灾害实施了应急治理,消除了地质灾害隐患,改善了群众的居住环境,保障了数百人民群众的生命财产安全,充分体现出了省委、省政府对革命老区的关怀和爱护,是构建和谐社会的典范工程,其社会效益、经济效益、环境效益十分显著。

(1)社会效益。该治理工程已按设计要求完成各项施工任务,治理工程的防灾治灾效果明显。首先,滑坡体处于稳定状态,确保了滑坡区及其影响区内几十户居民的生命财产安全,为向阳新村人民提供安全的居住场所;其次,通过该项工程的治理,消除了潜在的滑坡地质灾害隐患,使滑坡区的居民能够安心地从事各项工作,防灾治灾治理工程的意义重大,社会效益十分显著。

(2)经济效益。新县是个山城,可直接利用的土地资源十分有限。通过对滑坡体的治理,使滑坡体下近 2 000 m^2 滑坡影响区得以充分利用。现滑坡体下已盖起多栋楼房,安置居民近百户,经济效益非常显著。

(3)环境效益。新县向阳新村滑坡应急治理工程在治理之前,泥石横流,垃圾遍布,杂草丛生,地势高低起伏,当地人民出行极为不便,并且存在安全隐患。经过治理,呈现于眼前的是:整齐清洁的墙体,线形优美的排水沟,青翠的松柏,飘香的桂花……治理区成了当地群众茶余饭后的理想去处,也成为新县居民休憩、娱乐、观光的场所。工程植树 150 余棵,植草 1 000 余 m^2,环境效益亦非常明显。

滑坡治理前后状况对比如图 10-8 所示。

治理前照片

治理后照片

治理前侧面

治理后侧面

治理前正面

治理后正面

图 10-8　滑坡治理前后状况对比

第十一章　工程竣工资料整编

第一节　治理工程可行性研究报告

(一)区域地质环境概况
(二)滑坡特征
(三)滑坡形成条件及诱发因素
(四)防治措施及建议
(五)新集镇滑坡实行工程治理的可行性
(六)防治工程初步方案
(七)滑坡勘查
(八)经费估算及经费来源
(九)项目期限及工作计划安排
(十)治理工程的经济、社会和环境效益分析

第二节　滑坡勘查报告

(一)前言
(二)勘查工作概况
(三)区域地质环境条件
(四)滑坡区工程地质和水文地质条件
(五)滑坡特征
(六)岩土体物理力学性质
(七)滑坡稳定性评价与推力分析
(八)滑坡防治工程方案
(九)结论与建议
参考文献

第三节　施工图说明书

(一)工程概述
(二)滑坡治理设计依据
(三)滑坡治理设计参数与推力计算
(四)滑坡治理设计措施

(五)施工注意事项
(六)工程工作量

第四节　治理工程总体设计书

(一)项目概况
(二)滑坡区工程地质条件
(三)总体工作部署及应急勘查
(四)滑坡体基本特征
(五)应急防治工程设计
(六)组织实施
(七)资金预算
(八)预期效益分析

第五节　治理工程竣工报告

(一)前言
(二)工程概况
(三)工程计划完成情况
(四)工程组织与管理
(五)工程采用的技术方案及质量监控措施
(六)雨季施工措施和工程施工的重难点
(七)工程质量评述
(八)结论与建议

第六节　监理报告

(一)工程概况
(二)监理工作依据
(三)监理工作目标及监理工作程序
(四)监理规划及监理工作制度
(五)监理工作内容及组织机构
(六)施工质量控制
(七)施工进度控制
(八)监理效果
(九)经验与建议

第七节　监测报告

（一）自然地理概况
（二）滑坡区工程地质和水文地质条件
（三）滑坡特征
（四）滑坡活动动态特征及发展趋势
（五）结论与建议

结　语

滑坡灾害是自然界中分布广泛、危害严重的自然灾害之一。为有效地预防和遏制滑坡灾害的发生，国内外学者数十年来对其进行了潜心的研究与探讨，对滑坡的形成机制、诱发因素、滑坡体形态特征等进行了充分细致的研究，对滑坡防治技术无论是在理论上还是在实际应用上，都总结出了较为完善的技术方法。但是，由于各滑坡所处地形地貌特征、地层岩性、地质构造以及外部环境条件的不同，形成机理及诱发因素等不尽相同，因而任何一个滑坡都具有自身的与其他滑坡不同的属性及特征。为了进行有针对性的滑坡治理，只有通过详细勘查才能确定治理工程方案。离开了滑坡体特定的地质环境条件而去生搬硬套某种固定的治理模式，是不适宜的，也是危险的。

本书在国内外学者对滑坡的防治技术研究等方面，分别将国内外主要学者对滑坡研究的主要内容、方法及目前的进展、实际应用等进行了简单的阐述与说明，可能在内容上比较简单，也不尽完整，但是其主要研究内容和研究方向基本阐明，目的在于说明目前国内外学者主要针对滑坡的研究动态及在滑坡防治方面的发展趋势。如对某一方面的研究兴趣浓厚，可参考本书的有关内容，再深入地去进行相关的学习和研究。

河南省地质灾害较为发育，尤其是滑坡地质灾害。随着河南省社会经济的高速发展，近年来，河南省滑坡地质灾害造成的损失不断扩大，给人民的生命财产造成了严重威胁。为有效地防治滑坡地质灾害的发生，自 2000 年以来，河南省人民政府、省财政厅、省国土资源厅都给予了高度重视，先后进行了栾川门子岭滑坡、新县新集镇向阳新村滑坡、新安县峪里滑坡等的勘查与治理。尤其是新县新集镇向阳新村滑坡，其坐落于新县老城区，虽然规模不大，但其威胁的城镇人口众多，一旦发生，其后果将极其严重。为避免滑坡灾害的发生，最大限度地减小地质灾害的危害及可能造成的损失，河南省人民政府下达了新县新集镇向阳新村滑坡的治理任务。

该滑坡自 2001 年 6 月开始滑移变形到 2005 年，已造成了相当严重的破坏，并对滑坡体下的居民构成了严重的威胁，摧毁房屋数间，使滑坡体下居住的 40 余户居民 100 余人被迫迁离。滑坡灾害已在当地居民心中烙下阴影，使他们的工作与生活得不到安宁。为避免该滑坡灾害的发生，同时最大限度地减轻地质灾害造成的人员伤亡和经济损失，根据《地质灾害防治条例》（国务院令第 394 号）的有关规定，经河南省人民政府同意，省财政厅以豫财办建[2005]63 号文下达了新县新集镇（向阳新村、火车站）滑坡应急勘查治理项目，由河南省地质环境监测院负责组织实施。本治理项目是经河南省人民政府批准实施的第一批两个重大地质灾害防治项目之一。

在河南省政府、省财政厅、省国土资源厅的关心与支持下，在当地政府及居民的积极配合下，河南省地质环境监测院根据项目任务书要求，顺利完成了新县新集向阳新村滑坡的应急勘查治理工作，查明了滑坡体形成机制、范围、类型及发展趋势，编制了应急防治工程施工图设计。主要治理工程包括防渗与截排水工程、减载反压与支挡工程、土钉墙支护工程及生物工程，其中抗滑桩16根、土钉墙470 m^2、挡土墙施工面积214.5 m^2、截排水沟长度为210 m、挖填方3 761.8 m^3、泄水孔213 m、绿化面积为2 000 m^2，完成应急治理工程预算资金650万元，整体工程及各分项工程均符合设计和相关规范规定。

在主体工程完工后，由于新县一家房地产开发商平整场地，在距桩前4.5 m处进行了开挖，使滑坡体前缘受力条件发生了改变。为确保工程的稳定性，河南省地质环境监测院又依据改变后的地质环境现状条件对抗滑桩的稳定性进行了重新计算验证。经对河南省新县新集镇向阳新村滑坡治理工程抗滑桩的抗滑动安全系数、抗倾倒安全系数、抗剪断安全系数进行计算可知，治理工程在现状边界条件下处于稳定状态。

该工程的实施，减小了地质灾害隐患的危害，改善了当地群众的居住环境，保障了数百人民群众的生命财产安全，使当地居民安居乐业，有力地促进了社会安定和当地经济的可持续发展。该治理工程是一项亲民工程、爱民工程，是党和政府亲民、爱民政策的具体体现，充分体现出了省委、省政府对革命老区的关怀和爱护，是构建和谐社会的典范工程，具有显著的减灾效益、社会效益和环境效益。

由于本人能力所限，无论是在滑坡应急勘查，还是在应急防治工程施工图设计、应急防治工程总体设计、应急防治工程等工作中，一定还有很多做得不正确或不当的地方；而且，强风化花岗岩地区滑坡的治理工程在河南省尚属首次，在国内也没有较好的、可借鉴的实例，因此无论是勘查手段、治理技术与方法还在实际施工过程中，肯定也存在着不足或这样那样的缺陷，希望各位读者给予斧正。本书的出版，既是本人工作成果的总结，同时也是为了让业内人士看后能够给予必要的指导和帮助，以便本人在今后的工作中在技术业务能力能够进一步有所提高，更好地为河南省乃至国内的滑坡地质灾害防治工作出力献策。

参考文献

[1] 中华人民共和国国土资源部. DZ/T 0218—2006 滑坡防治工程勘查规范[S]. 北京:地质出版社, 2006.
[2] 张倬元. 滑坡防治工程的现状与发展展望[J]. 地质灾害与环境保护,2000,11(2).
[3] 殷跃平. 中国滑坡防治工程理论与实践[J]. 水文地质与工程地质,1998,1.
[4] 廖育民. 地质灾害预报预警与应急指挥及综合防治实物全书[M]. 哈尔滨:哈尔滨地图出版社, 2003.
[5] 田志坤. 日本滑坡防治技术现状[J]. 国外地质勘探技术. 1990,10.
[6] 张倬元,王士天,王兰生. 工程地质分析原理[M]. 北京:地质出版社,1990.
[7] 王现国. 水资源与水文地质工程地质环境地质研究[M]. 郑州:黄河水利出版社,2008.
[8] 张有良. 最新工程地质手册[M]. 北京:中国知识出版社,2006.